Plantae Tinneanae

IN EXPEDITIONE AD BAHR-GHASAL

COLLECTAE

DESCRIPTAE ET TABULIS XXVII DELINEATAE.

1. Nymphea Lotus 2. Cyperus Colymbetes. 3. Bambusa arundinacea (Ganah.) 4. Cyperus Papyrus. 5. Hermaniera elaphroxylon (Ambatch) 6. Euphorbia Candelabrum (Ordet el Sex)
7. Borassus Aethiopum (Deleb) 8. Adansonia digitata (Baobab) 9. Combretum Hartmannianum (Sabah) 10. Hyphaene thebaica. (Dum)

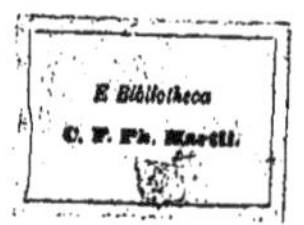

PLANTAE TINNEANAE.

PLANTAE TINNEANAE

SIVE

DESCRIPTIO PLANTARUM

IN EXPEDITIONE TINNEANA

AD FLUMEN BAHR-EL-GHASAL EIUSQUE AFFLUENTIAS

IN SEPTENTRIONALI INTERIORIS AFRICAE PARTE

COLLECTARUM.

OPUS XXVII TABULIS EXORNATUM

THEODORI KOTSCHY ET **IOANNIS PEYRITSCH**

CONSOCIATIS STUDIIS ELABORATUM

SUIS SUMPTIBUS EDIDERUNT

ALEXANDRINA P. F. TINNE

ET

IOANNES A. TINNE.

VINDOBONAE.
TYPIS CAROLI GEROLD FILII.
1867.

PLANTES TINNÉENNES

ou

DESCRIPTION DE QUELQUES-UNES DES PLANTES

RECUEILLIES PAR L'EXPÉDITION TINNÉENNE

SUR LES BORDS DU BAHR-EL-GHASAL ET DE SES AFFLUENTS

EN AFRIQUE CENTRALE.

OUVRAGE ORNÉ DE XXVII PLANCHES

COMPOSÉ PAR MM.

THÉODORE KOTSCHY & JEAN PEYRITSCH

PUBLIÉ AUX FRAIS DE

ALEXANDRINE P. F. TINNE

ET

JOHN A. TINNE.

VIENNE,
TYPOGRAPHIE DE CHARLES GEROLD FILS.
1867.

À SA MAJESTÉ

SOPHIE FRÉDÉRIQUE MATHILDE

REINE DES PAYS-BAS

HOMMAGE RESPECTUEUX

DE SES SERVITEURS TRÈS HUMBLES ET TRÈS OBÉISSANTS

ALEXANDRINE P. F. TINNE ET JOHN A. TINNE.

IN PIAM MEMORIAM DEFUNCTAE

HENDERICAE MARIAE LUDOVICAE,

VIDUAE PHILIPPI FRED. TINNE,

FILIAE NATU MAXIMAE

THEOD. FRED. LIBERI BARONIS VAN CAPELLEN,

VICE-ARCHITHALASSI NEERLANDICI.

DÉDIÉ A LA MÉMOIRE DE FEU

HENRIETTE MARIE LOUISE,

VEUVE DE PHIL. FRÉD. TINNE,

FILLE AINÉE DE

THÉOD. FRÉD. BARON VAN CAPELLEN,

VICE-AMIRAL NEERLANDAIS.

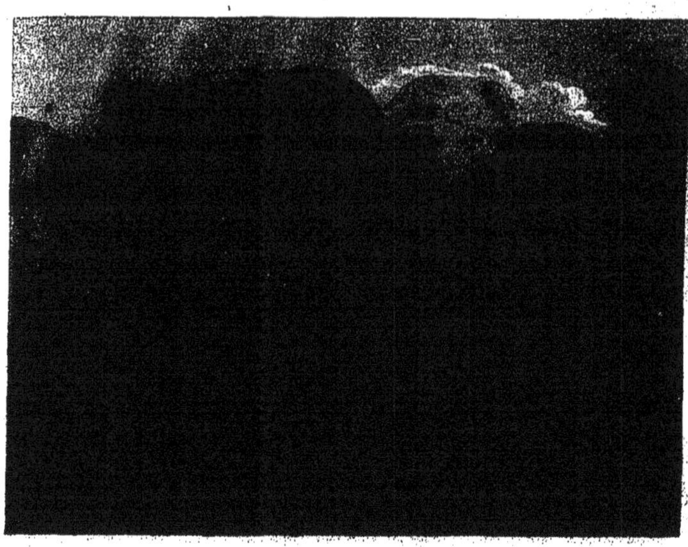

PRAEFATIO.

Henderica Lud. Maria Tinne eiusque filia Alexandrina, quae iam annis 1856 et 1858 iterum iterumque Aegyptum permigraverant, a. 1861 comite Adriana, virgine de nobili gente Capellen, Hendericae sorore, tertium iter in ipsas interiores Africae partes instituerunt, et cum a. 1863 in urbe Chartum Theodorum de Heuglin et Doctorem Steudner, inclutos illos rerum naturalium scrutatores socios sibi adiunxissent, hac expeditione ad augendas promovendasque cum geographicas*) tum zoologicas et botanicas cognitiones haud parum contulisse videntur.

Aucta est expeditione illa plantarum in interiore Africa provenientium cognitio et illatae sunt herbariis, quae dicuntur, et hortis Europae botanicis plantae aliquot notatu dignissimae et

Déjà en 1856 et 1858 Madame Henriette-Louise-Marie Tinne avait visité l'Égypte en compagnie de sa fille Alexandrine; l'Afrique centrale fut le but d'un troisième voyage que ces dames entreprirent en 1861, accompagnées cette fois par Mlle. Adrienne de Capellen, soeur de Mad. Tinne. Pendant leur séjour à Chartum en janvier 1863, elles se rencontrèrent avec M. Théodore de Heuglin et le Docteur Steudner, explorateurs et naturalistes distingués, et sachant engager ces savants à prendre part à leur expédition au Bahr-el-Ghasal, ce voyage eut des résultats tout aussi intéressants pour le Géographe*), que pour le Zoologue ou le Botaniste.

La connaissance de la Flore de l'Afrique s'est étendue, les jardins et les herbiers de l'Europe ont

---

*) Res geographicas accuratius tractavimus et terras ad flumen Bahr el Ghasal adiacentes tabulis delineavimus in itinerario 'Geographical Notes of on Expedition in Central-Africa by Three Dutch Ladies. By John A. Tinne Esq.' inserto vol. XVI. actorum, quae inscripta sunt 'Transactions of the Historic Society of Lancashire and Cheshire' (Liverpool 1864). Praeterea adeas Petermanni Ephemerid. Geogr. Supplem. fasc. 15 (Gotha 1865) et V. A. Malte-Brun et Lejean 'Nouvelles Annales des Voyages' fasc. mens. Jan. 1862, Novemb. 1863, April. et Novemb. 1865 (Paris).

*) On peut voir des récits plus détaillés et des Cartes du Bahr-el-Ghasal dans les 'Transactions of the Historic Society of Lancashire and Cheshire' Vol. XVI: "Geographical Notes of on Expedition in Central-Africa by Three Dutch Ladies. By John A. Tinne Esq." (Liverpool 1864). Voyez aussi le journal géographique du Dr. A. Petermann, livr. supplém. Nr. 15 (Gotha 1865), et les 'Nouvelles Annales des Voyages par V. A. Malte-Brun et Lejean,' Janvier 1862, Novembre 1863, Avril et Novembre 1865. (Paris).

hactenus incognitae, quae detectae sunt potissimum in terris ad Bahr el Ghasal flumen ab occidente in Nilum influens adiacentibus, intra 9. et 10. gradum septentrionalis latitudinis ac 27. et 32. longitudinis a Greenwich orientem versus sitis.

Semina ac plantae rite admodum siccatae, addita locorum in quibus proveniant notitia, tradita sunt Doctori Theodoro Kotschy, rei botanicae peritissimo, Vindobonensi, qui plantas examinandi, analysi subiiciendi, in iustas classes distribuendi, describendi ac delineandi munus simulque curam operis typis exarandi libenti animo in se recepit.

Harum plantarum 33 selectissimas atque in iis 24 novas hoc volumine describendas et 27 tabulis delineandas curavimus. Quod volumen cum PLANTAE TINNEANAE inscribimus, matris optimae et dilectissimae monumentum esse volumus et ipsis plantis, quas detexit quarumque varietate et pulchritudine tantopere delectata est, eius memoriam servatum et propagatum iri speramus. Vividissimis enim coloribus in litteris ad me datis gratos animi motus exprimere solebat, quos conceperat ex singulis arboribus floribusque a se detectis in feris illis haudddum exploratis ac tanto intervallo a patria nostra disiunctis regionibus.

Summas, quas possum, agam oportet gratias Celsissimae Reginae Belgii foederati, quae cum magnum semper honorem matri nostrae habuisset, etiam mihi et sorori Alexandrinae potestatem largiri dignata est, ut hoc opus Augusto eius nomini dicaremus atque devoveremus.

Quam maxime vero dolendum mihi est, quod non amplius vivo hic palam gratias agere possum Doctori Kotschy, qui cum insignem huic operi componendo impenderit curam, tum plantas singulari perfectione et elegantia tabulis excudendas curavit: propero fato abreptus diem obiit supremum a. d. III. Id. Quinct. a. 1866, quinquagesimo tertio aetatis anno. Hoc lugubri casu nec non infausta rerum Germanicarum quae superiore aestate obtinuit conditione cum mora facta esset huic operi typis absolvendo, egregie de eo meritus est Medicinae Doctor Peyritsch, qui cum iam antea familiarem suum Kotschy in describendis plantis peritia sua adiuvisset, in locum editoris defuncti subrogatus strenue effecit, ut iam demum opus rei botanicae peritorum iudicio subiici possit.

été enrichis par la découverte et l'introduction de plusieurs plantes très-curieuses et tout-à-fait nouvelles, recueillies principalement dans les contrées, qui sont baignées par le Bahr-el-Ghasal, grand affluent occidental du Nil Blanc, entre les 9e et 10e degrés de latitude boréale et les 27° et 32° de longitude orientale, méridien de Greenwich.

Des graines et des échantillons de plantes assez bien desséchées et accompagnées de quelques remarques concernant les localités d'où proviennent ces plantes, ont été transmis pour la plupart à M. le Dr. Théodore Kotschy de Vienne, savant botaniste, qui s'est chargé de les déterminer et de les analyser, d'en faire faire les dessins et les descriptions, et d'en surveiller la publication.

Le titre de PLANTES TINNÉENNES a été proposé pour un volume contenant, sur 27 planches, un choix de 33 espèces les plus intéressantes de toute la collection, et parmi elles, 24 nouvelles. C'est un hommage rendu à la mémoire de mon excellente et bien-aimée mère qui, ayant toujours aimé passionnément les Arbres et les Fleurs, ne cessait de me faire, dans ses lettres, les descriptions les plus pittoresques des jouissances et de l'intérêt qu'elle éprouvait, à chacune de ses découvertes dans ces pays sauvages presqu' inexplorés, et si éloignés de sa patrie.

Je dois exprimer ma profonde reconnaissance à Sa Majesté La Reine des Pays-Bas, qui a si bien connu et estimé notre chère mère, en accordant en même temps à moi et à ma soeur la permission spéciale de mettre à la tête de cet ouvrage Son Auguste nom.

Je regrette vivement qu'il ne me soit plus donné de pouvoir payer ma dette de reconnaissance profonde à Mr. le Docteur Kotschy, qui s'est donné tant de peine à la rédaction de cette oeuvre, et qui notamment a veillé, avec toute la sollicitude possible, à ce que les planches fussent faites dans la plus grande perfection. Sa mort prématurée survenue le 13 juillet 1866, et l'état malheureux dans lequel se trouvaient les choses en Allemagne l'été dernier, entravèrent la publication de l'ouvrage. Je dois donc remercier M. le Docteur en médecine Peyritsch, qui ayant déjà mis à la disposition de Mr. Kotschy ses profondes connaissances phytographiques, après la mort de son ami a bien voulu continuer ses soins au parachèvement de l'oeuvre que nous soumettons avec respect au jugement des savants Botanistes.

Briarley, Aigburth,
Liverpool, Juillet 1867.   *John A. Tinne.*

PRAEFATIO.

„Innatus est in nobis cognitionis amor et scientiae, ut nemo „dubitare possit, quin ad eas res hominum natura nullo emolu- „mento invitata rapiatur. Qui ingeniis studiis atque artibus dilec- „tantur, nonne videmus eos nec valetudinis, nec rei familiaris ha- „bere rationem, omniaque perpeti, ipsa cognitione et scientia captos; „et cum maximis curis et laboribus compensare eam, quam ex „discendo capiunt, voluptatem?" Verissime sane haec ab erudit- issimo illo romanaeque eloquentiae principe Cicerone dicta sunt*). Et profecto quo quis excelsioris est animi, quo magis dignitatem humanae naturae perspectam sibi habet, eo maiore etiam studio ad res gravissimas contemplandas atque perscrutandas trahitur. At cum nulla pars scientiae atque cognitionis humanae insigni volup- tate atque utilitate careat, tamen campus rerum cognitu dignissi- marum tam amplus est, ut nemo, etsi maximis animi atque ingenii dotibus praeditus sit, vel potiorem eius partem peragrare ac perlustrare valeat. Quapropter ipsi hominum naturae con- veniens esse videtur, ut singuli singulas literarum ac scientiarum partes pro indole et propensione sua sibi eligant in iisque perfi- ciendis elaborent, cum nonnisi peculiaribus studiis universa rerum cognitio augeri et promoveri possit.

„L'amour de la science et de la connaissance des choses est „inné en nous, et personne ne peut douter que la nature humaine „ne soit attirée vers elles, indépendamment de tout avantage ma- „tériel. Ceux qui sont captivés par l'amour des études libérales, „ne les voit-on pas ne tenir aucun compte ni de leur santé ni de „leurs intérêts personnels? ne les voit-on pas tout supporter, char- „més qu'ils sont par la science et le désir de s'instruire, et enfin „échanger tous leurs soucis, tous leurs travaux contre le seul plaisir „qu'ils puisent dans l'étude?" Voilà des paroles pleines de vérité „prononcées par Cicéron,*) cet illustre prince de l'éloquence latine!

Plus on a l'âme grande, plus on sent profondément la dignité de la nature humaine, plus aussi on est attiré fortement à con- templer et à sonder les mystères de la nature. Bien que toutes les parties de la science et des connaissances humaines procurent une utilité et un plaisir immenses, cependant le champ à exploiter est si vaste que personne, fût-il même doué des qualités les plus rares de l'esprit, n'en saurait défricher ni même parcourir une part plus grande que celle qui lui est assignée. Aussi est-ce une règle tout- à-fait conforme à la nature, que chacun approprie, à son caractère et à ses dispositions particulières, la part de la science qu'il réserve à son activité. Il doit s'efforcer d'en résoudre les problèmes. A cette condition seule, on peut constater les progrès immenses qui en ré- sultent pour l'ensemble de nos connaissances.

*) Cicero, de finibus bonorum et malorum V, cap. 18.

Inter prima vero hominum studia, postquam e rudi emerserunt barbarie, desiderium illud 'multorum hominum urbes visendi moresque noscendi' referendum est, quod iam antiquissimis temporibus optimorum quorumque virorum occupavit animos. Herodotus, Pythagoras, Plato, Democritus ultimas peragrarunt terras. Medio quod vocant aevo Marcus Polus ad ipsos Mongolos penetravit. Quis vero eorum seriem enumeret, qui nostra memoria cognoscendi cupiditate ducti remotissimas adierunt terras; quorum licet multi tristissimo succubuissent fato, non ideo tamen alii eadem cupiditate flagrantes absterriti sunt, quominus iisdem vestigiis insisterent. Quae etsi ita se habent, nihilominus tamen potior adhuc terrarum pars nobis parum cognita est, multaque labores multaque etiam subeunda erunt peregrinantibus pericula, donec maior terrae pars nobis penitus cognita fuerit. Nulla tamen incognitarum regionum aditu difficilior est quam interior Africa. Hic natura aëris parum salubris peregrinis facile exitium affert; loca humida saepe invisenda sunt, perniciosam febrim, cuius vim perpauci sustineant, gignentia; in vastissimis desertis crebro ventis mortiferis peregrinantes opprimuntur, ut taceam pericula inter barbaros et atroces illarum regionum incolas aliasque gravissimas molestias, quae tolerandae sunt has regiones adeuntibus. Non minori profecto discrimini vitam committunt, qui in has terras proficiscuntur, quam qui in proelio hostium telis se obiiciunt. Bene igitur praeparatum eos oportet habere pectus, qui cognitionis acquirendae causa tanta vitae discrimina subire non recusant, neque eorum tristi terrentur fato, quibus Africanum iter exitio fuit. Quodsi igitur cuncti, qui Africae explorandae causa vitam gravissimis periculis obiicere non dubitarant, singulari laude ac pia memoria haud indigni censentur quanto magis pectus nostrum incalescere debet, cum audimus, matronas quoque atque virgines, omnibus vitae privatae commoditatibus ac deliciis adsuetas, humanitate ductas cognoscendarum harum regionum causa non modo opes, quas aliae saepe per luxum atque inertiam dissipant, largiter offerre, verum ne ipsi quidem morti quin obviam eant tergiversari. Tantu animi magnitudo, tanta discendi et utilem hominum generi operam navandi cupiditas ad summam venerationem atque admirationem animum nostrum impellat necesse est.

Quare equidem felicem me reputo, quod hac praefandi occasione oblata nomine quasi omnium, quibus humanitas atque ingenua studia in pretio sunt, sensum venerationis erga tres illas nobiles Batavas, quae et impendendis maximis reditibus et obeundis gravissimis laboribus ac periculis ne ipsam quidem mortem reformidantes humanissimum illum finem, ut cognitiones nostrae augerentur, sunt adnixae, his paucis testari potui verbis. Iam iter earum brevissime enarraturus, deinde plantas, quas in regionibus illis collegerunt, maxime memorabiles descripturus laetiore animo honorificentissimum hoc munus, quod mihi iniunctum est, aggrederer, nisi moerorem animo offundi necesse esset, cum mecum reputo, duas ex his insignibus feminis cognitionis et scientiae cupiditatem et gloriam licet non quaesitam nihilominus tamen partam morte sua redemisse.

Cum suscipiendi tam gravis itineris praecipuum consilium illustribus illis feminis id esset, ut Nilum accolentes Aethiopas, e quibus mancipia hucusque abigi solebant, cognoscerent et quantum fieri posset ad penitus delendam turpem illam et invitis legibus vigentem venaliciariam negotiationem conferrent; non minus tamen cupiditate discendi et cognitiones novas acquirendi ad hoc iter ingrediendum sunt incitatae.

Relicta patria urbe Haga-Comitum mense Iulio anni 1861 primum in Aegyptum, deinde ad urbem Chartum, ubi Nilus qui dicitur Caeruleus in Album infunditur, ventum est; inde nave vaporaria tribusque

Parmi les premières tendances qui se firent jour au sortir de la barbarie où l'humanité était plongée, nous devons signaler le désir de voir des villes, de connaître des mœurs nouvelles. Cette pensée même fut familière aux plus grands esprits de l'antiquité. Hérodote, Pythagore, Platon, Démocrite ont visité les pays de leur temps. Au moyen-âge nous voyons Marco Polo parvenir jusque chez les Mongols. Qui pourrait rappeler les noms de tous ceux qui de nos jours encore, animés du désir de la science, ont visité les régions les plus lointaines et y ont trouvé la mort la plus triste, sans que leur sort puisse arrêter ceux qui sont épris de la même passion! Quoi qu'il en soit, la plus grande partie de la terre nous est peu connue, et il faudra encore bien des sacrifices de la part des voyageurs, il faudra qu'ils affrontent bien des périls, avant que la plus grande partie du globe nous soit connue à fond. De toutes les régions, il n'en est aucune d'un accès plus difficile que l'intérieur de l'Afrique. L'insalubrité du climat cause facilement la mort des étrangers; les lieux humides engendrent une fièvre maligne, à laquelle peu de personnes résistent; et pour ne pas parler de mille autres dangers auxquels sont exposés ceux qui visitent ces régions au milieu des populations barbares et cruelles, rappelons seulement le vent mortel qui règne dans les immenses déserts de ces contrées.

Certes le danger n'est pas moindre pour ceux qui visitent ces pays, que pour celui qui court au devant de la mort dans le combat. Ils doivent donc avoir l'âme fortement trempée ceux qui, par pur amour de la science, n'hésitent pas à s'exposer à tant de périls et que n'effraie même pas le sort de ceux qui les ont précédés en Afrique. S'il est vrai que tous ceux qui n'ont pas craint d'exposer leur vie dans l'exploration de ce pays, méritent particulièrement nos louanges et un souvenir bienveillant de notre part; combien plus notre cœur ne doit-il pas être ému, quand nous apprenons que des femmes et de jeunes filles, privées de tout le confort de la vie intime auquel elles étaient habituées, n'ont pas hésité, pour le bien de l'humanité et pour connaître ces pays, non seulement à sacrifier leur argent, que d'autres emploient au luxe, mais encore à affronter même la mort. Un courage aussi héroïque, un tel désir d'apprendre et de rendre service au genre humain, voilà des faits qui commandent notre admiration et notre respect.

Je m'estime heureux de pouvoir exprimer, au nom de tous ceux qui s'intéressent aux études libérales et au progrès de l'humanité, le sentiment de respect et de vénération profonde que j'éprouve pour ces trois femmes illustres Hollandaises. Elles n'ont pas seulement consacré, à ce but si noble d'augmenter la mesure de nos connaissances, leur immenses revenus; mais elles n'ont pas même hésité à affronter le péril de la mort. C'est ce que j'ai voulu exposer en ces quelques mots avant d'aborder le récit de leur voyage, et la description des plantes les plus remarquables recueillies dans les régions qu'elles ont visitées. J'entreprendrais ce travail qui m'a été confié avec beaucoup plus de plaisir, si mon cœur n'était en proie à une vive douleur. En effet, deux de ces femmes illustres ont payé, de leur vie, le vif désir qu'elles avaient d'apprendre; c'est là une gloire qu'elles ne cherchaient pas, mais qu'elles ont acquise, hélas!

Le principal but de ce voyage était le désir de connaître les Éthiopiens, ces habitants riverains du Nil d'où l'on avait coutume jusqu'à présent de prendre les esclaves; elles voulaient contribuer, dans la mesure de leurs forces, à l'abolition de ce trafic honteux et déjà défendu par les lois, bien que le vif amour de la science et des connaissances nouvelles n'ait pas été pour peu dans les motifs qui les ont engagées dans cette périlleuse entreprise.

Elles quittèrent leur patrie au mois de juillet 1861 à la Haye, et se rendirent aussitôt en Égypte, et de là dans la ville de Chartum, au confluent du Nil Bleu et du Nil Blanc. Elles y louèrent un

minoribus navigiis conductis et imposita non exigua militum manu Nilo, quem Album vocant, adverso provectae sunt, dum ad fluvium Sobat in Nilum ab oriente immissum pervenerunt. Iam adverso Sobat flumine tamdiu navigatum est, dum prominentia saxa navium cursui non obsistebant. In hac navigatione cum nautae escendere et cum riparum accolis congredi non auderent, Alexandrina Tinne equo conscenso ad Aethiopum turbas prodire non dubitavit. Etiam singulari eius humanitate nec non divitiarum fama evenit, ut populares in opinionem inducerentur, nobilem hanc virginem imperatoris Turcarum esse filiam, eamque venisse, ut miseris solatium ferret, et cum gravissime reluctaretur, aegre impedivit, quominus regina eius dicionis renunciaretur. Animi magni atque intrepidi documenta haec virgo prae ceteris egregia etiam eo dedit, quod omnia navarchae munera administrans naves venaliciariae negotiationis suspectas investigabat fugientesque acriter persequebatur.

Navigatio continuata est usque in lacum No, inde adverso fluvio Kir vel Kidi usque Gondokoro. Feminae intrepidae populum huius regionis visunt atque montem Belenjan ascendunt, sed mox perniciosa febri correptae Chartum reverti coactae sunt. Nec tamen morbi huius gravitas eas deterrere potuit, quin recreatis nonnihil viribus cum ducentorum militum praesidio novum iter adverso Nilo ad scaturigines usque fluvii Bahr-el-Ghasal, ab occidente in Nilum illabentis, susciperent.

Cum hoc iter pararent, contigit ut ex Abyssinia reversi Chartum advenirent Theodorus de Heuglin et Dr. Steudner, peregrinatores illi et eruditissimi et audacissimi, qui sumptibus universae Germaniae missi erant, ut postrema Doctoris Vogel fata, cuius cum in interiorem Africam penetrasset, iam penitus evanuerant vestigia, inquirerent. Hos itaque invitant, ut sibi se adiungerent, hoc quoque modo opibus suis scientiarum causae profuturae.

Iterum itaque adverso Nilo navigatum est usque in lacum No; inde versus occidentem in fluvium Bahr-el-Ghasal deflexum est perventumque adverso hoc flumine in lacum Req, in cuius portu Meschra-Req dicto naves appulsae sunt a. d. VI. Id. Mart.. Cum iam terrestri itinere progrediendum esset, nec baiulorum numerus, qui ferendis ingentibus impedimentis sufficeret, exstaret, Heuglin et Steudner a. d. X. Kal. April. occidentem versus praegressi sunt, ut et iter explorarent et baiulos conquirerent. A. d. IV. Non. April. traiecto flumine Djur ad vicum Wau pervenerunt. Ibi iam Steudner, caeli intemperie consumptus, mortuus est a. d. IV. Idus April. 1863. Supremo munere erga comitem functus Heuglin ad vicum Bongo progressus est, et centum viginti baiulis conductis a. d. VIII. Kal. Mai. Meschra-Req redux factus est. Iam maxima impedimentorum parte praemissa a. d. VIII. Kal. Iun. motum est in fines Dor-Aethiopum. Ripa Kosanga sive Dembo fluminis aliquantum edita aptissima videbatur, in qua tempus pluviis obnoxium quiete transigeretur. Hic dum prope vicum Kulanda casae struuntur, Henderica Tinne, matrona illa nobilissima omnique modo praestantissima, apud Bongo in castello mercatoris Biselli (Seribah Biselli), loco male salubri, diem obiit supremam XIII. Kal. Aug. 1863, cum iam antea plures e comitatu eius pari fato occubuissent.

Acerbissima haec dilectissimae matris iactura filiae in causa fuit, ut consilium itineris in fines Njamanjam Aethiopum faciendi abiiceret; animo infracto, licet summo affecta dolore, reditum ad

bateau à vapeur avec trois autres bateaux de moindre dimensions. Grâce à ces mesures, elles purent se faire escorter par une poignée de soldats et remonter le bras du Nil qu'on appelle Nil Blanc. Elles parvinrent jusqu'au Sobat, rivière qui, venant de l'Est, se jette dans le bras du Nil que nous venons de nommer. Elles remontèrent le Sobat aussi longtemps que les pierres, qui coupent le courant de la rivière, ne s'opposèrent pas à la navigation. Les hommes composant l'équipage n'osèrent mettre pied à terre pour visiter les indigènes; mais mademoiselle Tinne montant à cheval n'hésita pas à se présenter à cette foule d'Éthiopiens. Son air bienveillant, la réputation de ses richesses, firent croire à ce peuple, que cette jeune femme était la fille de l'empereur des Turcs, venue pour soulager leurs misères. C'est à peine si elle put s'empêcher d'être proclamée Reine, malgré toute l'opposition qu'elle montra. Cette jeune fille magnanime remplissait toutes les fonctions de capitaine: elle faisait faire des recherches sur les navires soupçonnés de se livrer au trafic des noirs, et poursuivait les fuyards avec ardeur.

On continua la navigation jusqu'au lac No, et, en remontant le fleuve de Kir ou Kidi, on arriva à Gondokoro. Pleines d'ardeur, nos voyageuses visitent le peuple de ce pays et font l'ascension du Mont Belenjan. Mais bientôt une fièvre maligne les força de retourner vers Chartum. Cependant la gravité du mal ne put les empêcher, quand elles eurent repris leur forces, d'entreprendre, sous l'escorte de 200 soldats, un nouveau voyage vers les sources du fleuve Bahr-el-Ghasal, affluent du Nil.

Pendant les préparatifs du voyage, arrivèrent à Chartum, de retour de l'Abyssinie, M. Théodore de Heuglin et le Dr. Steudner, voyageurs aussi érudits que audacieux, envoyés aux frais de toute l'Allemagne pour recueillir quelques nouvelles sur le sort du docteur Vogel, dont on avait perdu les traces, depuis qu'il avait pénétré dans l'intérieur de l'Afrique. Or, Mad. Tinne désirant contribuer, dans la mesure de ses moyens, au développement des sciences, offrit à ces savants de se joindre à son expédition.

Ils remontèrent donc de nouveau le Nil jusqu'au lac No; puis ils tournèrent à l'occident dans le fleuve Bahr-el-Ghasal, qu'ils remontèrent jusqu'au lac de Req, dans le port duquel, dit Meschra-Req, ils débarquèrent le 10 Mars. Mais là, le voyage devant se continuer dorénavant par terre, et les bagages immenses dont on disposait, nécessitant un nombre de porteurs bien supérieur à celui qu'on possédait; Mrs. de Heuglin et Steudner partirent le 28 Mars vers l'occident pour tracer l'itinéraire aux autres voyageurs, et se pourvoir des porteurs nécessaires. Le 2 avril, ils traversèrent le Djur et parvinrent jusqu'au village de Wau. Là, Mr. Steudner, dont la santé s'était étiolée sous l'insalubrité de l'air, tomba gravement malade et mourut le 10 avril suivant. Mr. de Heuglin, ayant rendu les derniers honneurs à son infortuné et bien regretté compagnon, se rendit à Bongo, y loua cent vingt porteurs et revint à Meschra-Req le 24 avril. On envoya alors la plus grande partie des bagages à Dembo et l'on se mit en route vers le district des Éthiopiens-Dor. La rive du fleuve de Kosanga ou Dembo, étant un peu élevée, parut propre pour y passer, dans l'inactivité, la saison des pluies. Pendant que des huttes se construisaient près du village de Kulanda, Mad. Henriette Tinne, cette dame distinguée sous tous les rapports, mourut le 20 juillet 1863, près de Bongo, dans le blockhaus du marchand Biselli (Seribah-Biselli), endroit très-insalubre. Plusieurs membres de l'expédition avaient déjà eu le même sort auparavant.

Cette perte douloureuse d'une mère bien-aimée empêcha le voyage projeté dans le pays des Niamanjam, et l'âme pleine de fermeté, quoique courbée sous le poids de la douleur, mademoiselle

Chartum paravit. Heu tristia fata! Chartum reversa, dilectam quoque matris sororem, virginem de nobili gente Capellen, a. d. XIII. Kal. Quinct. 1864 morte sibi ereptam vidit.

Tot tantaeque cecidere tam egregio fini assequendo victimae! Morte abreptis cum non amplius nostrae potestatis sit eas, quas egregiis suis conatibus meruerunt referre gratias, certe earum memoriam nulla temporum oblivione obrutam iri confidimus. Superstites liberi cum hoc opusculum documentum esse volunt pietatis atque venerationis, qua ipsi matris optimae ac dilectissimae colunt semperque colent memoriam, inde etiam ut honos nomenque eius grata quoque apud posteros recolatur mente futurum esse sperant.

Tinne disposa tout pour retourner à Chartum. Mais, O destinée cruelle! revenus à cet endroit, elle vit la mort enlever la soeur bien-aimée de sa mère, Mademoiselle van Capellen, le 20 Mai 1864.

Hélas! tant de victimes furent donc sacrifiées à la poursuite d'un but si beau. Il n'est plus en notre pouvoir de témoigner aux morts, notre estime et notre respect pour ces nobles efforts. Tout ce que nous pouvons faire, c'est d'affirmer que ni le temps ni l'oubli ne pourront effacer leur mémoire. Les enfants survivants consacrent à leur mère bien-aimée ce petit travail, comme un témoignage de leur amour et de leur piété filiale, afin que les générations futures puissent prononcer son nom, et penser à sa gloire, avec le respect qui lui est dû.

Theodorus Kotschy,

Philosophiae Doctor.

Crocodilum habet Nilus, quadrupes malum, et terra pariter ac flumine infestum.

Plin. H. N. VIII, 37.

PROŒMIUM.

Septuaginta abhinc annos nobilissimus ille peregrinator W. G. Browne, Britannus, in Darfur comperit, ad meridiem huic regno confinem esse Rongam, terram fluminibus abundantem. Quadraginta fere annis post, nos clarissimum Russegger, virum de cognitione terrarum Niloticarum bene meritum, in montuosas terras Nuba-Aethiopum, qui ad meridiem ab Cordofan incolunt, comitati sumus. Praesidiariis tum militibus senex Schech Machmud Abu Aascha praepositus erat, itineri nostro dux certissimus. Hic enim cum princeps esset unius ex Bagara gentibus, iam antea regiones quas Homer-Bagara incolunt procul ad meridiem pervagatus erat. Cum autem Maio mense anni 1837 sub undecimo gradu borealis latitudinis et vicesimo octavo long. Parisiensis ad meridianum montium Tira delectam, extremam, ad quem in interiore Africa meridiem versus penetravimus locum, pervenissemus, unde nos omnium rerum penuria coactos reverti necesse erat; Machmud arabica lingua usus narravit, fluvium quendam Keilak quantridui tantum spatio abesse infundique in Bahr-Ablad flumen. Parvas iam esse aquas illius fluvii, eiusque stagna hippopotamos et crocodillos incolere inultos, pluviarum vero tempestate imbribus auctam, ingentem fieri amnem. In eius ripis crescere plantas tanta foliorum magnitudine, ut in iis homo porrectis manibus et cruribus posset recumbere. Ab illo remotissimum esse Bahr-Ghasal fluvium, nomine tantum notum, ad quem Bagara gentes cum armentorum gregibus pervenirent rarissime.

Cum Pallme, mercator nostras, anno 1839 in Cordofan versaretur, ibi ex Takruri et Aethiopo quodam accepit, in Rongu terra ad meridiem ab Darfur magnum esse amnem, eumque in Bagara gentes conversum et per terram Aethiopum Jacnky (Diankin ab Heuglinio dicuntur) et Schilluk ad Chartum urbem profluentem Bahr-Ghasal esse. Cui nuntio primum neglecto postea domum fides facta est.

Postquam meridianae terrae nostris peregrinationibus in occidentem et orientem ab Albo Nilo Institutis magis innotuerunt et permutatio mercium cum Schilluk-Aethiopibus magis magisque aucta est, adverso flumine provehi coeptum est. Tum Machmud Ali, senex ille Vicarius Imperatoris Turcarum, molestissimo itinere ad aurifodinas prope Fassoglu suscepto, in urbe Chartum Album Nilum conspicatus, fontes eius quam celerrimo indagari iussit. Ita factum est, ut bis licet magnis oppositis difficultatibus adverso Kir fluvio usque ad Bari-Aethiopas proveheretur.

Iam Plinium elephantorum venatores certiorem fecerant de illo fluvio, quem Schir gentes et Medin et Eliab accolunt, Syrbotae, Medimni, Olabi ab illo nominati. Qui, cum Hipporeas commemorat nigros, qui corpora rubrica illinant, his ipsis verbis depingit Bari gentem, quae circum Gondokoro habitat.

Ab iis, qui iussu Vicarii alterum iter instituerent, Bahr-Ghasal fluvius a No lacu, quem incolae Nam-Aith appellant, occidentem versus inventus est.

Rev. provicarius Knoblecher cum prudenter atque comiter tractaret incolas, effecit, ut mercatores expeditius per Schilluk-

Il y a 70 ans déjà que le célèbre voyageur anglais W. G. Browne apprit à Darfur, qu'au sud de ce royaume se trouve un pays traversé par de nombreuses rivières et portant le nom de Rongu. Quand, il y a près de 30 ans, j'accompagnai M. de Russegger, dont le monde savant connaît les grands mérites relativement à la connaissance des pays arrosés par le Nil, pour explorer avec lui les contrées montagneuses habitées, au sud du Cordofan, par les nègres de la tribu de Nuba; le détachement, chargé de nous protéger, avait été confié au commandement du vieux chech Machmud Abu Aascha, comme étant le plus capable de nous guider dans notre entreprise. Ce chef d'une tribu des Bagara avait déjà visité le pays des Homer-Bagara jusque fort avant dans le sud. Quand, au mois de mai 1837, sous le 11me degré de latitude nord et le 28me degré de longitude est du méridien de Paris, nous fûmes atteint le point le plus méridional de notre expédition sur les pentes sud de la chaîne de Tira, et que nous dûmes rebrousser chemin par suite du manque de vivres et en raison de l'approche de la saison des pluies, Machmud nous apprit, en un arabe que je pus comprendre, que, à quatre journées de marche seulement vers le sud de Tira, il y a une rivière que les Bagara appellent Keilak. La quantité d'eau qu'elle contient en ce moment est insignifiante, et ses mares sont habitées par de nombreux crocodiles et hippopotamos; mais pendant la crue déterminée par les pluies, cette rivière se change en un grand fleuve, qui va se jeter dans le Bahr-Ablad. Sur ses rives, on rencontre des plantes sur une seule feuille desquelles un homme peut s'étendre comme sur un tapis. Loin, très-loin derrière le Keilak, se trouve le Bahr-Ghasal, qui n'est connu que de nom, les tribus de Bagara ne se rendant que rarement jusqu'à ce fleuve avec leurs grands troupeaux de bestiaux. Notre compatriote, M. Pallme, dans l'année 1839, ayant séjourné au Cordofan pour affaires commerciales, apprit par un Takruri et un nègre, qu'au sud du Darfur, dans le pays de Rongu, coule une grande rivière, qui de là se dirige vers le pays des Bagara, puis, à travers le pays des Jaenky (Diankin de M. de Heuglin) et des Schilluk, coule vers Chartum, et que cette rivière n'est autre que la rivière des Gazelles. Cette assertion, négligée postérieurement, s'est confirmée par la suite, comme faisant la première mention du Bahr-Ghasal.

Par suite de nos voyages dans les régions situées à l'ouest et à l'est du Nil blanc, les pays situés plus au sud ayant été mieux connus, et le commerce d'échange avec les nègres Schilluk ayant commencé à prospérer, on entreprit de pénétrer plus au sud par la route navigable. A cette époque, Machmud Ali, le régénérateur de l'Egypte, arrivé à un âge très-avancé, entreprit le voyage très-pénible aux mines d'or du Fassoglu; à la vue du Nil blanc à Chartum, il donna l'ordre d'envoyer des hommes chargés de remonter jusqu'aux sources de cette rivière. Deux expéditions, qui eurent à surmonter d'immenses difficultés, s'avancèrent jusque sous le 4me degré de latitude, chez les nègres Bari sur le Kir. Pline déjà avait reçu, par des chasseurs d'éléphants, des nouvelles de ce Kir, sur les bords duquel nous trouvons aujourd'hui les Schir, les Medin et les Eliab, que le savant naturaliste de l'ancienne Rome connaissait sous les noms de Syrbotae, Medimni et Olabi; et quand il parle des Hipporées, qui sont noirs, mais se frottent le corps avec de l'ocre rouge, il trace, en quelques mots, le portrait des Bari habitant les environs de Gondokoro.

La seconde des expéditions envoyées par Machmud Ali a réussi à trouver la rivière du Bahr-Ghasal, à l'ouest du lac de No. Cette rivière appelée par les indigènes Nam-Aith, était déjà indiquée sur des cartes, il y a trente ans, sous le nom de Bahr-Adda. Grâce à sa

Aethiopas in terram interiorem pervenirent. Nec minus, aucto ab occidente per Cordofan commercio, cum Europaeis aditus ad Darfur non esset, Brunn-Rollet mercator anno 1856 per Nam-Aith fluvium, qui ab occidente in Nilum Album influit, novam mercandi viam aperire conabatur, et per demissa illa et palustria loca ab No lacu occidentem versus usque ad Req et insulam Kyt pervenit. Plantarum huius regionis habitum maxime differre a superioris Nili, ex primis illius literis intelligimus, docemurque immensas illic paludes arundineas et piscosos alternare lacus plerumque vadosos, per quos piscatores in monoxylis lintribus vecti noctu ignibus illiciant pisces. Februario mense, cum Nam-Aith tenui fluit aqua, iuxta ripas altis herbis vestitas limum vehit plantis aquaticis mixtum, unde navigatio saepe impeditur. Nec tamen lacus illi et piscinae, quae in paludibus obviae fiunt, minoris aestimantur, quam in nostris terris arva aut vineta; abundant enim piscibus et granis Loti, unico fere illarum gentium alimento. Grana Loti extremo mense Maio collecta, primum aeri exponuntur, tum fiscinis asportantur in interiores terrae partes, ubi fluvio terram inundante Zeae vice in victum adhibentur. In illis regionibus, quas Djur, Rol, aliae gentes obtinent, complures arbores inveniuntur, quae propter baccas magni sunt faciundae, atque in iis arbor butyri, cuius etiam grana Brunnio allata sunt et extractum quoddam ex illis comparatum. Gracilis illa arbor, non dissimilis Sycomoro modicaeque altitudinis, nominatur ab indigonis Rak.

Alia arbor fructifera est Lotta, cuius fructus dulcissimi similes sunt palmulis. Vites quoque inveniuntur acinis parvis albidis, aliquantum acerbioribus. Djur gens Hibiscum cannabinum colit eoque ut cannabi utitur.

Dar-Benda, terra in occasum brumalem et meridiem ab Bahr-Ghasal fluvio sita, aquis conciditur et vivis et stagnantibus, ad quas arbor illa formosissima Gambo in modum abietis ad viginti orgyias exsurgit, quae eat magno usui esse possit. Insunt fructui grana, quae pirorum simillima in Cordofan et Cairo urbe magni habentur miscenturque fabis coffeae.

Quinque annis post Brunnium, ornithologus Antinori, marchio Franco-Gallicus, Bahr-Ghasal fluvium navigavit, et de plantis eius haec fere nos edocuit.

Angustiae rivorum praecluduntur ramis Ambadj arboris (Herminiera Elaphroxylon Guill. et Perr.), parvis sed densis foliis praeditas. Ubi liberior oculis prospectus etiam ad remotiora permittitur, copiae conspiciuntur spinosarum arborum, atque in iis formosa illa Euphorbia Kolqual (E. Candelabrum), ramis modo candelabri collocatis, Cissus quadrangularis, quae mille modis implicatur et innectitur vicinis plantis, altissima Capparis, fructibus piri magnitudine, Nymphaea ampla, super cuius magna folia, viridia straguli instar per aquam strata, speciosus ille Rallus abyssinicus et formosa Parra africana cursitant.

Circum Meschra-Req regio in meridiem versus pulchris nemoribus est obsita. Assurgit terra ad occidentem, ad orientem vero leniter declivis et in paludes abiens prospectum praebet vacuum arboribus. Per prata greges boum pascuntur; ubi inundata sunt, aves aquaticae et grallae errant frequentes. Arbusta constant ex Mimosetis inter quas et Tamarindi ingentes, interdum Sycomoris Urostigmatibusque intermixtae, excellunt. Arbor Terter appellata, Sterculiae tomentosae persimilis, in Urostigmatum umbra nascitur; Kigelia

conduite prudente et bienveillante à l'égard des indigènes, le vénérable vicaire apostolique Mgr. Knoblecher ouvrit aux négociants de races blanches la route de l'intérieur du pays des nègres Schilluk, remarquables par leur bravoure. Le Cordofan ayant reçu également une vive impulsion, par son commerce avec les pays situés à l'occident, tandis que le Darfur était absolument clos à l'entrée des Européens, le négociant Brunn-Rollet tenta, dès 1856, d'établir des relations commerciales avec Wadaï, au moyen de l'affluent occidental du Nil blanc, le Nam-Aith, évitant de la sorte le Darfur. Lors de ces premières tentatives on pénétra en effet, au travers des vastes contrées marécageuses formées par le lac de No, très-loin vers l'ouest, jusqu'à Req et à l'île de Kyt. Les premiers renseignements sur le bassin de cette rivière nous font voir que la végétation des bords de l'eau diffère de celle du haut Nil. Des marais immenses, garnis de nombreux roseaux, s'y rencontrent alternativement avec des lacs poissonneux ordinairement peu profonds, qu'on parcourt dans des canots faits de troncs d'arbres creusés, portant, pendant la nuit, des feux pour attirer le poisson. Au mois de février, à l'époque des basses eaux, le Nam-Aith entraîne le long de ses bords, garnis de Graminées élevées, un limon fin entremêlé de plantes aquatiques, qui souvent causent des entraves à la navigation. Les lacs et les étangs qui se rencontrent dans ces immenses marais, sont considérés comme des terres d'une grande valeur, de même que chez nous les domaines ruraux et les vignobles, car ils fournissent une abondance de poissons et de graines de Lotos (Nelumbium?), qui constituent à peu près la seule nourriture de ces peuplades de pêcheurs.

Les graines de Lotos se récoltent vers la fin du mois de mai; on les expose d'abord à l'air, pour les déposer ensuite dans des paniers, dans lesquels on les transporte dans l'intérieur du pays, où, pendant les inondations, elles remplacent les grains de Maïs. Dans les contrées occupées par les Djur, les Rol et d'autres peuplades, on rencontre plusieurs arbres précieux par les baies qu'ils fournissent, entre autres l'arbre à beurre, dont on apporta des graines et une bouteille remplie de la graisse qui s'en extrait. C'est un arbre grêle, assez semblable au figuier sycomore de taille moyenne. Les indigènes lui donnent le nom de Rak. Un autre arbre utile, est le Lotta, dont les fruits sont fort doux et offrent quelque ressemblance avec la datte. On rencontre aussi dans ce pays, une Vigne sauvage, produisant une baie petite, grisâtre, un peu acerbe. Les Djur cultivent le Hibiscus cannabinus, qui leur fournit une filasse semblable au chanvre.

Le Dar-Benda, situé au sud-ouest du Bahr-Ghasal, est entrecoupé d'eaux courantes et stagnantes dans lesquelles s'élève, dit-on, à une hauteur de 30 à 40 aunes, le célèbre Gambo, droit comme un sapin; c'est un arbre dont on pourrait tirer un grand parti; ses graines ont la plus grande ressemblance avec celles du Bouleau, et sont fort estimées dans le Cordofan et au Caire; elles ont la réputation d'être un puissant stomachique, et elles s'emploient mélangées au café.

Cinq années après Rollet, le marquis Antinori, ornithologiste français, ayant navigué sur la rivière des Gazelles, a publié sur la végétation des bords de cette rivière quelques renseignements qu'il a recueillis à l'occasion de ses chasses aux oiseaux.

La navigation dans les canaux étroits est rendue fort difficile par les branches de l'Ambadj (Herminiera Elaphroxylon Guill. et Parr.), dont le tronc offre un diamètre de 3 à 4 pouces et une élévation de 12 à 15 pieds; il est garni de feuilles petites, mais fort rapprochées. A des endroits moins couverts on voit dans le lointain des bois d'arbres épineux, tels que l'Euphoria Kolqual (E. Candelabrum) aux ramifications représentant des candelabres; le Cissus quadrangularis, qui s'entrelace de mille manières avec les plantes de son voisinage; la grande Capparidée aux fruits de la grosseur d'une poire; le Nymphaea ampla (N. capensis Thunb.), sur les grandes feuilles duquel, étalées à la surface de l'eau à l'instar d'un tapis vert, le charmant Rallus abyssinicus et le beau Parra africana courent facilement et avec une grande rapidité.

Les alentours de Meschra-Req sont fort pittoresquement entourés de forêts se dirigeant du nord vers le sud. Le sol s'élève dans la direction de l'Ouest, tandis que vers l'Est, il offre une douce pente, devient marécageux, et fait voir un vaste horizon dépourvu d'arbres. Un nombreux bétail est amené dans les prairies pour s'y re-

aethiopica flores fert coloris amaranti et fructus cucumeribus similes, qui longissimis pediculis tamquam funiculis dependent; Euphorbiae Candelabrum arbores quattuor orguias altae exteriorem silvarum marginem constituunt, in quarum umbra arbor Ebeni suaveolentis (Dalbergia Melanoxylon) procrescit. Ceterum Strychnos innocua, Cassia occidentalis, Cassia Absus consociatae sunt Ebeno. Exstant in his silvis Cassia quaedam pendula floribus luteis et Carissa edulis gravi florum odore insignis; baccis Carissae, Iuniperi communis sapore similibus, magna voluptate Aethiopes vescuntur.

Terra, quam Djur gens incolit, optima est fortasse omnium, quae ad Bahr-Ghasal fluvium adiacent. Haec terra passim Butyrospermo vestita, amnibus et rivis cincta, aliquantum edita, solum ferrugineum idque fertilissimum habens, et largissimum victum praebet incolis, et exercendis opificiis favet, et huic ipsi terrae naturae etiam mansuetum incolarum ingenium moresque deberi mitiores facile cuique persuadeatur. Coluntur apud eos Sorghum vulgare, Durrah dictum, Lablab vulgaris, Sesamum indicum, Arachis hypogaea et farinifera tubera cuiusdam Dioscoreae. Mense Maio ex seminibus arboris Rak (Butyrospermi), extrahunt massam butyraceam, qua in cibis parandis vice adipis utuntur.

De terris, quas Aethiopes Njamanjam inhabitant, Antinori comperit, lucos ibi esse insignium illarum palmarum, quae Deleb (Borassus Aethiopum) dicuntur, nec minus frequentes esse Ficus, ex quarum succo gummi elasticum prodit, et Sycomoros et quasdam Balani species, quae americano Ebeno non sunt affines, et Sterculias tomentosas; iisque diversas species Mimosearum, Acaciarum, et magnas arundines, duos pollices crassas intermixtas esse. Durrah, quae apud Djur gentem modice colitur, vilis est neque propter saporis amaritudinem ad parandum panem adhibetur; immo potionem quandam fermentatam, quae Merissa appellatur, Aethiopes ex ea decoquere solent.

Lejean, qui primus geographorum a die septimo ante Calendas Martias usque ad pridie Idus Apriles 1861 per Ghasal fluvium navigavit eumque totum in tabulis depinxit, narrat utramque ripam Papyris esse vestitum atque arboribus illis aquaticis, Ambadj nominatis, quae viridis frondis in figurarum stellae compositae pulchritudinem mensibus Februario et Martio insigniorem reddant aureis floribus.

At diligentius et accuratius plantas Bahr-Ghasal fluvii indagavit Expeditio domum Tinneana, maximique sunt pretii et quae de iis in litteris ex itinere datis consignavit cl. de Heuglin et ipsae quae collectae sunt plantae. Quas cum definiremus et describeremus, deprehendimus Bahr-Ghasal fluvii regiones non modo differre ab ceteris Niloticis multasque plantas habere communes cum Africae ora occidentali, verum etiam in ripis eius iuxtaque fluvios ab occidente in flumen Bahr-Ghasal incidentes circa Bongo aliquas exstare species nusquam hucusque inventas.

Exceptis tabulis, 1, 3, 7, 8 b, 10, 13 a, 14, 15, 25 reliquae omnes novas species proferunt, quae in expeditione Tinneana inventae sunt. Inter has novas plantas novum quoque genus reperitur, quod ab Alexandrina Tinne, virgine nobilissima, repertum et 'frutex violae' appellatum nos in honorem Tinnearum 'Tinneam aethiopicam' dicere maluimus. Ex seminibus, quae fratri Joanni A. Tinne, V. Ill., miserat, cum iam in plantariis eius hypocaustis, in vico Aigburth prope Liverpool in Britannia sitis, procreatae sint plantae, quae suos etiam flores et fructus tulerunt, hoc novum plantarum genus etiam quam accuratissime nobis describere

paître; tandis que, où le terrain est submergé, vivent d'innombrables troupes de grues et d'échassiers. Les bois sont principalement constitués d'Acacias et de Mimosas entremêlés çà et là de grands Tamariniers, de Figuiers-sycomores, et de quelques Ficus elastica (Urostigma). On y trouve aussi le Terter, arbre semblable au Sterculia platanifolia (St. tomentosa), entremêlé de diverses espèces d'Urostigma, une grande Crescentia...de, le Kigelia aethiopica, aux fleurs amarantes et aux fruits semblables à un concombre, pendant de tiges, en forme de cordes fort longues. L'Euphorbia Candelabrum, s'élevant à une hauteur de quatre toises, fait l'entourage des forêts, dans l'ombre desquelles on voit venir le Dalbergia melanoxylon ou Ebenier odorant, le Strychnos innocua, la Cassia occidentalis, la Cassia Absus, la Cassia pendula avec ses belles fleurs jaunes ,pendantes, et le Carissa edulis répandant un parfum très-suave; ses petites baies, qui offrent quelque ressemblance, dans leur saveur, avec celles du genévrier, sont avidement mangées par les nègres.

Le pays des Djur est peut-être le meilleur de tous ceux du Bahr-Ghasal; il est tout couvert d'Arbres à beurre et entouré de nombreux cours d'eau; il offre de grands avantages aux habitants par son sol un peu élevé, ferrugineux et très-fertile; c'est à cette circonstance, que les indigènes sont redevables de leur bien-être, de leur industrie et, je crois bien pouvoir dire aussi, de leur bon caractère. Les Djur se livrent à la culture du Durrah (Sorghum vulgare), des Haricots (Lablab vulgaris), du Sésame, de l'arachide (Arachis hypogaea) et du tubercule féculent d'un certain Dioscorea; en mai, ils retirent le beurre des noix de l'Arbre à beurre (Rak).

Quant aux pays limitrophes des Njamanjam, M. Antinori a pu apprendre qu'on y trouve en grande quantité le magnifique palmier Deleb (Borassus Aethiopum), de même que le Ficus elastica, le Figuier Sycomore, le Balanus, qu'il ne faut pas confondre avec l'Ebenier d'Amérique, le Sterculia tomentosa, diverses espèces de Cassia, d'Acacia et de Bambous, grands roseaux dont les tiges atteignent un diamètre de deux pouces. Le Durrah, que les Djur cultivent en petite quantité seulement, est de mauvaise qualité et ne saurait, à cause de son amertume, servir à faire du pain; les nègres mêmes n'en préparent qu'une espèce de bière fermentée, le Merissa.

Lejean, en sa qualité de géographe, a visité avec succès depuis le 28 février jusqu'au 12 avril 1861, le Bahr-Ghasal dans tout son cours, et l'a inscrit sur ses cartes. Selon lui, les deux rives sont couvertes de Papyrus, mais surtout de l'arbre aquatique appelé Ambadj, qui, pendant l'époque de la fleuraison, c'est-à-dire en février et mars, relève encore la beauté de son feuillage vert et étoilé par des fleurs d'un jaune brillant.

Mais ce n'est que par le voyage Tinnéen, que la végétation du Bahr-Ghasal a été portée plus spécialement à la connaissance des botanistes, par les renseignements écrits de M. Heuglin pendant ce voyage, antant que par ses récoltes des plantes qui s'y rencontrent. La détermination et la description de ces plantes nous fit connaître que le Bahr-Ghasal présente une flore distincte de celle des autres affluents du Nil; qu'il offre un grand nombre d'espèces de la flore des côtes occidentales de l'Afrique, et qu'une partie des plantes qui ont été trouvées ou sur ses bords ou sur ses affluents occidentaux, aux environs de Bongo, ne se sont rencontrées nulle part jusqu'ici.

A l'exception des planches 1, 3, 7, 8 b, 10, 13 a, 14, 15, 25 nos figures représentent les 29 espèces nouvelles, dont la science est venue s'enrichir par l'expédition Tinnéenne. Il se trouve dans cette collection un nouveau genre, lequel, à l'honneur de la famille Tinne, est appelé par nous Tinnea aethiopica; il fut découvert par Mademoiselle Alexandrine Tinne, et nommé par elle 'Arbuste de violette'; des grains qu'elle envoya à son frère Monsieur John A. Tinne, on a obtenu dans ses serres à Aigburth, aux environs de la ville de Liverpool, Angleterre, des fleurs, qu'il nous a été possible d'examiner. MM. les capit. Speke et Grant ont trouvé cette même plante pendant leur expédition aux sources du Nil; des exemplaires se trouvent dans l'herbier du jardin royal de Kew. Le célèbre Botaniste Mr. Dr. Thomson ayant presque au même temps que nous, préparé une description de ce genre intéressant, nous a laissé et cédé bien gracieusement la précédence de la nomenclature de cette plante, ce dont nous lui sommes bien obligés.

Honti. Centuriones Speke et Grant hunc ipsum fruticem ex itinere ad scaturigines Nili investigandas suscepto cum attulissent, celeberrimus Botanicus Dr. Thomson eodem fere tempore, quo nos, huius plantae descriptionem aggressus, viso simulacro a nobis excusso rem omisit nobisque honorem plantae describendae concessit, cuius humanitatis hic grata mente meminisse officii duximus.

Reliquae 41 species collectionis Tinneanae iam antea cognitae erant. Quae nonnisi ex ruderibus vel fructibus et seminibus cognosci potuerant species, extra continuum numerum in opere nostro positae reperiuntur. Praeter novas illas 29 species ex iis plantis, quae cum iam cognitae essent, primum tamen in Nilotica terra nunc sunt inventae, commemorandae sunt: Culcasia scandens, Calamus secundiflorus, Elaeis guineensis, Lissochilus arenarius et L. purpuratus, Landolphia florida, Morelia senegalensis, Urena lobata, Cochlospermum tinctorium, Voandzeia subterranea, Parkia biglobosa, quae ad occidentalem quoque Africae oram crescunt.

Communes cum regionibus Niloticis et iis, quae ad occasum ab his vergunt, in exigua nostra collectione reperiuntur: Haemanthus multiflorus, Eulophia guineensis, Salvadora persica, Blumea Perrottetiana, Nelsonia canescens, Kigelia pinnata, Anona senegalensis, Rhynchocarpa foetida, Urena lobata, Syzygium guineense, Indigofera aspera, Arachis hypogaea, Herminiera Elaphroxylon, Dolichos angustifolius, Voandzeia subterranea, Cassia occidentalis, Mimosa asperata.

Etiam in Abyssinia pleraeque quas enumeravimus species reperiuntur, hucusque tamen nondum ibi repertae sunt: Ipomoea asarifolia, Urena lobata, Iussiaea fluitans, Indigofera aspera, Herminiera Elaphroxylon, Dolichos angustifolius, Parkia biglobosa, Arachis hypogaea et Voandzeia subterranea.

Cum ex parva quae nobis suppeditat collectione iam suspicari liceat, quanta omnino esse debeat plantarum ad Bahr-Ghasal exstantium copia, addere liceat, quae expeditionis Tinneanae socii de plantarum in illis regionibus proventu specieque, quam his praebeant, adumbrarunt.

Ab Schilluk insulis, dense Acacia arabica Willd. vestitis, ad meridiem peregrinanti primae occurrunt Tamarindi arbores magnae, perviridibus foliis dense tectae, et Sycomori cum Crataeva Adansonii, quae habitum regionis, hactenus Acaciis fere obsitae, pulchre variant. Ex numero fruticum praevalet Zizyphus, Maerua oblongifolia, quas Hedjlidj (Balanites aegyptiaca) ramis viridi cortice obductis foliisque parce vestitis atque frondibus spinosis, altitudine superat. Ipsas ad ripas nascitur arundo acchari (Saccharum Ischaemum) usque duas orgyias alta.

Prope Dinka montem (Njomati) primi Ambadj frutices (Herminiera Elaphroxylon) inveniuntur frequentioresque ad meridiem. Inter has semper natant Pistiae, Nymphaeae, atque ad Hille-Kaka Ceratopteris thalictroides, filix aquatica, formam fere cervinorum cornuum imitans.

Ad ostium Sobat fluvii longe patent Cannota, in quibus provenit nova illa Azolla nilotica, inter Rhizocarpeas magnitudine insignis, cuius descriptionem infra exhibitam cl. professoris Mettenii operae debemus. Ad ripas luxuriatur Commelina quaedam, cuius longi rami radicosi agitantur fluctibus. Vicinia fruticibus se circumvolvit formosa illa Blastania fimbristipula, genus novum.

Ripae Schilluk insularum ad occasum versae palma Cucifera thebaica sunt vestitae, quarum sub umbris vici positi sunt fre-

Les autres 41 espèces étaient déjà connues des botanistes. Quelques fragments, graines et fruits ont pu être déterminés spécifiquement et dans ce cas, nous avons cité les noms de ces plantes, mais sans leur imposer de numéro d'ordre. Outre les 29 espèces reconnues comme nouvelles, nous devons indiquer comme nouvelles, pour le bassin du Nil, les Espèces suivantes: Culcasia scandens, Calamus secundiflorus, Elaeis guineensis, Lissochilus arenarius et L. purpuratus, Landolphia florida, Morelia senegalensis, Urena lobata, Cochlospermum tinctorium, Voandzeia subterranea, Parkia biglobosa; ces 11 espèces appartiennent toutes aux pays de la côte occidentale de l'Afrique. Quant à l'identité qui existe entre la flore du Bahr-Ghasal et celle des autres pays arrosés par le Nil, ainsi que de ceux qui se trouvent situés à l'ouest de ces contrées, notre collection, relativement pauvre, nous fait voir qu'on rencontre dans ces deux régions les espèces suivantes: Haemanthus multiflorus, Eulophia guineensis, Salvadora persica, Blumea Perrottetiana, Nelsonia canescens, Kigelia pinnata, Anona senegalensis, Rhynchocarpa foetida, Urena lobata, Syzygium guineense, Indigofera aspera, Arachis hypogaea, Herminiera Elaphroxylon, Dolichos angustifolius, Voandzeia subterranea, Cassia occidentalis, Mimosa asperata.

La plupart des espèces connues dont nous faisons l'énumération, se retrouvent en Abyssinie; nous ne faisons exception que pour les suivantes: Ipomoea asarifolia, Urena lobata, Iussiaea fluitans, Indigofera aspera, Herminiera Elaphroxylon, Dolichos angustifolius, Parkia biglobosa, Arachis hypogaea, Voandzeia subterranea. Jusqu'ici la présence de ces dix espèces n'a pas encore été constatée en Abyssinie. Si nous considérons la richesse probable de la flore du Bahr-Ghasal d'après ce que nous venons d'exposer et d'après ce que nous dirons encore plus loin, le courage nous manque pour faire d'autres comparaisons relativement à la collection qui a été mise à notre disposition. Nous nous bornerons à résumer les renseignements recueillis, pendant l'expédition Tinnéenne, relatifs aux productions végétales du Bahr-Ghasal, afin de nous faire une idée, quelque faible qu'elle soit, de l'aspect que doivent présenter les contrées avoisinant notre rivière.

Au sud des îlos de Schilluk, recouvertes d'épaisses forêts de l'Acacia arabica, lequel fournit le bois indestructible connu sous le nom de bois de Sund, transporté jusqu'en Basse-Egypte pour la construction des barques, on rencontre les premiers grands Tamariniers couverts d'un feuillage touffu vert foncé, le Figuier Sycomore, le Crataeva Adansonii, arbres qui opèrent dans l'aspect du pays un changement très agréable, si nous considérons que, jusqu'ici, ce sont les divers Acacias à feuilles fines et pinnées qui s'offraient le plus au botaniste. Parmi les arbustes qui prédominent, nous signalerons les suivants: Zizyphus (spina Christi), Maerua oblongifolia, qui dépasse le Hedjildj (Balanites aegyptiaca), aux rameaux épineux, à écorce verte et à feuillage peu fourni. Sur les bords des rivières, la Canne à sucre sauvage (Saccharum Ischaemum) s'élève à une hauteur de deux toises. Dans le voisinage du mont Dinka (Njemati) on voit les premiers buissons d'Ambadj (Herminiera Elaphroxylon), lesquels deviennent de plus en plus nombreux, à mesure qu'on se dirige vers le sud, et sont associés aux Pistia et aux Nymphaea flottant autour d'eux; auprès de Hille-Kaka, une fougère également flottante, le Ceratopteris thalictroides, vient leur tenir compagnie. A l'embouchure du Sobat, de vastes espaces de la surface des eaux sont recouverts par de nombreux roseaux; et c'est là, qu'on dehors des espaces densément recouverts par les espèces ci-dessus nommées, se rencontre l'Azolla nilotica, remarquable par ses dimensions; cette Rhizospermée remarquable se trouve représentée sur la dernière planche du présent ouvrage, et mon savant ami, M. le professeur Mettenius, a bien voulu se charger de m'en fournir la description. Sur les bords végète en abondance une espèce de Commelina, dont les branches radicantes s'étendent au loin sur l'eau. Autour des buissons voisins grimpe la Cucurbitacée, reconnue comme genre nouveau sous le nom de Blastania fimbristipula. Les bords occidentaux des contrées habitées par les nègres Schilluck, sont recouverts de bois du palmier Dom (Cucifera thebaica) et d'acacias élevés, à l'ombre desquels les habitants ont construit de nombreux villages. Les bords orientaux au contraire forment comme une mer de roseaux, de même que les îles qui sont toutes envahies par ces mêmes graminées.

quentes. Ad ripam in orientem sitam atque in ipsis insulis luxuriantur Papyrus, Herminiera et quaedam arundinum species.

Per altas silvas gramineas navigatur in ostium Bahr-Ghasal fluvii. Longius provecto occurrunt rarius natantes insulae, denique ne Pistia quidem vel Ipomoea, Neptunia etc. reperiantur. Obviam tamen fiunt in paludibus etiam arida tempestate arbores Euphorbiae Candelabrum, Schetr-el-Sem i. e. arbores veneniferae ab Arabis nominatae, quas non florentes cum cl. Russegger anno 1837 in saxosis regionibus montium Tira, in ditione Aethiopum Nubanorum, videramus. Regio in occasum ab ostio Bahr-Arab fluvii spectans silvosa est et palustris, Kuka- et Kukamut-Mimosa (Acacia campylacantha Hochst.), Tamarindi, Nauclea, Zizyphi et Cordiae arboribus obumbrata, Cannis 10—12 pedes altis et graminibus Bambusae intertextis.

Nymphaeae et Loti (Nelumbium?) natantes, ripas contegunt magnis foliis, mixtae flavis et rubris Utriculariis. Longius per adversum fluvium navigantibus saepe occurrunt silvae grandaevae cum Capparidis serpentibus, speciebus Cissi et miris Euphorbiae Candelabrum arboribus.

Rivus qui inter Bahr-Djur et Meschra-Req est, latis circumdatur paludibus, quae cannetis obteguntur et silvis Herminierae, ex quibus formicam instar eminent Kigeliae pinnatae altissima cacumina.

Ante diem sextum Nonas Martias nostri peregrinatores ad Meschra-Req Aethiopum pervenerunt. Densa ibi canneta et gramineta occupant ripas; loca vadosa Loto et Nymphaea caerulea obteguntur. Ipsae insulae ornatae sunt silvis, quae Acaciis et Tamarindis constant.

Itaque totas cum respicimus ripas niloticas, varium et locorum et plantarum atque arborum conditionem esse animadvertimus. Inter Chartum et El-Eis ripae plerumque editae partim arenosae sunt, partim etiam ex lapidibus arenuceis constant; per regiones vicinas Acaciae dispersae sunt.

Cum longius in meridiem provehitur, Albus Nilus librumenti minimi est, maximae tamen latitudinis; eius alveus refertus est insulis palustribus, in quibus amplissimae Acaciae silvas efficiunt fere impenetrabiles. Etiam longius ad meridiem usque ad Sobat et Ghasal fluviorum ostia ripae et planae insulae latius cinguntur Cannetis; iamque insulae illae natantes obviam fiunt, quae Pistia plerumque constitutae amnem saepe obtegunt; ripas vero palmarum species, Cucifera thebaica et Borassus Aethiopum, longa serie prosequuntur. Iude denique Tamarindi, Kuk- et Kukamut-Mimosae, Terter (Urostigma populifolium) aliaeque arbores incipiunt.

Inferiores ripae fluviorum Bahr-Ghasal et Bahr-Djobel cinguntur solis Cannetis, deinde silvae incipiunt palustres, Crataeva Adansonii, Euphorbia Candelabrum, Cordia Myxa (?), Tamarindis, Acacia campylacantha, aliis compositae. Inter hos fluvios denique in locis editioribus et siccis orbis incipit silvarum tropicarum, quae vocantur; illic enim Sycomori apparent, quae magnae arbores multum exsudant gummi elasticum.

Iter ab Req lacu usque ad Bongo.

Ante decimum diem Calendas Apriles campum arundinosum ex parte tum exsiccatum, deinde regionem silvestrem, ubi Gramineae igne combustae erant, emensi usque ad Murah pervenerunt. Amplissimae ibi erant arbores, pleraeque viridi fronde splendontes. Sub

---

C'est le 5 février que l'expédition a fait son entrée dans l'embouchure du Bahr-Ghasal, au travers des roseaux élevés, des touffes de Papyrus et des bois d'Herminiera; plus haut, dans la rivière des Gazelles, la végétation est moins luxuriante; on n'y rencontre plus d'îles flottantes; les Pistia, les Ipomoea, les Neptunia etc. ont disparu. Mais le long des monts Tira, dans le pays des nègres Nuba, à 1 ½ degré plus au sud, les arbres formés par l'Euphorbia Candelabrum (Schetr-el-Sem ou arbre vénéneux des arabes) se trouvent, à la saison sèche, dans des marais, tandis qu'à Tira, au mois de mai 1837, nous ne l'avons rencontré, sans fleur, que sur les pentes rocheuses des montagnes, plus à l'ouest.

En amont de l'embouchure du Bahr-Ghasal, le pays se compose de forêts marécageuses constituées par les Acacias-Kuka et Kukamut, des Tamariniers, des Nauclées (Platanocarpus), des arbres de Zizyphus et de Cordia, entremêlés de roseaux de 10 à 12 pieds de haut et de l'herbe des steppes (Andropogon giganteus). Des Nymphaea et des Lotus (Nelumbium?) recouvrent de leurs grandes feuilles les bords de la nappe d'eau, entremêlés à des Utriculaires à fleurs rouges et jaunes. Le reste des bords de l'eau est souvent couvert de haute futaie, ainsi que de Capparis, de Cissus grimpants et d'Euphorbia Candelabrum. Le ruisseau situé plus au sud-ouest, entre le Bahr-Djur et Meschra-Req, est fort au loin entouré de marais couverts de roseaux et de touffes d'Herminiera Elaphroxylon, au-dessus desquels de grands arbres de Kigelia pinnata s'élèvent comme une voûtes.

Le 2 Mars, on arriva à Meschra-Req, où des roseaux et des herbages touffus envahissent le bord de la rivière; les endroits peu profonds sont recouverts de Lotus et de Nymphaea caerulea; dans les îles se voient d'agréables parties boisées formées par des foule acacias, des Tamariniers, et dans l'ombrage prospèrent une de belles fleurs.

Un coup d'œil général sur les bords du Nil nous fait remarquer les diverses variations dans la nature du terrain et des plantes qui s'y rencontrent. Entre Chartum et El-Eis, les véritables bords du fleuve sont généralement un peu élevés; en partie ils sont sablonneux, en partie nous les voyons formés de couches de grès entremêlées de gravier. La steppe boisée avoisinante est recouverte d'Acacias isolés, formant par places des bois plus touffus. Un peu plus au sud, la pente du Nil blanc est très-peu considérable et d'une extension en largeur fort grande; son lit est rempli d'innombrables îles marécageuses, et couvertes de gigantesques Acacias arabica, qui y forment des forêts presque impénétrables.

Plus au sud encore, jusqu'à l'embouchure du Sobat et du Ghasal, le bord des rivières ainsi que la bordure des îles plates offrent de larges espaces occupés par des roseaux: c'est là que commencent les îles flottantes formées généralement de Pistia, qui souvent, par moments, occupent toute la surface de la rivière. Le long de la terre ferme au contraire, on observe de longues rangées de palmiers Dom et particulièrement de palmiers Deleb; c'est là aussi que commence la zone des Tamariniers, des Acacias Kuk et Kukamut, du Terter (Urostigma populifolium) etc.

Sur les rives inférieures et moyennes du Bahr-Ghasal et du Bahr-Djebel, les alentours sont formés par une véritable mer de roseaux, où ne se rencontre aucun arbre; alors nous voyons commencer les forêts marécageuses composées de Crataeva Adansonii, d'Euphorbia Candelabrum, de Cordia Myxa (?), en société de Tamariniers, d'Acacias Kuk et de plusieurs autres. Entre les deux rivières en question, on rencontre, par places, un sol plus élevé, entrecoupé de profonds lits de torrents; ces terrains portent le signe caractéristique des forêts et des steppes tropicales, par la présence d'un nombre considérable de figuiers, qui laissent écouler une grande quantité de caoutchouc.

Voyage du lac de Req jusqu'à Bongo.

Le premier jour on traversa, dans la direction sud, pour arriver à Murah, une plaine dépourvue d'arbres, recouverte de roseaux, en partie desséchée en ce moment; ensuite une steppe boisée, dont les Graminées avaient été livrées au feu: Les arbres gigantesques y avaient généralement revêtu une belle robe de

egregia quadam Kigelia pinnata, cuius badii flores longis pediculis dependebant, castra posita sunt. Hae umbrosae arbores altissimis Sycomoris cinctae usque ad Aqol vicum silvulas dispersas efficiunt. Inde campus fit glabrior; Auen tamen viculus loco amoeno iacet sub Sycomoris vetustissimis. Protinus plurimae iam Deleb-Palmae conspiciuntur, quarum fructus aromatici tunc maturescere coeperant. In altissimis graminibus vagantur magnae simiae. Aquonati vicus sub Deleb-Palmis iacet formosissimis, quibus crebrae Ficus se circumnectunt. Harum radices per aërem surgentes stirpem Deleb-Palmae reticulatim cingunt, et temporum decursu tamquam ingenti involucro obducunt palmam, quae quamquam radices agit profundas, tamen ex ipsis Ficuum ramalibus iam enasci videtur. Ferratum solum regionis in occasum versae multas procreat plantas et arbores peregrinantibus hic primum conspectus, in his Erythrinam quandam florentem trunco Stapeliae simili, Voandzeiam subterraneam et Dioscoream edulem.

Calendis Aprilibus ad ripas Bahr-Djur fluvii pervenerunt. Alveus trecentos passus latus est; ripae, ad perpendiculum fere deiectae, 15 — 18 pedes altae, cinguntur Saccharo Ischaemo. In ripa occidentali silva Nauclearum apparet; post eam Palmae Phoenices pusillae et hic illic altae Borassi Aethiopum.

In Wau vico ante diem quartum Idus Apriles Steudnerus febri est absumptus; quo tristissimo casu etiam rei herbariae quam gravissimum detrimentum allatum est, cum ex iis, quas Heuglinius subitario modo congessit 74 speciebus satis appareat, quam luculentam messem facere potuisset vir rei botanicae probe peritus.

Vix imbres coeperant, cum ex terra, quasi dei cuiusdam virga percussa esset, mira prodit florum copia. Arbores paucis exceptis pulcherrimas induerunt frondes et graminibus vestiti sunt campi. Inde ab Meschra-Req Mimosae paullatim desinunt. Una ibi arbor visa est amplissima, densa foliis ornata similibus Tamarindo, quae sine dubio est ex Mimosis. Legumina huius arboris, quae fasciculos efficiunt, longa sunt opplenturque farina quadam flava, quae semina circumdat. Illa subdulci est sapore vescunturque ea indigenae pariter ac Tamarindo. Inter alias arbores observata est etiam illa, iam antea in Abyssinia et ditione Boghos reperta, fructus ferens prunis similes, colore flavo et suavi sapore. Biselli, mercator quidam eboris commercio occupatus, peregrinantibus inter alias fruges ostendebat Eleusinen quandam (Telaqon) et pusillas fabas, quae ad Kosanga fluvium coluntur.

Loca circum Seriba, mercatoris illius domicilium, orientem versus intercisa sunt fossis vi imbrium excavatis. Solum obtegunt virgulta, alta gramina, arbores paucae; perraro colitur Dochn. Ab Djur fluvio rursus Deleb-Palmae obviam fiunt; praeterea formosae Amaryllides, striis caeruleis et rubris distinctae, quae circa Whoni et Tschelga sunt creberrimae; Haemanthus quaedam flores gerens purpureos magnitudine insignes; formosa Hypoxidea flava foliis paulum lanuginosis (Curculigo firma); altae Sterculiae; Ebeni quaedam flavis floribus, quae iam ad Djur fluvium reperiuntur.

Ante diem octavum Calendas Iunias Djur et Djeny gentes serendo Durrah et Dochn occupati erant, simulque terrestrium nucum (Arachis hypogaea et Voandzeia subterranea), quae duos digitos subter levis soli superficiem inveniuntur, copias colligebant. Sex menses amplius necessarii esse videntur ad maturanda illa frumenta, quorum avenae ad 15 pedes exsurgunt. Fossis campi

verdure. Le camp fut établi sous un magnifique Kigelia pinnata, dont les fleurs rousses pendaient en longs festons, à l'instar des plantes grimpantes. Cet arbre ombreux constitue, entouré de grands figuiers Sycomores, des touffes isolées jusqu'à un endroit qui porte le nom d'Aqol. A partir de là, la steppe est plus dégarnie de végétation; cependant le petit village d'Auen est situé fort pittoresquement à l'ombre de vieux Sycomores; plus loin, à l'ouest, on remarque déjà un grand nombre de Palmiers Deleb, dont les fruits aromatiques commençaient précisément à mûrir. Dans les Graminées élevées, des singes d'une grandeur considérable avaient établi leur demeure. Le village d'Aquonati est établi au milieu d'admirables Palmiers Deleb, le long desquels grimpent fréquemment des figuiers dont, par la suite du temps, les racines aériennes entourent la base du tronc comme d'un réseau, et finissent par constituer une immense gaîne autour du Palmier, qui semble végéter dans l'intérieur des ramifications du figuier, bien que ses racines se trouvent profondément enfoncées dans la terre. Le sol ferrugineux de la steppe boisée, que les voyageurs traversèrent ensuite, nourrit un grand nombre de plantes et d'arbres qui se présentaient ici pour la première fois; parmi ces plantes, nous signalerons un Erythrina en fleur, avec un tronc semblable à celui d'un Stapelia, des Arachides sauvages, une plante tubéreuse volubile (Dioscorea?) et d'autres encore.

Le premier avril, on arriva sur les bords du Bahr-Djur, dont le lit, large de près de 300 pas, offre une berge presque perpendiculaire d'une élévation de 15 à 18 pieds et bordée de roseaux. Le long du bord occidental s'étend un bois de Nauclea (Platanocarpus), derrière lequel on remarque des Dattiers sauvages et des troncs élevés et isolés du Palmier Deleb.

Le premier jour signalé par un évènement bien triste et accablant, fut le 10 avril, marqué par la mort du botaniste de l'expédition, le docteur Steudner. C'est à Wau qu'il fut enlevé par un violent accès de fièvre. Ce fut précisément au moment le plus favorable pour les récoltes botaniques, à l'entrée de la saison pluvieuse, que la société se vit atteinte par une perte si sensible. L'importance des récoltes qu'un homme du métier aurait été à même de faire en ces lieux, résulte de l'inspection de la petite collection ramassée d'une manière en quelque sorte improvisé, après la mort du docteur Steudner. Outre les 74 espèces de ces récoltes, nous avons eu à notre disposition quelques graines et des fruits envoyés par l'expédition Tinnéenne.

Comme par enchantement les premières pluies fortes ont garni la terre d'un véritable tapis de fleurs admirables; à un petit nombre d'exceptions près, les arbres ont pris leur beau feuillage et les Graminées des steppes sont entrées en végétation. A partir de Meschra-Req, les Mimosas commencent successivement à disparaître; à la station actuelle, on ne remarque qu'un seul arbre de haute futaie appartenant probablement au groupe des Mimosées; il est garni d'un riche et ample feuillage semblable à celui des Tamariniers. Les gousses sont ramassées en faisceaux; elles sont longues et offrent, à la coupe transversale, une forme arrondie; une masse farineuse abondante enveloppe les graines; elle est d'un goût douceâtre et sert d'aliment aux indigènes, qui mangent également en grande quantité la pulpe des gousses du Tamarinier. Entre autres arbres on en remarque un, connu déjà dans les pays des Boghos et de l'Abyssinie, à fruits savoureux et jaunes, semblables à la prune. Un chasseur d'éléphant et marchand d'ivoire, Biselli, fit voir aux voyageurs quelques produits du pays, particulièrement une espèce d'Eleusine appelée Telaqon en arabe, et un très-petit Haricot, cultivés sur les bords du Kosanga.

Les alentours de Seriba-Biselli sont entrecoupés, dans la direction de l'orient, par des ravines profondes que creusent les eaux pluviales; partout on voit des taillis touffus entremêlés de Graminées élevées et d'un petit nombre d'arbres de haute futaie; çà et là se cultive le Dochn. A partir de la rivière du Djur, on voit reparaître le Palmier Deleb, ainsi que de magnifiques Amaryllidées striées de bleu et de roux, lesquelles deviennent nombreuses particulièrement aux environs de Whoni et de Tschelga; un Haemanthus aux fleurs couleur de sang et de la grosseur du poing, une fort belle Hypoxidée jaune, à feuilles un peu laineuses (Curculigo firma), de grands Sterculia et des Ebéniers à fleurs jaunes, qui se rencontrent déjà sur le Djur.

non irrigantur, quia imbres per quinque saepe menses durare dicuntur. Djur gens etiam Sesamum, Fabas et Hibiscum esculentum serit.

Indigenae qui Meschra-Req incolunt (eo Calendis Maiis ex occidentalibus regionibus rediit Heuglinius), narrant Ambadj arboris radices libratas, innumerabilibus capillamentis contextas, quae subter aquarum tantum superficiem luxurientur, primo quoque quinquennio emittere stirpes 20—25 pedes altas, forma conica; insequenti quinquennio has emori, novasque exinde emitti. Quod si ita est, expeditio Tinneana silvam illam nono anno bilustris illius periodi, qua Ambadj increscere atque decrescere solet, visitavit. Cum arida tempestate crebra camporum incendia etiam saepe Ambadj arbores corripiant, tum quoque factum est, ut naves Meschra-Aethiopum in gravissimum periculum adducerentur.

Circiter diem XIII. Calendas Augustas imbribus auctis crescunt fluvii. Tum silvestres regiones tamquam nemora voluptaria esse videntur. Virent arbores atque plantae serpentes, quibus circumvinctae sunt; virent caespites, ex quibus formosae illae Haemanthi, Crina, Liliaceae, Orchideae, Aroideae, Asclepiadeae floresque alii coloribus quam maxime variis prodeunt, nec non segetes Aethiopum, (Sesamum, Tabacum, Fabae, Dochn, Zea, Arachis etc.) laetissimae sunt et uberrimae.

Narrant Aethiopes, terras occasum inter et meridiem sitas, quas Moflo gens incolit, Coffeam sponte gignere aliosque fructus, qui in finibus Djur-Aethiopum non proveniunt, quamvis ibi silvae esculentorum suaviumque fructuum, radicum, olerum sint feracissimae.

Numerus plantarum, quae oleum suppeditant, pormagnus est in regione Moflo gentis. Sic petioli tres fere digitos crassi Palmae cuiusdam amplissimae ostendebantur, quae parvos fructus fert flavos, Phoenicis dactyliferae non dissimiles, quibus Aethiopes non vescuntur, sed ad parandum oleum utuntur. Ab Moflo ad Senam fluvium Austroafricum versus extenditur regio Rotang arborum (Calamus secundiflorus, arabice Cheseran) et Bananae cuiusdam amplissimae, cuius fructus pedem amplius fiunt longi. Reperiuntur quoque Raham, Anonae cuiusdam fructus.

In Bongo cum sementes sub finem Aprilis et initio Maii fiunt, circiter Idus Julias Fabarum fit messis; eodem fere tempore maturescunt Cucumeres copiosissimi; paulo post Zea et Ankoleb (Holcus saccharatus?); Cucurbitarum suaviam duae species, quarum una permagna fieri solet. Tabacum et Sesamum maturescunt sub finem Augusti et mense Septembri; Durrah, Dochn, Tabacum ab Idibus Septembribus metuntur, cum imbres remiserunt. Nucum terrestrium (Arachis hypogaea et Voandzeia subterranea) bis messis fit, primis diebus Septembris dein Aprili et Maio. Tabaci duae species coli dicuntur itemque Lupinae. Omnes hae plantae erant indigenae priusquam mercatores Chartumenses in illas regiones pervenerunt. Creberrimae sunt Gossypini, Ricinus, Abelmoschus esculentus; sed Ricino Aethiopes non utuntur. Agrestium fructuum et radicum, quibus vescuntur, est maxima copia. Silvestris regionis gramineae plantae, calore inter 17 — 28º R. medio, plus quam duodecim pedes altae sunt, et Avena quaedam pervulgata apium ferarum milia pascit.

Primis diebus Octobris gramina camporum flavescunt aristaeque longae seminum maturorum adeo sunt acutae, ut vestimentis adhaerentes non minori incommodo sint atque famosa illa Ascen-

Le 25 Mai, les nègres Djur et Djeny s'occupaient déjà beaucoup des semailles de Durrah et du Dochn; à cette occasion, ils récoltent un grand nombre d'Arachides, qui prospèrent à une profondeur de quelques pouces seulement dans le sol léger. Il paraît que plus de six mois sont nécessaires ici à la maturation des Céréales; les deux espèces qu'on cultive, atteignent quelquefois une élévation de plus de 15 pieds. Les irrigations sont inconnues, mais on assure que les pluies durent parfois au-delà de cinq mois. Les nègres Djur cultivent aussi un peu de Sésame, des Haricots et du Hibiscus esculentus.

Au dire des indigènes de Meschra-Req, où M. de Heuglin revint le premier mai, l'Herminiera, qui porte le nom d'Ambadj, pousse pendant 5 ans de ses grosses racines principales, qui sont horisontales, placées constamment sous la surface de l'eau, et garnies de radicelles capillaires très-nombreuses, ses troncs coniques qui atteignent souvent une hauteur de 20 à 25 pieds; pendant les cinq années suivantes, ces troncs dépérissent, et une nouvelle période de végétation commence à se produire. S'il en est ainsi, c'était donc la neuvième année de l'évolution périodique de l'Ambadj, que nos voyageurs l'ont rencontré. Les nombreux incendies des steppes, qui, dans la saison sèche, atteignent fréquemment l'Ambadj, et en maltraitent souvent singulièrement les troncs secs, groupés d'une manière fort peu pittoresque, vinrent même dans les derniers jours, par l'intermédiaire des troncs de l'Herminiera, menacer sérieusement les bateaux des habitants de Meschra.

Vers le 20 Juillet, les pluies augmentent et, avec elles, le niveau des rivières; d'ailleurs en ce moment, la région boisée est transformée en un parc délicieux. La verdure printanière s'est répandue sur les arbres, et sur les nombreuses lianes dont ils sont revêtus, ainsi que sur le gason touffu qui tapisse le sol, d'où sortent les touffes multicolores des Haemanthus, du Crinum, des Liliacées, des Orchidées, des Aroïdées, des Asclépiadées et d'un grand nombre d'autres végétaux. Les champs ensemencés par les nègres de Sésame, de Tabac, de Haricots, de Dochn, de Maïs etc., se présentent avec une beauté et une richesse admirables.

Les nègres racontent, qu'au sud-ouest dans le pays des Moflo, on trouve beaucoup de Café sauvage et d'autres fruits curieux qui n'existent pas à Djur, bien que les forêts de ce pays, offrent également une abondance de fruits mangeables, en partie très-savoureux, des racines d'une Dioscorea et de Patates, des plantes potagères et des salades.

Le nombre des plantes oléagineuses y est fort considérable; c'est ainsi qu'on montra des pétioles d'une grosseur de près de 8 pouces d'un Palmier à dimensions immenses, portant de petits fruits jaunes, semblables à ceux du Dattier; ces fruits ne se mangent pas, mais fournissent, au dire des indigènes, une excellente huile. Si, du pays des Moflo, on se dirige au sud-sud-ouest vers la rivière de Sena, on rencontre la région des Rotangs (Calamus secundiflorus, Cheseran des Arabes) et celle d'un immense Bananier, dont les fruits dépassent de beaucoup la longueur d'un pied; on y trouve aussi le Raham, fruit d'une Ananacée, d'un goût fort agréable.

C'est à la fin d'Avril et en Mai, qu'on fait au Bongo les semailles; dès la mi-juillet on récolte partout en abondance des Haricots; presque simultanément mûrissent de nombreux Concombres, et, bientôt après, le Maïs et l'Ankoleb (Holcus saccharatus?); on y a aussi deux bonnes espèces de Courges, dont l'une atteint des dimensions fort considérables. Le Tabac et le Sésame mûrissent à la fin du mois d'août et en septembre; le Durrah, le Dochn et le Tabac n'atteignent leur maturité qu'après la saison des pluies, à partir de la mi-septembre. Les noix de terre (Arachis hypogaea et Voandzeia subterranea) se récoltent deux fois, au commencement de septembre et de nouveau en avril et en mai. Il paraît qu'on y cultive deux espèces de Tabac et deux sortes aussi de Lupins. Toutes ces plantes se trouvaient à l'état spontané avant l'arrivée des négociants de Chartum. On y rencontre fréquemment le Coton sauvage, le Ricin, dont cependant on ne tire aucun parti, et l'Abelmoschus esculentus. La quantité de fruits comestibles fournis par les arbres, et de racines qui se mangent, est innombrable. La température la plus basse du mois d'août a été de 17º R., la plus élevée, de 28 degrés. Dans

nitus (Cenchrus echinatus) Cordofana. Sub extremos imbres terra praeter Bamias 4 vel 5 species Batatarum exhibet, quarum tubera saepe sunt amplissima. Horum quaedam forma raphani quattuor digitos sunt crassa, pedem unum semis longa. Omnia autem apparantur ut tubera Solani, quae etiam resipiunt. Ex Arachi hypogaea et Voandzeia subterranea suave oleum confici potest.

Maximi momenti sunt iis, qui ad medium Abiad fluvium et Bahr-Ghasal habitant, Butyrospermi arbores. Creberrimae inveniuntur ad ripam occidentalem Nili Albi, ad Djur et Kosanga fluvios, in terris Njamanjam gentis atque iis regionibus, quae Africam versus sitae sunt usque ad Nigrem fluvium.

Haec enarratio quamvis brevissima sit, abunde docet, quantas opes hae regiones contineant. Nec vana spes est, si morum cultus et humanitas in has inhospitales et barbaras ditiones sibi viam muniverit, etiam fore ut multae magnique pretii inveniantur res, quarum permutatio fieri possit, et ut postremum ipsi terrae indigenae barbariem et stupiditatem, qua etiamnum obrutae sunt, deponant. Ea amplum campum in quo decudare possint, qui promovendae humanitati vitam viresque devoverunt; dummodo strenue nitantur, pulcherrimum inde triumphum reportabunt.

Postremum me commemorare oportet, plantas, quibus describendis liber hic destinatus est, in itinere Tinneano partim ab ipsa nobilissima virgine Alexandrina Tinne, partim ab Heuglinio collectas et rite siccatas esse. Certe omnes, quibus res herbaria curae est, quam maximas necesse est gratias habeant huic peregrinatori de geographica interioris Africae cognitione inpense merito, qui licet ipse scientiam botanicam professus non esset, tamen mortuo Steudnero cum ad ripas fluminum Bahr-Ghasal et Bahr-Abiad, tum ad Bongo vicum plantis colligendis sedulo operam dedit, et hac quantacumque collectione primus effecit, ut cum omnino plantarum in illis regionibus copiam et varietatem admiremur, simul plane alias ad utrumque illud flumen, plane alias ad Nilum Album provenire plantas doceamur. Heuglinius una cum papilionibus et scarabeis ab ipso collectis plantarum fasciculum Vindobonam miserat et per litteras a Francisco Unger, clarissimo illo botanices professore, petiverat, ut plantas illas describendas curaret, deinde Herbario Caes. Palat. Vindob. inferret. Quod describendi negotium cum mihi commissum esset, Heuglinium litteris adii, ut quae posset plurima de harum plantarum proventu et indole mecum communicaret; nec frustra rogavi. Nam et per litteras me edocuit, et cum ipse paulo post Vindobonam venisset, quae de singulis plantis meminisset, mihi enarravit et explicavit.

Inter plantas mihi commissas cum iam non exiguum numerum pulcherrimarum specierum novaque adeo genera reperirem, facere non potui quin familiae Tinneanae auctor evaderem, ut harum plantarum descriptionem et delineationem publici iuris facerem. Cui consilio visis quarundam plantarum simulacris, quae delineanda curaverum, Tinneani libentissime et liberalissime cessere. Cum vero hoc opus a Tinneanis mihi commissum aggrederer, familiaris meus Joannes Peyritsch, Medicinae Doctor, simulacro Moreliae senegalensis, quod ad Joannem A. Tinne speciminis loco missurus eram, allectus, suam mihi auxilium et operam in plantis inquirendis et describendis obtulit, idque tam strenue praestitit, ut eum laeto animo operis edendi socium mihi adiungerem.

ces conditions si favorables, les Graminées des bois atteignent plus de 12 pieds d'élévation, et l'espèce la plus répandue d'entre elles, un Avena, nourrit des myriades d'abeilles sauvages.

Au commencement d'octobre, les graminées élevées des steppes se mettent à jaunir, et sont généralement chargées de graines mûres, armées d'arêtes longues et aiguës, qui s'attachent partout aux habits, et ne sont pas moins incommodes que le fameux Askanit (Cenchrus echinatus) du Cordofan.

Outre les Bamias, le pays fournit, vers la fin de la saison des pluies, quatre ou cinq espèces de Patates. Les tubercules de ces Patates prennent souvent des dimensions grandes, quelques-unes sont de la forme des raves, d'une grosseur de 4 pouces et d'une longueur de 1 ½ pied. Tous ces tubercules s'apprêtent comme la Pomme de terre, dont ils offrent également le goût. Les graines d'Arachis et de Voandzeia fournissent une huile délicieuse. L'Arbre à beurre est d'une haute importance pour ces pays; il se rencontre principalement sur la rive occidentale du Nil blanc, sur le Djur et le Kosanga, dans les contrées des Njamanjam et plus loin vers le sud-ouest; il est généralement répandu jusqu'au Niger.

Ces renseignements, quelque peu nombreux qu'ils soient, nous permettent d'apprécier la richesse et les ressources qu'offrent les contrées dont nous venons de tracer une rapide esquisse. Nous nous croyons en droit d'espérer, qu'une fois que la civilisation se sera frayé un chemin dans ces contrées maintenant si peu hospitalières, le commerce y trouvera de précieux et de nombreux objets pour alimenter ses échanges, et finira par tirer les indigènes de l'état d'abrutissement et de barbarie où nous les voyons encore plongés. Le champ à exploiter est immense; que de hardis pionniers s'y portent, et la civilisation célébrera un triomphe de plus!

Enfin je dois dire que les plantes qui ont servi à la publication du présent ouvrage, ont été cueillies et desséchées, pendant le voyage Tinnéen, en partie par mademoiselle Alexandrine Tinne, en partie par M. de Heuglin. Les Botanistes seront à jamais obligés à M. de Heuglin pour les services qu'il a rendus à la science, en recueillant, après la mort de l'infatigable et malheureux Steudner, des plantes dans les environs de Bongo, ainsi qu'aux bords du Bahr-Ghasal. Cette petite collection a, pour la première fois, présenté une idée de la riche végétation de ces contrées, et fait voir la grande différence qui existe entre la végétation des terrains du Bahr-Ghasal, et celle des districts du Nil blanc. M. de Heuglin envoya, de Chartum, un fascicule de plantes avec des papillons et des scarabées; et dans une lettre adressée à M. le professeur François Unger, il pria ce dernier de se charger de la description de ces plantes, et de les déposer ensuite dans l'herbier impérial de la cour à Vienne. Ayant été chargé de leur détermination, j'écrivis à M. de Heuglin pour le prier de me communiquer quelques détails sur les matériaux que je devais publier; il a fort obligeamment fait droit à ma demande, et, lors de son séjour à Vienne, il m'a donné verbalement sur ces plantes autant de renseignements, que cela était possible à un naturaliste étranger à la botanique.

Ayant constaté, pendant mon travail, qu'un grand nombre de ces plantes offraient de belles espèces et même des genres nouveaux, je proposai à M. Tinne d'en faire la publication; et pour mieux l'y décider, je lui soumis le dessin de quelques plantes, que j'avais fait faire, ce qui effectivement le rallia à mon opinion.

En me mettant à préparer l'ouvrage dont la publication m'avait été confiée, j'eus la bonne fortune de me voir aidé par mon ami le Dr. Peyritsch. Ayant vu la figure du Morelia senegalensis, que, comme échantillon des plantes de ma future publication, j'avais envoyée à M. John A. Tinne, il en fut si satisfait, qu'il me promit de m'accorder sa collaboration dans la publication que j'avais entreprise de faire; or, ses secours ont été d'une importance telle, que j'ai cru ne faire qu'un acte de justice, en joignant son nom au mien comme auteur de cet ouvrage.

TH. KOTSCHY.

CONSPECTUS SPECIERUM.

Mimoseae.
1. Acacia mellifera Benth. Tab. i.
2. Mimosa asperata Linn.
3. Parkia biglobosa Benth.

Caesalpiniaceae.
4. Cassia occidentalis Linn.
5. „ goratensis Fresen.

Papilionaceae.
6. Lonchocarpus Sophiae Tab. ii.
   „ Philenoptera Benth.
7. Chirocalyx abyssinicus Hochst. Tab. iii.
8. Dolichos angustifolius Vahl.
9. Voandzeia subterranea Thouars.
10. Rhynchosia intermedia.
11. Indigofera bongensis Tab. iv.
12. „ aspera Guill. et Perrot.
13. Herminiera Elaphroxilon Guill. et Perrot.
14. Arachis hypogaea Linn.

Myrtaceae.
15. Syzygium guineense DC.

Lythrarieae.
16. Nesaea? icosandra Tab. v a.

Oenothereae.
17. Jussiaea fluitans Hochst.

Combretaceae.
18. Poivrea Hartmanniana Schweinf.

Burseraceae.
19. Balsamodendron pedunculatum Tab. v b.

Meliaceae.
20. Turraea nilotica Tab. vi.

Tiliaceae.
21. Grewia velutina Vahl.
22. „ populifolia Vahl.

Malvaceae.
23. Urena lobata Linn.

Bixaceae.
24. Cochlospermum tinctorium Guill. et Perrot.

Cucurbitaceae.
25. Blastania fimbristipula Tab. vii.
26. Rhynchocarpa foetida Schrad.
27. Cucumis Tinneanus Tab. viii.

Capparideae.
28. Capparis tomentosa Lam.
29. Maerua oblongifolia A. Rich.

Anonaceae.
30. Anona senegalensis Pers.

Crassulaceae.
31. Kalanchoë modesta.

Ebenaceae.
Diospyros mespiliformis Hochst.

Sapotaceae.
32. Butyrospermum Parkii Kotschy Tab. viii b.

Utricularieae.
33. Utricularia stellaris Linn. fil.

Crescentiaceae.
34. Kigelia pinnata DC.

Acanthaceae.
35. Nelsonia tomentosa Willd.

Hydroleaceae.
36. Hydrolea floribunda Tab. ix b.

Convolvulaceae.
37. Ipomoea asarifolia Roem. et Schult. Tab. x.
38. „ obscura Chois.
39. Breweria malvacea Kl.

Verbenaceae.
40. Clerodendron cordifolium A. Rich.
41. Tinnea aethiopica Tab. xi.
42. Vitex Cienkowskii Tab. xii.

Gentianeae.
43. Limnanthemum niloticum Tab. ix a.

Asclepiadeae.
44. Gomphocarpus rubicoides Tab. xii b.

Apocyneae.
45. Landolphia florida Benth. Tab. xiii a.
   „ senegalensis.

Rubiaceae.
46. Morelia senegalensis A. Rich. Tab. xiv.
47. Crossopteryx Kotschyana Fenzl. Tab. xv a, b.
48. Gardenia Tinneae Tab. xvi.
49. „ lutea Fresen.

Compositae.
50. Ethulia gracilis Delil.
51. Vernonia ambigua Tab. xvii a.
52. „ pumila Tab. xvii b.
53. Blumea Perrottetiana DC.
54. Varthemia Kotschyi C. H. Schultz.

Salvadoreae.
55. Salvadora persica Linn.

Nyctagineae.
56. Boerhaavia pentandra Tab. xviii.

Daphnoideae.
57. Lasiosiphon affinis Tab. xix b.

Euphorbiaceae.
58. Euphorbia bongensis Tab. xix a.

Moreae.
Urostigma spec. ?

Palmae.
Elaeis guineensis. Linn
Calamus secundiflorus Pal. Beauv.

Aroideae.
59. Caulaxia scandens Pal. Beauv.
60. Stylochiton lancifolius Tab. xx.

Pistiaceae.
61. Pistia stratiotes Linn.

Orchideae.
62. Eulophia guineensis Lindl.
63. „ var. purpurata Reichb. fil.
64. Lissochilus arenarius Lindl.
65. „ purpuratus Lindl.

Amaryllideae.
66. Crinum Tinneanum Tab. xxi.
67. Haemanthus multiflorus Martyn.

Hypoxideae.
68. Corculigo firma Tab. xxii b.

Liliaceae.
69. Chlorophytum sp? Tab. xxiii b.
   „ abyssinicum.
Dracaena Ombet vido: Tab. ante Praef. Tinn.

Commelynaceae.
70. Lamprodithyros gracilis Tab. xxiii a.
71. Cyanotis caespitosa Tab. xxii a.

Cyperaceae.
72. Cyperus Colymbetes Tab. xxiv.

Gramineae.
73. Panicum chrysanthum Steud.

Rhizocarpeae.
74. Azolla nilotica Decsn. Tab. xxv.

Papyrum nascitur in palustribus Aegypti aut quiescentibus Nili aquis.

Plin. H. N. XIII, 22.

DICOTYLEDONES.

MIMOSEAE.

1. ACACIA MELLIFERA *Benth.*

in Hook. Lond. Journ. of Bot. I. p. 507. A. Rich. Tent. Fl. Abyss. I. p. 241. Schweinf. Beitr. z. Fl. Aethiop. p. 1. Mimosa mellifera Vahl. Symb. II. p. 3. Inga mellifera Willd. Spec. IV. p. 1006. DC. Prodr. II. p. 437.

TABULA I.

Glabra cinerascens, ramis aculeatis, aculeis infrastipularibus geminis recurvis, petiolo medio glandula instructo inermi, foliis bipinnatis, pinnis biiugis, foliolis uniiugis oblique obovato - oblongis apice rotundatis vel obtusis saepe retusis glaucescentibus, spicis folio duplo longioribus, calyce truncato corolla quadruplo breviore, legumine breviter stipitato ovali aut oblongo plano reticulato - venoso membranaceo indehiscente.

Crescit in deserto Nubiae orientalis prope montes Omared in vicinia Suakin. Herb. Caes. Palat. Vindob. Exped. Tinn. no. 78. Ab 19° bor. lat. meridiem versus usque in provincias Sennaar et Kordofan una cum Acacia triacantha Hochst. („Gittr" Arabum) exstans, peregrinatoribus in camelo vehentibus ob aculeos firmos, vestimenta et cutem dilacerantes, molesta est.

Vient dans le désert de la Nubie orientale, dans les monts Omared au voisinage de Sauakin. Expédition Tinnéenne dans l'herbier de Vienne No. 78. Depuis le 19ème degré de latitude nord jusque dans les provinces de Sennaar et de Kordofan, il est avec l'Acacia triacantha Hochstetter, Gittr des Arabes, excessivement incommode pour ceux qui traversent ces contrées montés sur des chameaux, car ses robustes aiguillons leur déchirent les habits et leur causent même des blessures.

Frutex orgyalis et ultra, armatus, glaber, ramis ramulisque aculeatis, alternis, teretibus, ramulis calamo scriptorio vix crassioribus, cortice fusco lenticellis plurimis consperso, novellis fusco - cinereis; aculeis geminis, infrastipularibus, recurvis, 2 lineas longis, nigropurpurascentibus, rigidis. Folia alterna, bipinnata, pinnis biiugis, 2 — 4 lineas dissitis, foliolis uniiugis; petiolus communis inermis, basi nodoso - incrassatus, nodo transverse rugoso, fusco - purpureo, primarius ⅓—1 poll. long., supra glandulifer, glandula sessili orbiculari excavata, secundarius ½ — 2 lin. long.; foliola 4 — 5 lin. long., 2—3 lin. lat., breviter petiolulata, petiolulo vix ½ lin. long., nodoso transverse rugoso fusco - purpureo, obovata, oblonga, inaequilatera, basi praecipue obliqua, latere superiore angustiora, integerrima, pergamena, glaucescentia, subtus sub lente minutissime sparseque adpressim pilosula, nervo medio et lateralibus paulum prominentibus, versus marginem arcuato - anastomosantibus, nervis in latere latiore 4—5, in angustiore 2—4, nervulis reticulatis.

Spicae (rectius racemi) foliis duplo longiores, rhachide 1—2 poll. long., a medio vel infra medium laxiuscule florifera. Flores breviter pedicellati, pedicello vix lineam longi. Bracteae spathulatae, apice fimbriatae, alabastra globosa aequantes, tenuissimae, albidae, deciduae. Calyx suburceolatus, truncatus, minute quinquedentatus, vix ½ lin. long., corollam laxe ambiens, tenuissime membranaceus, albidus. Corolla tubuloso - campanulata, 2 lin. long., ad medium quinqueloba, rosea, lobis ovatis acutis. Stamina plurima, imae corollae inserta, eaque duplo longiora, filamentis capillaribus liberis subflexuosis, antheris fere quadrangularibus minimis, glandula terminatis, glandula gracillime stipitata, obovoidea, superficie granulata, decidua. Pollinis granula in aliquot massas in quovis loculo

Arbuste de 6 pieds et davantage, épineux, glabre; les branches et les rameaux, de forme cylindrique, sont armés d'aiguillons; les rameaux dépassent à peine la grosseur d'une plume d'oie; leur écorce est brune, parsemée de nombreuses lenticelles; jeunes ils sont brun grisâtre, les deux aiguillons, placés au-dessous des stipules, sont recourbés, durs, longs de 2 lignes, et d'un noir pourpré. Les feuilles sont doublement pinnées, les pinnes à 2 paires de folioles distantes de 2 à 4 lignes, les pinnules formées d'une seule paire de folioles; le pétiole commun d'un brun pourpré, ne porte point d'aiguillons, il est renflé à la base, qui est transversalement ridée; elles sont obovales, oblongues, inéquilatérales, surtout à la base; vers le haut elles sont moins larges, entières, de la consistance du parchemin; leur couleur est glaucescente; vues à la loupe, elles offrent inférieurement de tout petits poils épars; leur nervure médiane, de même que les nervures latérales, sont légèrement proéminentes, elles s'anastomosent en arc vers le bord; sur l'aile large elles sont au nombre de 4 ou 5, sur l'aile étroite de 2 à 4; les nervures secondaires sont réticulées.

L'inflorescence en forme d'épi dépasse les feuilles du double, son axe, de 1 à 2 pouces, porte des fleurs un peu lâches à partir de son tiers inférieur environ. Les fleurs sont portées sur des pédicelles longs à peine d'une ligne. Bractées en spatule, frangées à leur extrémité, atteignant la longueur du bouton globuleux, très minces, blanchâtres, caduques. Le calice est suburcéolé, tronqué, à 5 dents très petites atteignant à peine ½ de ligne de longueur; il entoure lâchement la corolle, il est très-mince et blanchâtre. La corolle est tubuleuse-campanulée, longue de 2 lignes, quinquélobée jusqu'au milieu, rosée, à lobes ovales aigus. Étamines nombreuses insérées au fond de la corolle, de longueur double de cette dernière; filets capillaires, libres, légèrement flexueux; anthères très-petites presque quadrangulaires, terminées par une glandule excurrente, la glandule est très-grêlement stipitée, obovoïde, à surface granulée, caduque. Les grains polliniques sont assemblés en quelques groupes dans chaque loge; chacun de ces groupes est formé de 20 grains. Ovaire stipité, sub-

agglomerata, in quavis massa granula viginti. Ovarium stipitatum, subcylindricum, stipite ovarii longitudine, uniloculare, ovulis sutura ventrali biserialibus. Stylus filiformis, staminum longitudine. Stigma simplex acutum. Legumen indehiscens, compressum, brevissime stipitatum, stipite 2 — 3 lin. long., ovale, apice saepissime rotundatum, in stipitem leviter attenuatum, subrectum, membranaceum, transverse reticulato - venosum, 1—1½ poll. long., medio ½ poll. latum. Semina 2—4 lenticularia, funiculis filiformibus, ad hilum in strophiolam dilatatis, dimidia leguminis latitudine, horizontalibus.

Explicatio tabulae I. a) *Folium duplo maius nativo, sinistrorsum facie inferiore, b) flores 6ta aucti, c) antherae 48ta auctae, c') glandula, c'') pollen, d) ovarium long. et transv. sectum 24ta auctum, e) legumen disiunctum.*

cylindrique, gynophore de la longueur de l'ovaire; celui-ci est uniloculaire; les ovales, attachées par une suture ventrale, sont placés sur 2 rangs. Style filiforme de la longueur des étamines; stigmate simple, aigu; gousse indéhiscente, comprimée, portée sur un gynophore de 2 à 3 lignes; elle est de forme ovale, généralement arrondie au sommet et légèrement atténuée vers le gynophore, presque droite, membraneuse transversalement veinée - réticulée, longue de 1 à 1½ pouce, large au milieu de ½ pouce; graines au nombre de 2 à 4, lenticulaires; funicule filiforme élargi en une caroncule; elles sont placées horizontalement et de la moitié de la longueur des gousses.

Explication des figures. a) *feuille une fois grossie; du côté gauche elle offre sa face inférieure; b) fleurs 6 fois grossies; c) anthères vues sous un grossissement de 48 fois; c') glandule; c'') pollen; d) coupe longitudinale et transversale de l'ovaire, grossissement de 24; e) gousse ouverte.*

2. MIMOSA ASPERATA *Linn.*

Spec. Pl. p. 1507, n. 38. DC. Prodrom. II. p. 428, et Mém. Lég. t. 63. Benth. in Journ. of Bot. IV. p. 400, n. 147. Hook. Nig. Fl. p. 330. Bolle in Peters Mossamb. p. 7. Schweinf. Pl. quaed. Nilot. p. 2 et Beitr. z. Flor. Aeth. p. 3. Thoms. in Speke Source of the Nile, App. G, p. 633. Mimosa Habbas. Delil. Fl. Aeg. p. 79, n. 960.

Plantae, inde a novissima Nili apud Syenen cataracta per interiores Africae partes, in Senegambia, ad Niger flumen usque ad oram Mosambicensem frequantis specimen decerptum est ad ripas Bahr - Ghasal, Herb. Caes. Palat. Vind. Exp. Tinn. n. 74.

Cueilli par les membres de l'expédition Tinnéenne sur les bords du Bahr-Ghasal. (No. 74 de l'herbier de Vienne.) On le rencontre fréquemment à partir de la dernière cataracte du Nil à Syène, par tout l'intérieur de l'Afrique jusqu'en Sénégambie et au Niger d'un côté, jusqu'aux côtes de Mozambique de l'autre côté.

3. PARKIA BIGLOBOSA *Benth.*

in Hook. Journ. of Bot. IV, p. 328. Mimosa biglobosa Jacq. Am. p. 267, t. 179, f. 87. Inga biglobosa, Willd. Spec. IV. p. 1025. Pal. Beauv. Fl. d'Oware et Benin p. 53, t. 90. Parkia Africana R. Br. App. Oudn. p. 234. Hook. Nig. Fl. p. 329.

Herb. Caes. Palat. Vindob. Exped. Tinn. n. 75. Arbor speciosa, patula, ad 60 pedes alta, coma dilatata, cortice laevi e glauco candicante; sub anthesi mense Ianuario et Februario frons vix ex parte evoluta. Crescit ad flumen Wau, ex Bahr - Ghasal derivatum, in ditione Aethiopum Djur. Exceptis foliis, quae Rev. Knoblecher Gondokoro (n. 104) misit, huius insignis arboris nullum in regionibus niloticis notum erat vestigium. Provenit in Africa tropica occidentali, India orient., Insulis Philipp. . In Amer. australem per mancipia ex Africa occidentali translata esse videtur.

Bel arbre de 60 pieds, à écorce gris-clair, à branches étalées. En janvier et février, lorsqu'il fleurit, les feuilles ne sont qu'en partie développées. Il croît sur les bords du Wau, rivière qui sort du Bahr-Ghasal, dans le district éthiopien de Djur; il y fut cueilli par les membres de l'expédition Tinnéenne sous le No. 75 de l'herbier impérial de Vienne. A l'exception des feuilles, que le vicaire apostolique Mr. Knoblecher envoya sous le No. 104 de Gondokoro, cet arbre distingué n'était pas encore connu dans les pays du Nil. On le rencontre dans la partie tropicale de l'ouest de l'Afrique, dans les Indes occidentales, aux Philippines, et dans l'Amérique méridionale, où il est probablement à considérer comme plante étrangère.

CAESALPINIACEAE.

4. CASSIA OCCIDENTALIS *Linn.*

Spec. Pl. p. 539. n. 11. DC. Prodr. II., p. 497, n. 92. Bot. Reg. t. 83. Guill. et Perrot. Fl. Seneg. p. 261. Hook. Nig. Fl. p. 126. 324. A. Rich. Tent. Fl. Abyss. I, p. 251. Bolle in Peters Mossamb. p. 13. Schweinf. Pl. qd. Nilot. p. 3. Beitr. z. Fl. Aeth. p. 4. Thoms. in Speke Source of the Nile, App. G, p. 632.

Herb. Caes. Palat. Vindob. Exped. Tinn. n. 71. Decerpta est ad Meschra-Req prope origines Bahr-Ghasal, ubi mense Aprili floret. Per totam Africam tropicam obviam fit.

Cueilli à Meschra-Roq près des sources du Bahr - Ghasal, où il fleurit en avril, par les membres de l'expédition Tinn. (No. 71 dans l'herbier de Vienne), habite toute l'Afrique tropicale.

5. CASSIA GORATENSIS *Fresen.*

in Flora bot. Zeit. 1839. p. 53. A. Rich. Tent. Fl. Abyss. 1, p. 250. Schweinf. Beitr. z. Fl. Aeth. p. 4.

Specimen ad Bongo in finibus Aethiopum Djur sub 8vo gr. bor. lat. non procul ab originibus Bahr - Ghasal m. Decembri 1863 decerptum, Herb. Caes. Palat. Vindob. Exped. Tinn. n. 72.

Nota. Cassiae duae aliae species ex seminibus procreatae in aedibus Tinneanis aluntur, nec non ibidem e seminibus Bongensibus varia exemplaria Bauhiniae optime procrescunt.

Croît près de Bongo dans la province éthiopienne de Djur sous le 8ème degré de latitude nord. L'expédition Tinn. l'a cueilli en fruits sous le No. 72 en décembre 1863 à proximité des sources du Bahr-Ghasal.

Observation. Deux autres espèces du genre Cassia, levées de graines, seront déterminées l'année prochaine.

Les graines de divers Bauhinia rapportées du Bongo prospèrent parfaitement.

PAPILIONACEAE.

6. LONCHOCARPUS SOPHIAE *Kotschy et Peyritsch.*

TABULA II.

Arbor, foliis . ., paniculis racemiformibus virgatis floribundis cano-subsericeis, floribus violaceis, calyce tubuloso-campanulato quadridentato fere bilabiato sericeo, dente postico duplo latiore integerrimo vel vix bidentato, antico lateribus interdum minore, vexillo reflexo basi biauriculato glabro, auricula triangulari acuta vel obtusa, ovario quinque-ovulato, legumine . .

Summae observantiae testandae causa Maiestatis Sophiae Reginae nomine insignita est arbor.

Specimina florifera tantum discrepant a Lonchocarpo Philenoptera habitu strictiore, floribus numerosissimis, calyce intensius colorato, praecipue autem vexillo reflexo sub anthesi nunquam alis incumbente, alis auriculatis supra unguem fere saccatis, auricula in latere inferiore triangula brevi, carinae foliolis supra unguem evidenter saccatis.

Les échantillons fleuris, seuls connus, diffèrent du Lonchocarpus Philenoptera par un port plus raide, des fleurs très nombreuses, l'étendard réfléchi, les ailes garnies d'oreillettes à leur côté inférieur, triangulaire et court, les pétales de la carène au dessus de l'onglet évidemment bosselés.

Arbor circiter 60 pedes alta crescit ad Bongo in regno Aethiopum Djur. Ob venenosas vires, de quibus tamen nil accuratius constat, arborem ab incolis evitari sociis expedit. Tinneanae relatum est, cum fragmina m. Febr. 1864 carporent. Herb. Caes. Palat. Vindob. Exped. Tinn. n. 70.

Croît près de Bongo dans la province éthiopienne de Djur, où cet arbre remarquable, d'une hauteur d'environ 60 pieds, est redouté par les indigènes à cause des propriétés vénéneuses qu'ils lui attribuent, et sur le compte desquelles nous ne savons rien de positif. Ces propriétés furent signalées aux membres de l'expédition Tinnéenne quand, en février 1864, ils recueillirent les échantillons conservés dans l'herbier impérial de Vienne sous le No. 70.

Explicatio tabulae. a) flos nativo 4^{tum} maior, b) calyx, c) petala, d) staminum tubus, e) explanatus, f) antherae, 6^{ies} auctae, g) calyx cum pistillo post anthesin, h) pistillum.

Explication des figures. a) fleur quatre fois grossie, b) calice, c) pétales, d) tube des étamines, e) ouvert, f) anthères 6 fois grossies, g) calice avec le pistil après l'anthèse, h) pistil.

LONCHOCARPUS PHILENOPTERA *Benth.*

in Proceed. of Linn. Soc. 1859, Suppl. p. 97. Thoms. in Speke Source of the Nile, App. G. p. 632. Harv. et Sond. Fl. Cap. II. p. 263. Philenoptera Kotschyana Fenzl in Fl. bot. Zeit. 1844, p. 312. Philenoptera Schimperi Hochst., pl. Schimperianae exsiccatae. A. Rich. Tent. Fl. Abyss. I. p. 232. Schweinf. Beitr. z. Fl. Aethiop. p. 16.

Arborea, foliis 2—4 iugis cum impari, foliolis breviter petiolulatis oblongis vel ellipticis basi obtusis vel rotundatis apice acuminatis vel acutis rarius obtusis glabris chartaceis, paniculis floribundis incano-sericeis, floribus violaceis, calyce tubuloso-campanulato quadridentato fere bilabiato griseo, dente postico duplo latiore integerrimo vel vix bidenticulato, antico lateralibus interdum minore, vexillo basi auriculato alas obtegente glabro, ovario quinque-ovulato, legumine stipitato oblongo compresso plano in stipitem attenuato, valvis membranaceis inter semina connatis ibidem reticulato-venosis, seminibus 1 — 2.

Crescit supra Fassoglu in montibus Palori 8000 ped. supra mare, ubi floribus copiosis violaceo-caeruleis, dum folia nondum sunt explicata, clivos ornat. Ibi d. 22 Januarii 1838 exemplar floridum cum duabus foliis serotinis reperit Kotschy, quod n. 522 in Herb. Caes. Palat. Vindob. asservatur. In regno Camamil, montibus Palori vicino, vidit dux Paulus de Wurtemberg 1839. Ex Abyssinia sub nn. 807. 1768 et 1778 cum fructibus misit Schimper. Specimen, quod Cienkowski floridum invenit ad Gobbel Kassan 18. Mai 1848, in Herb. Petropol. n. 65 asservatur.

Croît au-delà du Fassoglu dans la chaîne de Palori, à une altitude de 8000 pieds, où, les feuilles non encore développées, il orne les pentes de ses nombreuses fleurs bleu-violacé; M. Kotschy l'a cueilli avec 2 feuilles tardives et en fleurs, le 22 janvier 1838 (herb. de Vienne No. 522.) Le duc Paul de Wurtemberg l'a trouvé en 1839 dans le pays de Camamil, à proximité de la chaîne de Palori. M. Schimper l'a trouvé fructifié en Abyssinie et distribué sous les numéros 807, 1768 et 1778. M. Cienkowski l'a vu en fleurs le 18 mai 1848, sous le No. 65 de l'herbier du St. Pétersbourg, au Gobbel Kassan.

Arbor 30—40 pedes alta. Ramuli pennae anserinae vel corvinae crassitie, cortice flavo-fuscescente lenticulis nonnullis consperso, longitudinaliter rimoso, foliorum cicatricibus semiorbiculatis nigricantibus nodosi, annotini flavescente-viriduli. Folia in turionibus uberioribus internodiis 1 ½—2-pollicaribus, ceterum interstitiis ¼—⅓ poll. long. dissita, petiolata, 2—4-iuga cum impari; petiolus 4—9 poll. long., basi tumido-articulatus, parte incrassata ramuli fere crassitie 2 ½ lin. long. transversim rugulosa luteola, angulatus, sulcatus, glaber, sub evolutione foliorum adpresse sparse sericeo-pilosus; foliola opposita, breviter petiolulata, oblonga vel elliptica, magnitudine varia nunc vix pollicaria nunc semipedalia, terminali lateralibus maiora, omnia basi rotundata obtusa, apice breviter acuminata vel acuta vel obtusa, in plurimis retusa, integerrima, chartacea,

Arbre de 30 à 40 pieds de hauteur. Rameaux de la grosseur d'une plume d'oie ou de corbeau, à écorce jaune-brunissant, portant quelques lenticelles éparses, se déchirant dans le sens de la longueur; cicatrices foliaires demi-circulaires, noircissantes, bosselées; celles de l'année sont jaune-verdâtre. Les feuilles des turions vigoureux offrent des entre-nœuds de 1 ½ à 2 pouces; sur les autres, cet éloignement n'est que de ⅓ à ¼ de pouce; elles sont pétiolées, de 2 à 4 paires, avec une foliole impaire; le pétiole atteint une longueur de 4 à 9 pouces; à sa base il est articulé-renflé, à sa partie épaisse sa grosseur atteint presque celle des rameaux; sur une longueur de 2 ½ lignes il est transversalement ridé, jaunâtre, anguleux, sillonné; avec l'âge il devient glabre, tandis que jeune il est couvert de poils soyeux. Folioles opposées, brièvement pétiolulées, oblongues ou elliptiques, d'une grandeur variant de 1 à 6 pouces; foliole terminale plus grande que les latérales, toutes sont arrondies à la base, obtuses et à sommet briève-

supra laete viridia lucida, subtus glaucescentia, penninervia, eleganter reticulato-venosa, nervo medio valido, nervis secundariis utrimque 7—15 prominulis, novella plus minusve praecipue subtus sericea, adulta glaberrima; petiolulus petioli crassitie aut validior, articulatus, obtuse quadrangulus, longitudinaliter rugosus, luteolus. Stipulae vix 1/2 lin. long., lineares acutae; stipellae . . .

Paniculae in axillis foliorum delapsorum binae aut ternae, gemmis tomentosis intermixtis, 1/4—1-pedales, racemiformes vel pyramidales; rhachis sericea, inferne nuda, infra medium ramifera, rami alterni, ab invicem 1—1/2 poll. et minus dissiti, inferioribus in panicula pyramidali 3—4 poll. longis, superioribus sensim brevioribus, in panicula racemiformi vix ultra pollicaribus, multiflori, florum delapsorum cicatricibus approximatis notati, sericei.

Flores breviter pedicellati violacei, pedicello 1—2 lin. longo, basi articulato, apice bibracteolato, bracteolis minutissimis vix conspicuis interdum obsoletis. Calyx tubuloso-campanulatus, purpureo-violascens, dense sericeus, tubo ultra lin. long., reticulato-venoso, nervis decem in dentes excurrentibus vix perspicuis, dente postico 1 1/2 lin. lato, 1 lin. long., ovato, acutiusculo vel obtuso, minute bidenticulato rarius integro, reliquis 3/4 lin. longis ovatis obtusis, intermedio saepissime paulum minore subconcavo. Vexillum rotundatum, emarginatum, unguiculatum, ungue lineam longo curvato, lamina 3—4 lin. longa, basi utrimque auriculata, flabellato-nervosa, auricula triangula acuta vel obtusa. Alae 4 1/2—5 lin. long., oblongae, paulo arcuatae, obtusae, utrimque auriculatae, auricula deorsum spectante acuminata acuta, in margine superiore 1 1/2 vel 1 lin. longa, in margine inferiore minore interdum fere obsoleta, semiflabellatim nervosae, nervis curvatis. Carinae foliola curvata, obtusa, margine superiore auriculata, super unguem fere saccata, auricula deorsum spectante lineam longa acuminata, semipenninervia, nervulis curvatis simplicibus aut bifurcis. Stamina 10, filamentis 3 1/2—4 lin. long., in tubum connatis, tubo supra basin fisso hianto, filamento vexillari supra basin libero, tum cum reliquis connato, filamentis liberis 1—1 1/2 lin. long.; antheris infra medium dorso affixis, versatilibus, parvis, flavis. Ovarium lineare, oblongum, breviter stipitatum, sericeum, uniloculare, 5-ovulatum. Stylus supra basin rectangule curvatus, 1 1/2 lin. long., glaber; stigma crassiusculum. Legumen stipitatum, oblongum, compresso-planum, acutum, versus basin in stipitem calycem duplo superantem attenuatum, 2—5 poll. long. medio 5—7 lin. lat., valvis membranaceis inter semina connatis ibidem reticulato-venosis. Semina 1—2, sinu profundo reniformia, 4 lin. lata, fere 3 lin. longa, testa fusca nitida, endopleura flavida cum testa arcte cohaerent. Embryo curvatus, radicula incurva teretiuscula exserta, plumula conspicua, cotyledonibus planis carnosis.

-ment acuminé ou aigu ou obtus, souvent elles sont rétuses; elles sont entières, purpurines, d'un vert clair-vif en dessus, glaucescentes en dessous, penninervées, élégamment veinées-réticulées à la face inférieure; nervure médiane forte, nervures secondaires peu saillantes, de chaque côté au nombre de 7 à 15. Les jeunes feuilles, en dessous surtout, sont plus ou moins soyeuses, plus tard elles deviennent absolument glabres. Les pétiolules sont aussi gros ou plus gros que le pétiole, articulés, obtusément quadrangulaires, ridés longitudinalement, jaunâtres. Stipules aiguës d'à peine 1/2 de ligne. Stipellules . . .

Les panicules naissent au nombre de deux ou trois dans l'aisselle des feuilles tombées et sont entremêlées de bourgeons tomenteux; elles sont en grappe ou en pyramide d'une longueur de 3 à 4 pouces; leur axe soyeux se ramifie au-dessous de son milieu, les ramifications sont alternes et distantes de 1 à 1/2 de pouce et au-dessous; quand la panicule est en pyramide, les rameaux inférieurs sont de 3 à 4 pouces; plus haut ils se raccourcissent successivement; dans une panicule en grappe ils dépassent à peine 1 pouce; ils sont multiflores, soyeux et portent les cicatrices rapprochées des fleurs tombées.

Fleurs brièvement pédicellées, violacées, pédicelles de 1 à 2 lignes, articulées à la base, portant à leur sommet deux bractéoles à peine perceptibles. Calice tubuleux ou campanulé, d'un pourpre violacé, densément soyeux, le tube est réticulé-veiné, dépassant 1 ligne, parcouru par 10 nervures, qui se terminent en dents très-peu accusées; la dent postérieure, d'environ 1 1/2 ligne, est ovale, subaiguë ou obtuse; elle porte deux dentelures et elle est rarement entière; les autres ont environ 3/4 de ligne de longueur, sont ovales, obtuses, alternativement elles sont un peu plus petites et légèrement concaves. L'étendard est arrondi, échancré, muni d'un onglet courbé, long de 1 ligne; sa lame, de 3 à 4 lignes de long, porte à sa base des deux côtés une oreillette à nervures en éventail, l'oreillette est aiguë. Ailes longues de 4 1/2 à 5 lignes, oblongues, un peu courbées en arc, obtuses, portant des deux côtés une oreillette tournée vers le dehors, acuminée, aiguë, mesurant à son bord supérieur 1 1/2 ligne, plus courte à son bord inférieur, quelquefois elle est presque nulle, elle est à demi-nervée en éventail, à nervures courbées. Les pétales de la carène sont courbés, obtus, à leur bord supérieur; demi-penninervés, à nervures incurvés, simples ou bifurqués; au dessus de l'onglet ils sont auriculés, un peu bosselés; l'oreillette tournée vers le bas, longue de 1 ligne, est acuminée. Etamines au nombre de dix, à filets longs de 3 1/2 à 4 lignes, soudées en un tube fendu au-dessus de sa base; le filet correspondant à l'étendard est libre au-dessus de sa base et se soude ensuite aux autres étamines; la partie libre des filets est de 1 à 1/2 ligne. Les anthères sont petites, jaunes. Ovaire linéaire, oblong, brièvement stipité, soyeux, uniloculaire, à 5 ovules. Au-dessus de sa base le style se courbe en angle droit, il est de 1 1/2 ligne, glabre; le stigmate est épaissi. La gousse stipitée est oblongue, plano-comprimée, aiguë; vers sa base elle s'amincit en un gynophore étroit, dépassant le calice du double, long de 2 à 5 pouces, large à son milieu de 5 à 7 lignes; les valves sont membraneuses, soudées et réticulées-veinées dans l'intervalle des graines. Les graines sont réniformes, avec un sinus profond, larges de 4 lignes, longues de 3 lignes; le test est brun, luisant; la cuticule est relâchée et étroitement réunie au test. Embryon courbé, radicule incurvée, arrondie, saillante; plumule assez grande; cotylédons plans, charnus.

7. CHIROCALYX ABYSSINICUS *Hochst.*

in Flora bot. Zeit. 1848 p. 600.

TABULA III.

Caule arboreo aculeato, petiolis aculeatis vel inermibus, foliolis obtusis glabriusculis, lateralibus basi late et oblique ovatis, terminali subrhomboideo, inflorescentia terminali, pedunculo cum calyce tomentoso, vexillo pollicem et amplius longo, alis triplo longiore, carinae foliolis alis parum brevioribus.

Erythrina abyssinica Lam. Dict. II. p. 392. DC. Prodr. II. p. 413, n. 35. A. Rich. Tent. Fl. Abyss. I. p. 214. t. 41.

Herb. Caes. Palat. Vindob. Exped. Tinn. N. 67, exemplar apud Bongo in provincia Dembo m. Aprili 1863 decerptum. Flores et folia ab Reverend. Provicario Knoblecher prope Gondokoro collecta eidem Herb. insunt n. 97. Ad flumen Tubiri arborem illam reperit Binder. Crescit in Abyssinia et Aethiopia 9. et 8. gradu lat. borealis a 25. usque ad 35. gradum long. Parisiensis per regiones niloticas occidentales.

Arbor 2—4-orgyalis, trunco sexpedali cum ramis griseo. Rami ramulique elongati, stricti, diffusi; ramuli cicatricibus nodosis subrotundis approximatis obsiti, aculeati, diametro 4—5 linearum. Folia in apice ramulorum subconferta, unijuga cum impari, stipulata; petiolus subquadrangulus, 1—3 poll. longus, subtus aculeis 1—4 recurvis triangulis obsitus, basi incrassatus, supra canaliculatus; foliola majuscula, angulis rotundatis subrhomboidea, breviter petiolulata, petiolulo 2—3 lineas longo quadrangulo, petioli crassitie, inermi, integerrima, basi trinervia, exacte reticulato-venosa, nervis infimis lateralibus versus medium marginem excurrentibus, ceteris 4—5 suboppositis vel alternis sensim brevioribus parallelis, fere glabra, sub lento praecipue ad nervos minutissime puberula, superne nitida, infra glauco-pruinosa, 2—4 poll. longa, 1½—3 poll. lata, terminale a lateralibus ½—1 poll. remotum, iisdem paulo longius, saepe emarginatum; glandulae stipellarum loco ad basin petioluli crassiusculae, vix lineam longae, substipitatae. Racemi in apice ramulorum interdum 3—4, quorum summus, ut videtur, terminalis, ceteri lateralibus magis evoluti, sub quovis racemo laterali cicatrices tres parvulae (in Rich. Fl. Abyss. racemus lateralis folio suffultus), omnes speciosi simplices, pedunculati, densiflori, bracteati, cum pedunculo ½—uni-pedalis; pedunculus 2—5 poll. longus, cygni pennae crassitie, ascendens, ut pedicelli basi et apice articulati fulvescente tomento indutus. Bracteae lineares, 3 lin. longae, subtus tomentosae. Flores punicei nutantes, sesquipollicares, breviter pedicellati, bracteolati, solitarii vel gemini aut terni, inferiores remotiusculi, medii et superiores subverticillatim dispositi, internodiis 6—8 lin. longis. Calyx spathaceus, basi bibracteolatus, bracteolis angustissimis paulo incurvis, tubulosus, deinde in dentes quinque filiformes pollicares divisus, dente intermedio validiore, oblique ovato-oblongus, 9 lin. longus, aeque ac dentes fulvo-tomentosus, intus corollae concolor. Vexillum pollicare aut longius, obovato-oblongum, brevissime unguiculatum, medio longitudinaliter plicatum, alis incumbens. Alae 4 lin. longae, oblongae, apice rotundatae, arcuatae, unguiculatae, ungue fere lineam longo. Carinae foliola 2, libera, late-ovalia, subrotundata, unguiculata, 3 lineas longa. Stamina 10, vexillo paulo breviora, atropunicea, recta, alternis paulo brevioribus in tubum connatis; stamen vexillare basi liberum, tubo supra basin ante anthesin integro, sub anthesi plerumque fisso, uno latere plus minus connatum; filamenta supra medium soluta; antherae biloculares, oblongae, dorso affixae, flavidae, longitudinaliter dehiscentes. Ovarium breviter stipitatum, fusiforme, in stylum aequilongum attenuatum, uniloculare, pluri-ovulatum, fulvo-tomentosum. Stylus rectus glaber. Stigma acutum. Legumen (immaturum) septis transversis 2—5-loculatum, in stylum fulvo-tomentosum attenuatum.

Explicatio tabulae III. a) flos magnit. natur., b) calyx, b') posticus, c) corolla disjuncta magnit. nat., d) alae, e) carinae foliolum quater auct., f) staminum tubus cum pistillo, g) stamina explanata duplo aucta, h) antherae sexies auctae, i) ovarium cum rudimento staminum, k) duplo majus, l) longitudinaliter sectum quadruplo majus, m) transverse sectum, n) legumen nondum evolutum.

Habite l'Abyssinie et l'Éthiopie sous le 9ème et le 8ème degré de latitude boréale, et depuis le 25ème jusqu'au 35ème degré de longitude ouest du méridien de Paris. L'expédition Tinnéenne l'a trouvé près de Bongo dans la province de Dembo, en avril 1863. (No. 67 dans l'herbier de Vienne.) M. Binder l'a cueilli sur la rivière de Tubiri, et le vicaire apostolique Mgr. Knoblecher, près de Gondokoro. (No. 97.)

Arbre de 2 à 4 toises, d'un tronc de 6 pieds, de couleur grise, de même que les branches. Celles-ci, comme les rameaux, sont allongées, dressées; les rameaux marqués de cicatrices foliaires noueuses, rapprochées, arrondies, sont couverts d'aiguillons et d'un diamètre de 4 à 5 lignes. Les feuilles sont rapprochées à l'extrémité des rameaux, trifoliolées, garnies de stipules. Le pétiole subquadrangulaire, de 1 à 3 pouces de long, porte à la face inférieure de 1 à 4 aiguillons recourbés, triangulaires; à sa base il est épaissi, supérieurement il est canaliculé. Les folioles, assez grandes, sont subrhomboïdales, à angles arrondis, à pétiolule court, quadrangulaire, d'une longueur de 2 à 3 lignes, dépourvu d'aiguillons et de la grosseur du pétiole; elles sont entières, trinervées à la base, nettement réticulées-veinées; les nervures inférieures s'effacent vers le milieu du bord, les autres, au nombre de 4 ou 5, sont subopposées ou alternes, parallèles, se raccourcissant successivement; les folioles sont glabres à l'oeil nu; à la loupe elles sont, particulièrement aux nervures, couvertes d'une légère pubescence; en-dessus elles sont luisantes; en-dessous, glauques, longues de 2 à 4 pouces, larges de 1½ à 3 pouces; la foliole terminale est placée de ½ à 1 pouce des latérales; elle est un peu plus longue que ces dernières et souvent échancrée; les stipellules sont remplacées par des glandes un peu épaissies, substipitées et à peine longues d'une ligne. Les grappes axillaires, quelquefois au nombre de 3 ou 4 à l'extrémité des rameaux, dont le plus haut paraît être terminal, les autres, latéraux, plus développés, portent, à la base de la grappe latérale, trois petites cicatrices, (selon Richard Fl. Abyss. les grappes latérales sont accompagnées d'une feuille), sont toutes fort belles, simples, pédonculées, à fleurs denses et de la longueur de ½ à 1 pied; le pédoncule, de 2 à 5 pouces de long, est de la grosseur d'une plume de cygne, ascendant et, ainsi que les pédicelles, garni d'un duvet dense brunissant. Fleurs pourpres, penchées, de ½ pouce de longueur, brièvement pédicellées, solitaires, géminées ou ternées; les inférieures plus écartées, les supérieures presque verticillées, garnies de bractées, à entre-noeuds de 6 à 8 lignes. Bractées linéaires, longues de 3 lignes, tomenteuses en-dessous. Calice en spathe, portant à sa base 2 bractéoles très-étroites, légèrement courbées; il est en tube, divisé en 5 dents filiformes de la longueur d'un pouce; la dent du milieu est plus forte, la forme en est oblique, ovale-oblongue; le calice offre une longueur de 9 lignes, et il est, comme les dents, recouvert d'un tomentum brun; intérieurement sa couleur est celle de la corolle. Étendard long d'un pouce et au-delà, obovale-oblong très-brièvement onguiculé, plié au milieu dans le sens de la longueur et rabattu sur les ailes. Celles-ci, longues de 4 lignes, sont oblongues, arrondies à leur sommet, arquées, munies d'un onglet de près d'une ligne. Les deux pétales de la carène sont libres, largement ovales, presque arrondis, onguiculés, longs de 3 lignes. Étamines, au nombre de 10, un peu plus courtes que l'étendard, d'un pourpre foncé, dressées, alternativement un peu plus courtes; neuf d'entre elles sont soudées en un tube, les filets se séparent au-delà de leur milieu; l'étamine correspondant à l'étendard est libre à la base avant l'anthèse, où le tube reste entier; pendant l'anthèse, le tube est ordinairement fendu, et l'étamine est plus ou moins soudée d'un côté à la fente du tube. Anthères biloculaires, oblongues, fixées par le dos, jaunâtres, s'ouvrant longitudinalement. Ovaire brièvement stiplté, en forme de fuseau s'atténuant en un style aussi long que lui, uniloculaire, à plusieurs ovules, et couvert d'un tomentum brun. Style droit glabre. Stigmate aigu. Gousse (avant la maturité) divisée en 2 à 5 loges par des cloisons transversales, s'amincissant dans le style brun-cotonneux.

Explication de la planche III. a) fleur de grandeur naturelle, b) calice, b') vu de derrière, c) corolle étalée, d) ailes, e) feuille de la carène 4 fois grossie, f) tube des étamines avec le pistil, g) étamines étalées, grandeur double, h) anthères 6 fois grossies, i) ovaire avec le rudiment des étamines, k) le même grossi 2 fois, l) le même coupé longitudinalement, 4 fois grossi, m) le même coupé transversalement, n) gousse imparfaitement mûre.

8. DOLICHOS ANGUSTIFOLIUS *Vahl*

in herb. Thonn. Guill. et Perrot. Fl. Seneg. I. p. 220.

Caule volubili filiformi, foliolis lineari-lanceolatis acutis mucronatis utrimque scabris, stipulis fere sagittatis lanceolatis acutis, pedunculo folio breviore bifloro, calycis bilabiati labio superiore ultra medium fisso.

Plectrotropis angustifolia Scham. et Thonn. Besk. Pl. Guin. II. p. 112.

Herb. Caes. Palat. Vindob. Exped. Tinn. n. 69. Crescit in Aethiopia nilotica prope Wau ad ripam fluminis Bahr-Ghasal, affluentis Nili Albi, ubi exemplar illud decerptum est m. Jan. 1864.

Herba sinistrorsum volubilis. Caulis fili emporetici tenuioris crassitie, longitudinaliter sulcatus, striatus, angulatus, scabriusculus. Folia internodiis longissimis (3—12-pollicaribus) dissita, petiolata, trifoliolata, stipulata; petiolus ¼—1-pollicaris, basi nodoso-articulatus, ad nodum fere geniculatus, pilis brevissimis sparsis retrorsis scaber; foliola 3—1½-pollicaria, 2—4 lin. lata, terminali lateralibus parum longiore ab iisdem 2—1 lineas remoto, breviter petiolulata, stipellata, petiolulo vix 1 lin. longo, petioli crassitie, dense breviter piloso scabro, pilis sursum versis, linearia vel lineari-lanceolata, basi ovata, apice acuta, mucronata, integerrima, laete viridia, supra nitida, utrimque pilis brevissimis sparsis scabra, reticulato-venosa, nervo medio et lateralibus utrimque prominentibus, lateralibus 6—8, alternis vel oppositis, versus marginem ascendentibus eique parallelis, deinde anastomosantibus, nervulis transversis. Stipulae 2—3 lin. longae, basi fere sagittatae, auriculis rotundatis, lanceolato-acuminatae, 5—7-nerves; stipellae brevissimae, petiolulo breviores.

Racemi axillares, folio breviores, biflori; pedunculus caule debilior, ¾—1¼-pollicaris, tortus, angulatus, striatus, scaber. Flores brevissime pedicellati, aurantiaci et lilacini. Calyx campanulatus, bilabiatus, quinquefidus; tubus 2 lin. longus, decem- et ultra costatus, costis quinque in medios dentes, quinque alternis plus minusve profunde in duos nervos divisis ad margines dentium exeuntibus, dentes acuminati, superiores vix lineam, inferiores 1½ lin. longae. Vexillum reflexum, breviter unguiculatum, lato-rotundatum, 7 lin. long., 10 lin. lat., emarginatum, flavum, super ungue aurantiacum, flabellato-nervosum, nervis plurimis, versus marginem dichotomis, lilacinis, lamina ab ungue patente basi callosa, callo extremitatibus auriculato, auriculis subreniformibus concavis inflexis, ungue 1½ lin. longo, triangulari, versus basin attenuato, margine bilamellato, lamellis angustissimis cum auricula continuis. Alae super carinam conniventes, unguiculatae, oblique obovato-oblongae, arcuatae, latere superiore supra unguem prope marginem auriculatae, auricula deorsum spectante ovata acuta crassiuscula, fere flabellatim venosae, venulis violaceis, cum ungue 8 lin. long., 4 lin. lat., ungue 3 lin. longo. Carinae foliola arcuata, longe rostrata, alarum circiter longitudine, basi tres lineas connata, extus medio gibbosa aut calcarata, calcari concavo. Stamina 10, diadelpha, filamento vexillari supra basin geniculato, tubo 7 lin. longo arcuato, filamentis liberis 4 lin. longis, antheris luteis parvis. Ovarium brevissime stipitatum, strigosum, basi disco brevissimo, vix ½ lin. longo, lobulato, striato cinctum. Stylus valde arcuatus, inferiore triente subteres, medio triente paulum complanatus, postice superiore triente rursus teres et dense barbatus, pilis albis horizontalibus ultra semilineum longis. Stigma capitatum, crassum, ½ lin. diametro, transverse hispidulum. Legumen . . . . .

112.

Habite dans la partie de l'Éthiopie arrosée par le Nil, près de Wau, sur le bord du Bahr-Ghasal, l'un des affluents du Nil blanc, où il fut cueilli en janvier 1864. (Expéd. Tinn, herbier de Vienne No. 69.)

Plante herbacée, tige volubile vers la gauche, de la grosseur d'une ficelle mince, parcourue longitudinalement par des sillons en stries, anguleuse, un peu rude. Feuilles placées sur des entre-noeuds très-considérables (de 8 à 12 pouces), pétiolées, trifoliolées, garnies de stipules: pétiole de ¼ à 1 pouce, articulé-noueux à la base, où il est presque genouillé; il est rude par suite de la présence de poils épars très-courts: folioles longues de 3 à 1½ pouce, larges de 2 à 4 lignes, la terminale un peu plus grande que les latérales, dont elle est éloignée de 2 à 1 ligne; brièvement pétiolulées, stipulées, portées sur un pétiolule d'à peine 1 ligne de long, de la grosseur du pétiole, rude par des poils courts et touffus, dirigés vers le haut; elles sont linéaires ou lancéolées-linéaires, à base ovale, à sommet, aigu, mucronées, entières, d'un vert vif, luisantes en-dessus, rudes des deux côtés par des poils épars très-courts, réticulées-veinées; la nervure médiane ainsi que les nervures secondaires font saillie sur les deux faces; les nervures latérales, au nombre de 6 à 8, alternes ou opposées, se relèvent vers le bord, où elles sont parallèles, et par là s'anastomosent avec de petites nervures transversales. Stipule de 2 à 3 lignes, à base presque sagittée, à oreillettes arrondies, lancéolée-aiguë, portant 5 à 7 nervures. Stipellules très-courtes, n'atteignant pas la longueur du pétiolule.

Grappes axillaires, biflores, plus courtes que le pétiole; pédoncule plus mince que la tige, anguleux, strié, rude, tordu, de ¾ à 1¼ de pouce; fleurs très-brièvement pédicellées, de couleur orange et lilas. Calice campanulé, bilabié, quinquéfide, tube de 2 lignes, portant 10 côtés ou d'avantage dont la moitié se dirige vers le milieu des dents; les autres sont divisés plus ou moins profondément en deux nervures allant vers le bord des dents; celles-ci sont acuminées, les supérieures atteignant à peine une ligne de longueur, les inférieures 1½ ligne. Étendard réfléchi, largement arrondi, long de 7 et large de 10 lignes, échancré, brièvement onguiculé, jaune-orange au-dessus de l'onglet, à nervures en éventail, dont la plupart sont dichotomes vers le bord et de couleur lilas; la lame s'écarte de l'onglet, qui est calleux à la base; le cal porte à son extrémité une oreillette subréniforme, concave, infléchie; l'onglet, de 1½ ligne, est triangulaire, rétréci vers le bas, portant sur le bord deux lamelles très-étroites, contiguës à l'oreillette. Les ailes sont conniventes au-dessus de la carène, onguiculées, obliquement obovées-oblongues, arquées à leur côté supérieur; au-dessus de l'onglet près du bord se trouvent des oreillettes courbées en bas, ovales, aiguës, un peu épaisses; les ailes sont veinées presque en éventail, à vénules violacées; l'onglet compris, elles offrent 8 lignes de long et 4 de large, l'onglet étant de 3 lignes. Les pétales de la carène sont arqués, longuement éperonnés, environ de la longueur des ailes; à leur base, ils sont soudés sur un espace de 3 lignes; extérieurement entre les bords ils sont bosselés au milieu, ou portent un éperon concave. Étamines au nombre de 10, diadelphes, le filet correspondant à l'étendard, est géniculé au-dessus de sa base; tube staminal long de 7 lignes, courbé en arc; la partie libre des filets est d'une longueur de 4 lignes. Anthères jaunes, petites. Ovaire très-brièvement stipité, strié, entouré à sa base d'un disque très-court d'à peine ½ ligne, strié et lobulé. Style fortement courbé, presque rond à son tiers inférieur, un peu aplati au second tiers; au tiers supérieur enfin, il est de nouveau cylindrique et couvert de nombreux poils blancs, horizontaux, longs de plus d'une demi-ligne. Stigmate en tête, épais, mesurant ½ ligne de diamètre et recouvert d'un indument hérissé. Gousse . . . . .

9. VOANDZEIA SUBTERRANEA *Thouars*

Gen. Nov. Madag. p. 23, n. 70. DC. Prodr. II. p. 474. Guill. et Perrot. Fl. Seneg. p. 254. Hook. Nig. Fl. p. 125. Glycine subterranea Linn. fil. Decad. p. 37. t. 19.

Crescit in locis arenosis prope Wau in regno Aethiopum Djur, unde semina attulit de Heuglin. Haec planta ut iam ex Africa orientali per omnes regiones tropicas divulgata et culta sit, per servos Aethiopas factum est.

Habite près de Wau dans la province éthiopienne de Djur, d'où M. de Heuglin en a rapporté des graines. Cette plante cultivée a été répandue, depuis l'Afrique orientale, par les esclaves nègres, dans tous les pays tropicaux.

10. RHYNCHOSIA INTERMEDIA *Kotschy et Peyritsch.*

Tota pilis simplicibus intermixtis punctis resinosis pubescens, caule volubili, foliolis obtusissimis mucronulatis utrimque molliter pilosis subtus glanduloso-resinosis, lateralibus triangulis basi inaequilateris, terminali rhomboideo, racemis remote multifloris folio multoties longioribus, floribus maiusculis purpureo-venosis, calycis pilosi labio superiore ad medium bifido, inferiore tripartito, laciniis omnibus acutis, antica productiore, leguminibus dense fulvo-pilosis.

Crescit in locis fruticosis regni Aethiopum Djur ad Bongo 8vo grad. lat. bor. 27¼ long. Paris. Mense Decembri 1863 florentem legit de Heuglin. Herb. Caes. Palat. Vindob. Exped. Tinn. n. 63.

Habite les broussailles de la région éthiopienne de Djur, près de Bongo, sous le 8me degré de latitude et le 27¼ degré de longitude du méridien de Paris. M. de Heuglin l'a cueillie en fleurs en décembre 1863 (No. 63 de l'herbier de Vienne).

Caulis herbaceus volubilis, fili emporetici crassitie, teres, striatus, pilis simplicibus patentissimis glandulis resinosis interiectis pubescens. Folia pinnata, uniiuga, interstitiis 2—4-pollicaribus dissita, petiolata, stipulata; petiolus 5—7 lin. long., basi paulum cylindrico-incrassatus, aeque ac petioluli pilis densis patentissimis, glandulis intermixtis, hirsutus; foliola 8—12 lin. longa, petiolulo 1 lin. longo instructa, stipellata, obtusissima, nervo excurrente apiculata, basi angustiora, utrimque pilis basi bulbosis patentibus mollia, ad nervos et marginem fere villosula, subtus resinoso-punctata reticulato-venosa, basi trinervia; lateralia unistipellata, basi inaequilatera, triangularia, angulis obtusissimis, latere superiore angustiore oblongo 2—2½ lin. lato, nervis secundariis 5—6 subparallelis subaequilongis, inferiore triangulo duplo latiore, nervis secundariis 3—4, horum infimo longiore in trientem partem inferiorem marginis superioris excurrente, versus angulum lateralem nervulos 3—4 emittente; terminale a lateralibus 2—1½ lin. remotum, bistipellatum, rhomboideum, aequilaterum, angulis obtusissimis fere rotundatis, lateribus cum dimidia parte inferiore foliolorum lateralium homomorphis. Stipulae subulatae, 1 lin. longae, fuscescentes, extus hirsutae, reflexae, deciduae; stipellae tenuissimae, vix ½ lin. longae, deciduae.

Racemi 4—6-pollicares, axillares, 7—12-flori; pedunculus inferne 1¼—2 poll. nudus, caule multo gracilior, pilis simplicibus glanduliferis et punctis resinosis intermixtis pilosus. Flores remoti, nutantes, subsecundi, pedicellati; pedicelli bractea 1½ lin. longis, subulato-linearibus, fuscescentibus, pilosis, deciduis suffulti, 1½ lin. longi. Calyx tubuloso-campanulatus, bilabiatus, purpurascens, sparse breviter pilosus, punctis resinosis pilis simplicibus intermixtis, tubo ½ lin. longo, decemnervi, ut laciniae reticulato-venoso, nervis 5 in medios dentes, alternis iisque bifurcis ad sinus excurrentibus, nervulis duobus in laciniis marginalibus, labio superiore tubo aequilongo ad medium bifido, laciniis acutis semilineam longis, labio inferiore 2 lin. longo tripartito, laciniis lanceolatis acutis, et quidem lateralibus 1 lin., media 1½ lin. longis. Vexillum reflexum, unguiculatum, eximie purpureo-venosum, obovato-subrotundum, 5 lin. long., extus puberulum, glandulis resinosis interpositis, ungue 1 lin. longo, lamina basi utrimque auriculata, auriculis

Tige herbacée volubile, de la grosseur d'une ficelle, cylindrique, striée, couverte d'une pubescence formée de poils très-étalés, auxquels sont entremêlées des glandes résineuses. Feuilles trifoliolées, insérées à une distance de 2 à 4 pouces, pétiolées, garnies de stipules; le pétiole de 5 à 7 lignes est légèrement épaissi en cylindre à la base; il est hérissé, de même que les pétiolules, de poils denses très-étalés, entremêlés de glandes; folioles de 8 à 12 lignes, portées sur des pétiolules de 1 ligne, garnies de stipellules très-obtuses, terminées en pointe par l'extrémité de la nervure médiane, rétrécies à la base, couvertes sur les deux faces de poils moins étalés, implantés sur un bulbe; sur les nervures et les bords ces folioles sont presque velues; en-dessous, elles portent des points résineux et sont réticulées-veinées; à la base elles sont trinervées; les latérales portent une stipellule, ont la base inéquilatérale, sont triangulaires, et à angles très-obtus, leur côté supérieur est étroit, oblong, d'une largeur de 2 à 2½ lignes; les nervures secondaires, au nombre de 5 ou 6, sont presque parallèles, de longueur à peu près égale; le côté inférieur est triangulaire, de largeur double, à 3 ou 4 nervures secondaires, dont l'inférieure plus longue se termine au tiers inférieur du bord supérieur, et projette vers l'angle latéral 3 ou 4 petites nervures. La foliole terminale se trouve à 2—1½ lignes des latérales, porte deux stipellules, est rhomboïdale, équilatérale, à angles très-obtus et presque arrondis; les côtés sont de même forme que la moitié inférieure des folioles latérales. Stipules subulées, longues de 1 ligne, brunâtres, hérissées extérieurement, réfléchies, caduques; stipellules très-minces, d'à peine ½ ligne, caduques.

Grappes de 4 à 6 pouces, axillaires, à fleurs écartées au nombre de 7 à 12; pédoncule nu inférieurement sur 1½ à 2 pouces, bien plus mince que la tige, couvert de poils simples glandulifères, entremêlés de ponctuations résineuses. Fleurs penchées, presque unilatérales, pédicelles de 1½ ligne, munis de bractéoles de 1½ ligne, subulées-linéaires, brunâtres, pointues, caduques. Calice tubulé-campanulé, bilabié, purpurin, couvert de petits poils simples, épars, entremêlés de ponctuations résineuses; tube de ½ ligne, parcouru par 10 nervures qui, ainsi que les lobes, sont réticulées-veinées; 5 de ces nervures bifurquées se dirigent alternativement dans les sinus, deux sont marginales aux lobes; la lèvre supérieure est de la longueur du tube fendu jusqu'au milieu; ses lobes sont aigus, de ½ ligne; la lèvre inférieure, de 2 lignes, est très-petite; les lobes sont lancéolés-aigus, longs d'une ligne, celui de milieu mesure 1¼ ligne. L'étendard est réfléchi, élégamment veiné de pourpre, obovale-arrondi, pubescent extérieurement, et garni de ponctuations résineuses; il est long de 5 lignes, muni d'un onglet d'une ligne; sa lame porte inférieurement des deux côtés une oreillette membraneuse, obtuse, infléchie; au-dessus de sa

membranaceis obtusis inflexis, supra basin macula flava notata. Alae obovatae, oblongae, flavae, 5 lin. long., 1½ lin. lat., unguiculatae, ungue angusto 1 lin. longo, lamina basi auricula deorsum spectante instructa. Carinae foliola oblonga, libera, apice tantum cohaerentia, obtusa, alis paulum longiora, falcata, flava, infra apicem macula purpurascente notata, ungue angusto 1½ lin. longo. Stamina 10, filamentum vexillare liberum, supra basin geniculatum, cetera in vaginam postice tota longitudine fissam 4 lin. longam connata, superne soluta, filamentis liberis 1 lin. long., antheris parvulis flavis. Ovarium sessile, oblongum, 1¾ lin. long., pilosum, uniloculare, ovulis duobus. Stylus filiformis, superne arcuatus, supra medium fere fusiformiter incrassatus, parte incrassata viridula glabra, inferiore pilosa. Stigma oblongum. Legumina immatura fulvo-villosula.

Rhynchosiae hirsutae Eckl. et Zeyher affinis.

base, elle offre une tache jaune. Ailes obovées-oblongues, jaunes, longues de 5 lignes, larges de 1¼ ligne, munies d'un onglet étroit d'une ligne; la lame présente à sa base une oreillette tournée vers le bas. Les pétales de la carène sont oblongs, libres, réunis seulement à leur sommet obtus, dépassant de peu les ailes, courbés en faux, jaunes, marqués au-dessous du sommet d'une tache purpurine, à onglet étroit de 1½ ligne. Étamines au nombre de 10; l'étamine correspondant à l'étendard est libre, géniculée au-dessus de sa base; les autres étamines sont soudées en un tube fendu postérieurement sur toute sa longueur, et long de 4 lignes; la partie libre des filets est de la longueur d'une ligne, les anthères petites, jaunes. Ovaire sessile, oblong, de 1¾ de ligne, poilu, uniloculaire, à deux ovules. Style filiforme, supérieurement arqué, épaissi presque en fuseau au-dessus du milieu; la partie épaissie est verdâtre, glabre, la partie inférieure, poilue. Stigmate oblong. La gousse jeune est un peu hérissée d'une villosité brune.

Cette espèce est voisine du Rhynchosia hirsuta Eckl. et Zeyher.

11. INDIGOFERA BONGENSIS *Kotschy et Peyritsch.*

TABULA IV.

Caule prostrato, foliis simplicibus late-ovalibus vel obovatis mucronulatis supra glabris viridibus, margine et subtus pilis adpressis strigosis scabris canescentibus, racemis folio 3—4plo longioribus, leguminibus rectis linearibus subquadrangulis 2—7-spermis.

Crescit in Aethiopum Djur provincia Dombo et apud Bongo, ubi de Heuglin Dec. 1863 invenit. Herb. Caes. Palat. Vindob. Exped. Tinn. n. 66.

Croît dans le pays éthiopien de Djur, de la province de Dombo, et à Bongo, où elle fut cueillie en décembre 1863 par M. de Heuglin (herb. de Vienne No. 66).

Herba humilis; caulis procumbens, parum ramosus ramis ascendentibus racemos uni—tripollicares erectos propellans, fere quadrangulus, fili emporetici crassitie, pilis medio affixis adpressis vel patentibus scaber. Folia simplicia, stipulata, internodiis 2—3 lineas longis remota, brevissimo petiolata, ⅓—1¼-pollicaria, 3—8 lin. lata, ovalia aut obovata, utrimque rotundata aut obtusa, rarius utrimque acuta, nervo excurrente mucronulata, integerrima, rigida, superne margine excepto glabra, subtus et ad marginem ¼ lin. latum pilis brevibus densis, medio affixis, substrigosis canescentia, scabra, nervo medio facie superiore impresso, facie inferiore prominente, lateralibus 7—14 parallelis usque ad marginem paene indivisis, debilibus, infra vix perspicuis. Stipulae lineari-subulatae, 2—3 lin. longae, exsiccatae fuscescentes, scabridae, persistentes. Racemi cylindrici diametro 3—4 linearum, multiflori; rhachis ramulorum crassitie, 1½—1 poll. a basi nuda, angulata, striatula, bracteata; bracteae lineares, angustissimae, ultra lineam longae, scabridae, deciduae. Flores parvi breviter pedicellati, patentissimi vel deflexi, inferiores parum remoti, superiores approximati, purpurei, pedicellis ⅔ lin. longis. Calyx urceolato-campanulatus, pilis medio affixis patentibus asper, persistens, tubo brevissimo, dentibus acuminatis subsetaceis 1 lin. longis. Corolla calyce duplo longior; vexillum in anthesi reflexum, brevissime unguiculatum, ungue subconcavo, late orbiculatum, emarginatum, apiculatum, a basi flabellato-nervosum, extus pilosulum, 1½ lin. longum; alae oblongae, apice latiores, 2 lin. longae, breviter unguiculatae, apice rotundatae, subunilateraliter penninerves; carinae foliola 2 lin. longa, flavida, apice purpurea, medio ¼ lin. concreta, obovata, sensim basin versus attenuata, arcuata, medio intra marginem calcarata, calcari concavo, arcuato-nervosa. Stamina 10, diadelpha, alterna antherarum longitudine breviora; stamen

Herbe basse, à tige couchée, peu rameuse, à rameaux ascendants, portant des grappes de 1 à 3 pouces; elle est presque quadrangulaire, de la grosseur d'une ficelle, rude, couverte de poils fixés par leur milieu ou étalés. Feuilles simples, munies de stipules, placées à des intervalles de 2 à 3 lignes, très-brièvement pétiolées, longues de ⅓ à 1¼ de pouce, larges de 3 à 8 lignes, ovales ou obovales, arrondies aux deux bouts, souvent obtuses, rarement aiguës en haut et en bas; la nervure médiane proémine sous forme d'un petit mucron, et elle est entière, rude, glabre en-dessus, le bord excepté; nervure médiane imprimée; nervures latérales au nombre de 7 à 14, parallèles jusqu'au bord, presque indivises, faibles; bord large de ¼ de ligne; en-dessous ces feuilles sont rudes par la présence de poils denses appliqués, fixés par le milieu, un peu grisâtres; leur nervure médiane est assez fortement accusée, les latérales, très-peu prononcées. Stipules linéaires-subulées, de 2 à 3 lignes, brunissant par la dessiccation, persistantes, un peu rudes. Grappes cylindriques, d'un diamètre de 3 à 4 lignes; leur axe est de la grosseur des rameaux, de 1½ à 1 pouce; ils sont nus extérieurement, anguleux, légèrement striés, garnis de bractées linéaires, très-étroites, de plus d'une ligne de longueur, un peu rudes, caduques. Fleurs nombreuses, pourpres, petites, très-étalées ou défléchies, les inférieures un peu éloignées les unes des autres, les supérieures rapprochées, portées sur des pédicelles de ⅔ de ligne. Calice urcéolé-campanulé, rude par la présence de poils étalés, fixés par le milieu, et persistants; tube très-court, terminé par des dents comminées, presque sétacées, de 1 ligne. Corolle de la longueur double du calice; étendard réfléchi, à onglet court un peu concave, largement orbiculaire, émarginé, apiculé, à nervures en éventail à partir de la base, poilu extérieurement, long de 1½ ligne; ailes oblongues, élargies au sommet, de 2 lignes de long, brièvement onguiculées, arrondies au sommet, un peu unilatéralement penninervées; pétales de la carène de 2 lignes, jaunâtres, pourpres au sommet, soudés à leur milieu sur ¼ ligne, obovales, s'amincissant vers la base, courbés en arc, portant au milieu, entre le bord, un éperon concave, nervés en

vexillare longitudine breviorum; filamenta in tubum postice fissum, vix ultra lineam longum, connata, superne soluta, filamentis liberis brevissimis; antherae ovatae, mucronatae, biloculares, loculis longitudinaliter dehiscentibus. Ovarium brevissime stipitatum, pluri- (10-) ovulatum, scabrum. Stylus filiformis arcuatus. Stigma capitatum. Legumina patentissima, 4 — 10 lin. longa, 1 lin. lata, subquadrangula, compressa, recta, stylo persistente breviter rostrata, rostro ¾ lin. longo uncinato, pilis sparsis scabrida, inter semina isthmis membranaceis, a valvis solubilibus 2 — 7 locellata, demum bivalvia. Semina fere cuboidea, ¾ lin. longa, testa laevi, nigrescentia.

Species ex sect. Simplicifoliarum Indigoferas echinatae Willd. et J. oblongifoliae Forsk. proxima.

Explicatio tabulae IV. a) Flos post anthesin, b) alabastrum, c) calyx, d) petala, omnia 8ᵐ aucta; e) stamina explanata, f) longitudinaliter fissa 12ᵐ aucta; g) antheras 24ᵐ auctae; h) pistillum 12ᵐ auctum; i) Ovarium dissectum; k) stigma, l) legumina duplo maiora; m) semina immatura quater aucta.

aro. Étamines au nombre de 10, diadelphes, alternativement plus courtes que les anthères, soudées en un tube fendu postérieurement, et dépassant à peine 1 ligne en longueur; la partie libre des filets est très-courte; l'étamine libre, correspondant à l'étendard, est de la longueur des étamines plus courtes. Anthères ovoïdes, mucronées, biloculaires, à loges s'ouvrant longitudinalement; ovaire très-brièvement stipité, à 10 ovules, rude, à stigmate en tête. Gousses fortement étalées, longues de 4 à 10 lignes, larges d'une ligne, presque tétragones, comprimées, dressées, terminées en un court bec formé pas le style persistant, long de ¾ de ligne, crochu, rendu un peu rude par des poils épars; entre les graines, au nombre de 2 à 7, il se trouve des cloisons membraneuses, se détachant des valves. Graines à peu près cubiques, de ¾ de ligne de long, test lisse, noirâtre.

C'est une espèce de la section des Simplicifolias, voisine des Indigofera echinata Willd. et J. oblongifolia Forsk.

Explication de la planche IV. a) fleur épanouie, b) bouton, c) calice, d) pétales sous un grossissement de 8; e) étamines étalées, f) les mêmes fendues longitudinalement, grossissement de 12; g) anthères, grossissement de 24; h) pistil grossi 12 fois; i) ovaire ouvert; k) stigmate, l) gousses doublement grossies; m) graines jeunes, grossissement de 4.

12. INDIGOFERA ASPERA *Perrot.*

in DC. Prodr. II. p. 229. n. 76. Guill. et Perrot. Fl. Seneg. p. 184. Schweinf. Beitr. z. Fl. Aeth. p. 12.

Crescit ad Bongo in vicinia originum Bahr-Ghasal, unde florentem de Heuglin attulit. Herb. Caes. Palat. Vindob. Exped. Tinn. n. 66.

Vient à Bongo, dans le voisinage de la source du Bahr-Ghasal, où M. de Heuglin l'a cueillie. (No. 66 de l'herbier de Vienne.)

13. HERMINIERA ELAPHROXYLON *Guill. et Perrot.*

Fl. Seneg. p. 201. t. 51. Thoms. in Speke Source of the Nile App. G., p. 631. Schweinf. Beitr. z. Fl. Aeth. p. 9.

In stagnantibus aquis ad ripas Nili et Bahr-Ghasal planta haec mirabilis radicibus intortextis cum quibusdam aliis plantis insulas format, quae ventis huc atque illuc agitantur.

Crescit in fossis Nili Albi inter Schilluk insulas nec non in Bahr-Ghasal copiaque navigantibus impedimento est. Arabice Ambadj dicitur. Decerpsit de Heuglin. Herb. Caes. Palat. Vindob. Exped. Tinn. n. 68.

Dans les eaux stagnantes au bord du Nil et du Bahr-Ghasal, cette espèce curieuse forme, en entrelaçant ses racines avec celles de quelques autres plantes, des îles, que les vents font aller d'un point à un autre.

Elle vient dans les fossés du Nil blanc à Schilluk, où, comme au Bahr-Ghasal, elle forme des îles, qui, par leur nombre, opposent de grandes difficultés à la navigation. Les Arabes l'appellent Ambadj. Cueillie par M. de Heuglin (No. 68 de l'herbier de Vienne.)

14. ARACHIS HYPOGAEA *Linn.*

Spec. p. 1040. DC. Prodr. II. p. 474. Guill. et Perrot. Fl. Seneg. p. 253. Hook. Nig. Fl. p. 123 et p. 301. Poiteau in Ann. soc. nat. Ser. III. XIX. p. 288, t. 15. Bolle in Peters Mossamb. p. 42. Thoms. in Speke Source of the Nile, App. G, p. 631. Schweinf. Beitr. z. Fl. Aethiop. p. 6. Harv. et Sond. Fl. Cap. II. p. 227. Arachis africana et A. asiatica, Lour. Fl. Cochin. p. 430.

Crescit per totam Africam tropicam; a Bongo semina expeditio Tinneana attulit. Ob fructus edules per servos Aethiopas usque in Cochinchinam (Loureiro Fl. p. 430) au Guianam (Rich. Schomburgk Reisen III p. '855) ex Africa translata est.

Se rencontre par toute l'Afrique tropicale. L'expédition Tinnéenne en a rapporté des graines du Bongo. Les esclaves nègres, à cause de ses fruits comestibles, ont transporté cette plante africaine jusqu'en Cochinchine (Loureiro Fl. 430) et en Guiane (Rich. Schomburgk Reisen III. p. 855.)

MYRTACEAE.

15. SYZYGIUM GUINEENSE *DC.*

Prodr. III. p. 259. Guill. et Perrot. Fl. Seneg. p. 315, t. 72. Thomson in Speke Source of the Nile, App. G, p. 634. Calyptranthes guineensis Willd. Spec. II. p. 974.

Arbor procera, floribus colore et odore Tiliae, crescit in regione silvatica ad Wau Aethiopum Djur, ubi in vicinia originum Bahr-Ghasal legit florentem de Heuglin m. Ian. 1864. Herb. Caes. Palat. Vindob. Exped. Tinn. n. 62.

Cet arbre élevé, à fleurs offrant la couleur et l'odeur de celles du tilleul, croît dans la région des forêts près de Wau dans la province éthiopienne de Djur. M. de Heuglin a cueilli cette espèce en janvier 1864 aux environs de la source du Bahr-Ghasal. (Herbier de Vienne No. 62.)

LYTHRARIEAE.

16. NESAEA (?) ICOSANDRA *Kotschy et Peyritsch.*

TABULA V. A.

Glabra, caule herbaceo, foliis oblongis lanceolatis obtusis vel acutis glaucescentibus, cymis pedunculatis 6—1-floris bracteatis, bracteis linearibus acutis, calycis laciniis uniserialibus 6 — 8, staminibus 18 — 21 imo calyci insertis, ovario quadriloculari.

Crescit ad ripas fluminis Djur, quod in Bahr-Ghasal influit, in provincia Dembo, ubi de Heuglin Dec. 1863 floriferam legit. Herb. Caes. Palat. Vindob. Exped. Tinn. n. 61.

Herba perennis (an suffrutex?) glabra. Caules (rami?) simplices, erecti, 3—6 poll. longi, argute quadranguli, leviter purpurascentes, basi fusci sublignescentes. Folia opposita vel alterna; media pollicaria et ultra, internodiis 1½ — 1-poll. disiuncta; inferiora, saepius alterna cum superioribus, minora, interstitiis brevioribus disiuncta, sessilia, e basi ovata vel subcordata oblonga, oblongo-lanceolata vel obovato-lanceolata, 3 — 4 lin. lata, obtusa, apiculata vel acuta, integerrima, utrimque glabra, penninervia, glaucescentia, subtus purpurascentia, nervo medio subtus prominente, lateralibus plurimis versus marginem anastomosantibus, anastomosibus continuis margini parallelis.

Cymae axillares pedunculatae, 1—6 florum, interdum dichotomae, ramis brevissimis bracteatis, pedunculo 1 — 12 lin. longo gracili. Flores breviter pedicellati, subumbellati, bracteae ad basin pedicellorum confertae, subulatae, ½ lin. longae. Calyx urceolato-campanulatus, 6—7—8-lobus, basi aequalis, 2 lin. long., membranaceus, persistens, tubo rubescente decemstriato, nervis quinque in laciniarum apices, quinque in sinus excurrentibus, laciniis uniserialibus triangulis, erectis, acutis, subcoloratis, ½ lin. long., aestivatione accumbentibus. Petala 2—6—8, calycis summo tubo inter lobos inserta, brevissime unguiculata, obovato-oblonga, penninervia, rubra, fugacia, aestivatione corrugata, magnitudine inter 2—½ lin. variante. Stamina 18—21, imo calyci inserta, uniserialia, exserta, filamentis filiformibus, circiter 2 lin. long. liberis, aestivatione inflexis, antheris oblongis, bilocularibus, longitudinaliter dehiscentibus. Ovarium quadriloculare, ovulis angulo centrali placentae crassae affixis, plurimis. Stylus 4 lin. long., ascendens, arcuatus vel subflexuosus. Stigma capitatum. Capsula calyce inclusa membranacea, septis tenuibus fragillimis. Semina minima, oblonga, triangularia, apice tumido-marginata.

Species genere dubia, habitu magis quam characteribus Nesaeae fortasse adnumeranda, calyce ebracteolato eiusdem laciniis uniserialibus, petalorum numero variante, staminibus 18—21 imo calyci insertis, ovario quadriloculari, seminibus plurimis minimis apteris inter Ammanniam, Nesaeam et Lagerstroemiam fluctuat.

Explicatio tabulae V. A. a) Flos, b) dissectus, c) calyx cum petalis et staminibus explanatus, d) alabastrum, e) calyx fructifer, omnia sexies aucta; f) petalum 8vo auct.; g) stamen sub aestivatione, h) antherae, i) ovarium long. et transv. sectum 12ter auct.; k) stigma 24^ies auctum.

Habite les rives du Djur, affluent du Bahr-Ghasal, dans la province de Dembo, où elle fut cueillie en décembre 1863 par M. de Heuglin (Herbier de Vienne No. 61).

Herbe vivace (ou sous-arbrisseau?) glabre. Tiges (branches?) simples, dressées, de 3 à 6 pouces, à 4 angles aigus, légèrement purpurines, brunes à leur base et sous-ligneuses. Feuilles opposées ou alternes; les moyennes de la longueur d'un pouce et au-delà, placées sur des entre-noeuds de 1½ à 1 pouce; les inférieures fréquemment alternes, moins grandes que les supérieures, moins éloignées entre elles, sessiles, oblongues ou, à partir d'une base ovale ou subcordée, oblongues ou obovales-lancéolées, larges de 3 à 4 lignes, obtuses, apiculées ou aiguës, entières, glabres sur les deux faces, penninervées, glaucescentes, purpurines en-dessous; la nervure médiane fait saillie sur leur face inférieure; les nervures latérales nombreuses forment, vers le bord, des anastomoses continues et parallèles au bord.

Cimes axillaires pédonculées, de 1 à 6 fleurs, parfois dichotomes; rameaux très-courts, munis de bractées. Pédoncule grêle de 1 à 12 lignes, fleurs brièvement pédicellées, simulant presque une ombelle; bractées ramassées à la base des pédicelles, tubulées, longues de ½ ligne. Calice urcéolé-campanulé, membraneux, long de 2 lignes, divisé en 6, 7 ou 8 lobes, égal à sa base et persistant; son tube rougeâtre est garni de dix stries; cinq nervures se dirigent vers le sommet des lobes, cinq autres vont dans les sinus; les lobes sont unisériés, triangulaires, dressés, aigus, un peu colorés, longs de ⅓ de ligne; ils sont d'une estivation accombante. Pétales au nombre de 2, 6 ou 8, insérés par alternance au sommet du tube calicinal, très-brièvement onguiculés, obovales-oblongs, penninervés, rouges, fugaces, à estivation chiffonnée; leur grandeur varie de 2 à ½ ligne. Étamines au nombre de 18 à 21, insérées au fond du calice, unisériées, exsertes, à filets filiformes d'environ 2 lignes de long, libres, à estivation infléchie. Anthères oblongues, biloculaires, s'ouvrant longitudinalement. Ovaire quadriloculaire; ovules nombreux, attachés à l'angle central du placenta épais. Style de 4 lignes, ascendant, courbé en arc ou un peu flexueux; stigmate en tête, la capsule, renfermée dans le calice, est membraneuse et offre à sa déhiscence des cloisons minces très-fragiles; graines très-petites, oblongues, triangulaires, portant à leur sommet un bord renflé.

Cette espèce, dont le genre est douteux, est à ranger parmi le Nesaea plutôt par son port que par ses caractères; elle se trouve intermédiaire entre les Ammannia, les Nesaea et les Lagerstroemia, par son calice dépourvu de bractéoles, à lobes unisériés, par le nombre variable des pétales, par les étamines insérées au nombre de 18 à 21 au fond du calice, par son ovaire quadrangulaire, enfin par ses graines nombreuses, fort petites, dépourvues d'ailes.

Explication de la planche V. A. a) fleur, b) la même coupée perpendiculairement; c) calice étalé avec les pétales et les étamines, d) bouton, e) calice fructifère; toutes ces parties sont grossies 6 fois; f) pétale sous un grossissement de 8; g) étamine lors de l'anthèse, h) anthères, i) ovaire coupé perpendiculairement et horizontalement, grossissement de 12; k) stigmate, grossissement de 24.

OENOTHEREAE.

17. JUSSIAEA FLUITANS *Hochst.*

in Fl. bot. Zeit. 1844, 2. p. 425. Harv. et Sond. Fl. Cap. II. p. 504.

Crescit prope Meschra-Req non procul a fontibus Bahr-Ghasal, ad ripas fluminis natans; specimen legit de Heuglin. Herb. Caes. Palat. Vindob. Exped. Tinn. n. 60.

Croît près de Meschra-Req, non loin des sources du Bahr-Ghasal, où il vient soit sur les bords, soit nageant dans la rivière. Cueilli par M. de Heuglin. (No. 60 de l'herbier de Vienne.)

COMBRETACEAE.

18. POIVREA HARTMANNIANA *Schweinf.*

Fl. Nilot. p. 8. t. 2.

Crescit fruticosa ad Meschra-Req; ad ortum fluminis Bahr-Ghasal florentem legit de Heuglin mm. Nov. 1863 et Feb. 1864. Herb. Caes. Pal. Vind. Exped. Tinn. n. 59. Colitur iam in horto bot. Vindob. —

Arbuste touffu, à Meschra-Req près de la source du Bahr-Ghasal, où il fut cueilli en fleurs par M. de Heuglin en novembre 1863 et en février 1864. (No. 59 de l'herbier de Vienne). On le cultive dans le jardin botanique de Vienne.

BURSERACEAE.

19. BALSAMODENDRON PEDUNCULATUM *Kotschy et Peyritsch.*

TABULA V. B.

Inerme, partibus novellis pubescentia rufescente obtectis, foliis 2—5-jugis cum impari, foliolis oblongis serrato-dentatis, floribus confertis cymosis, cymis pedunculatis, calyce urceolato-campanulato, petalis oblongis obtusis apice patentibus, staminibus petalis oppositis brevioribus, stigmate bilobo.

In Aethiopum regno Djur prope Bongo ad ripas occidentales fluminis Djur, qui in Bahr-Ghasal se immittit, florentem legit de Heuglin Dec. 1863. Herb. Caes. Palat. Vind. Exp. Tinn. n. 78. Prope Roseres ad Nili Caerulei ripas invenerat Maio 1848 Cienkowski (Herb. Caes. Petropol. N. 188); in regno Nuba Kotschy repererat ad pedes montium Tira supra Cordofan d. 10. Maii 1837 (Herb. Caes. Palat. Vindob. n. 442).

Cueilli en fleurs dans la province de Djur, près de Bongo, sur la rive occidentale du Djur, affluent du Bahr-Ghasal, en décembre 1863, par M. de Heuglin. (No. 78 de l'herbier de Vienne). Trouvé près de Roseres, sur les bords du Nil bleu, en mai 1848, par M. Cienkowski. (No. 188 dans l'herbier de St. Pétersb.) M. Kotschy l'a découvert, le 10. mai 1837, dans la Nubie, au pied des monts Tira, au-dessus du Cordofan. (No. 443 dans l'herbier de Vienne.)

Arbuscula balsamiflua, rami ramulique erecti, teretes, striati, ad insertionem foliorum subnodosi, adulti glabri grisei, cicatricibus sub-cordatis, 3/4—1/3 pollicem inter se distantibus notati, novelli rufescenter hirsuti, aeque ac partes pubescentes granulis resinosis minimis coloris succinei consporsi. Folia versus ramulorum apices subconferta, alterna, patentia, exstipulata, decidua, inferiora 2—3-, rarissimo unijuga, superiora 3—5-juga; petiolus 1/4—2 poll. longus, fuscescenter hirsutus, ad foliorum insertionem villosus; foliola 5—12 lin. longa, 2—5 lin. lata, oblonga, sessilia, membranacea, lateralia opposita, basi ovata et paulum inaequalia, apice acuta, inferiora breviora, in foliis 4—5-jugis foliola media longiora, foliolum terminale lateralibus paulum longius basi et apice acutum, foliola omnia acute serrato-dentata, reticulato venosa, dentibus vel serraturis utrimque 7—13, apicem versus maioribus, supra pilis brevibus patentibus dense pilosa, subtus pallidiora praecipue ad nervos prominentes hirsutiuscula, nervis lateralibus 5—11, margine anastomosantibus. Cymae in summitate ramulorum axillares, conferte multi-

Arbuste balsamifère, à branches et à rameaux dressés, cylindriques, un peu renflés en noeuds au point d'insertion des feuilles; adultes, ils sont glabres, gris, à cicatrices presque cordiformes placées à la distance de 3/4 à 1/2 de pouce: les jeunes rameaux sont hérissés de poils brunâtres; ils ont en outre, leur pubescence entremêlée de granules résineux très-petits, de la couleur de l'ambre jaune. Feuilles assez ramassées vers le haut des rameaux, alternes, étalées, exstipulacées, caduques; les inférieures à 2 ou 3 paires, rarement à une seule, les supérieures offrant 3 à 5 paires de folioles; leur pétiole est long de 1/2 à 2 pouces, hérissé de poils bruns, et velu au point d'insertion des feuilles; folioles de 5 à 12 lignes de long, et 2 à 5 lignes de large, membraneuses, sessiles, opposées, à base ovale presque égale, à sommet aigu; les inférieures sont plus courtes; dans les feuilles à 4 ou 5 paires, les folioles moyennes sont plus longues, et la terminale, qui dépasse un peu les autres, est aiguë aux deux bouts; toutes les folioles sont aiguës, et portent de chaque côté 7 à 13 dentelures en scie, plus grandes vers le haut; à leur face supérieure elles sont densément couvertes de poils courts et étalés, et elles sont réticulées-veinées; en-dessous, elles sont pâles, couvertes d'un plus grand nombre de poils, principalement sur leurs nervures proéminentes; nervures latérales au nombre de 5 à 11,

florae, pedunculatae, bi-trichotomae, bracteatae, ante anthesin capitula pedunculata simulantes; pedunculi 1½—1 poll. longi petiolo debiliores, rufescenter hirsuti; bracteae lineares vel cuneatae, acutae, 2 lin. longae, extus hirsutae. Flores polygami pedicellati, pedicelli ½—1 lin. longi hirsuti. Calyx liber, tubulosus, quadridentatus, subcoloratus, pube rufescente villosus, tubo lineam longo, dentibus triangularibus acutis ½ lin. longis, praefloratione valvatis. Petala quattuor, libera, calycis laciniis alterna, erecta, apice patentia, lineari-oblonga, 3 lin. longa, ½ lin. lata, rubra (coccinea?), extus, margine tenuiore excepto, pilis ascendentibus hirsuta, praefloratione valvata, marginibus tenuibus tantum subimbricata. Stamina octo, aeque ac petali sub disco annulari inserta, quattuor petalis opposita breviora, alterna antherarum longitudine longiora 2 lin. longa; filamenta filiformia; antherae supra basin affixae, circiter ½ lin. longae, intus longitudinaliter dehiscentes. Discus annularis margine octolobus, lobis verruciformibus, staminibus alternis, apice pilosis. Ovarium minutum, disco arcto cinctum, sessile, in stylum e disco exsertum attenuatum, tetragonum, setis nonnullis basi interdum circumpositis, biloculare, septo inferne completo, apice medium non attingente, loculis biovulatis. Ovula anatropa, columnae centrali medio collateraliter affixa eamque attingentia; micropylo ... Stylus brevis prismaticus, stigma bilobum. Fructus ...

Annotatio. Species Balsamodendri hucusque notae omnes inflorescentia fere sessili praeditae sunt. Planta descripta medium tenet inter Balsamodendron et Protium, inflorescentia ad Protium inclinans. Secundum characteres in Endlicheri Gener. no. 5980 haec species sine dubio Balsamodendro adnumeranda est, comparata autem diagnosi in Benth. et Hook. Gen. p. 323 sat affinis etiam generi Protio apparet. Endlicher solum Protium javanicum cognovit, cujus petala patentissima et ovarium triloculare consignat, Benthamus et Hooker exero tres species enumerant, unam in Africa australi nascentem, petalis erectis vel erecto-patentibus, ovario bi-quadriloculari, disco non accuratius observato.

Explicatio tab. V. B. 1. Folium mag. nat., 2. duplo auctum, granulis resinosis omissis, a) flos decies auctus, b) dissectus, c) alabastrum, d) diagramma, e) petala, f) antherae vicies auctae, g) discus cum ovario tricies auct., h) dissectus, i) ovarium, k) ovarium supra medium dissectum, l) stigma vertice visum.

anastomosées sur le bord. Les cimes sont axillaires aux extrémités des rameaux, rapprochées, multiflores, pédonculées, bi-trichotomes, garnies de bractées; avant l'anthèse elles simulent des capitules pédonculées; pédoncules longs de 1½ à 1 pouce, les plus faibles hérissés de poils brunâtres; bractées linéaires ou cunéiformes, aiguës, longues de 2 lignes, hérissées en dessous. Fleurs polygames, hérissées, portées sur des pédicelles de ½ à 1 ligne. Calice libre, en tube long de 1½ ligne, terminé par quatre dents, un peu coloré, et couvert d'une forte pubescence roussâtre; son tube, long de 1 ligne, est terminé par des dents triangulaires aiguës, de ½ ligne de long, à estivation valvaire. Pétales au nombre de quatre, libres, rouges (pourpres?), alternant avec les lobes du calice, dressés, étalés au sommet, linéaires-oblongs, de 3 lignes de long, sur ½ ligne de large; extérieurement, leur bord mince excepté, ils sont hérissés de poils ascendants, à préfloraison valvaire, subimbriqués seulement par leurs bords minces; étamines au nombre de huit, insérées, ainsi que les pétales, sous un disque annulaire; quatre d'entre elles, plus courtes, sont opposées aux pétales, et sont de 2 lignes plus longues que les anthères. Filets filiformes; anthères attachées au-dessus de la base, d'environ ½ de ligne, s'ouvrant longitudinalement du côté intérieur. Disque annulaire, avec un limbe de huit lobes en forme de papilles, alternant avec les étamines et poilus à leur sommet. Ovaire très-petit, étroitement entouré par le disque, sessile, atténué en un style exserte, tétragone, entouré quelquefois à sa base de poils isolés, biloculaire, à cloison entière au milieu, dont le sommet n'atteint pas la partie moyenne; loges biovulées. Ovules anatropes, attachées latéralement au milieu de la columelle centrale, jusqu'à laquelle elles arrivent. Micropyle ... Style court en prisme; stigmate bilobé. Fruit ...

Observation: Toutes les espèces de Balsamodendron connues jusqu'ici offrent une inflorescence sessile. La plante, que nous venons de décrire, tient le milieu entre le Balsamodendron et le Protium, s'approchant de ce dernier par son inflorescence. D'après les caractères tracés par Endlicher Genera No. 5980, notre plante doit rentrer dans les Balsamodendron; la comparaison toutefois des caractères du Protium dans le Genera de MM. Bentham et Hooker, page 323, nous porte à la rapprocher de ce dernier genre. Endlicher ne connaissait que le seul Protium javanicum, dont il indique les pétales fortement étalés et l'ovaire triloculaire: MM. Bentham et Hooker au contraire font mention de trois espèces, dont l'une vient dans l'Afrique australe et offre des pétales dressés ou dressés-étalés, et un ovaire bi-quadriloculaire; le disque n'a pas été nettement observé.

Explication de la planche V. B. 1. feuille de grandeur naturelle, 2. la même sous un grossissement double, les granules résineux étant négligés; a) fleur 10 fois grossie; b) la même coupée longitudinalement, c) bouton, d) diagramme de la fleur; e) pétales, f) anthères sous un grossissement de 20; g) disque avec l'ovaire, grossissement de 30; h) le même coupé, i) ovaire; k) le même coupé au-dessus de son milieu; l) stigmate vu d'en haut.

MELIACEAE.

20. TURRAEA NILOTICA *Kotschy et Peyritsch.*

TABULA VI.

Partibus novellis fulvo-tomentellis, foliis alternis breviter petiolatis ovalibus obtusis vel acutis supra glabratis subtus pubescentibus, floribus brevissimo pedunculatis aggregatis (3—8), petalis spathulatis semipollicaribus, tubo stamineo dentato petalis breviore, fauce villosissima, dentibus 10 argute bifidis, ovario 12-loculari, stylo petala longe excedente, styli parte inflata apice tantum stigmatosa, capsula globoso-depressa obtusissime angulata, seminibus in loculis 1—2 atrorubentibus nitidis.

Turraea Vogelii Kotschy in Plantis Knoblecherianis n. 84.

M. Ianuario 1863 florentem invenit de Heuglin ad Wau in regno Djur (Herb. Caes. Palat. Vind. Exped. Tinn. n. 56), postea ibidem cum fructibus m. Novembri 1863 (Herb. l. l. n. 55); florentem apud Req in rego Denka m. Februario 1864 (Herb. l. l. n. 54). Reverend. Provicarius Knoblecher iam 1858 in regionibus Gondokoro detexerat.

Cueilli par M. de Heuglin dans la province éthiopienne de Djur, en fleurs, près de Wau en janvier 1863, sous le No. 56; en fruits, près de Bongo, en novembre 1863, sous le No. 55; de nouveau en fleurs dans la province de Denka près de Req, en février sous le No. 54. Mgr. Knoblecher l'a déjà trouvé en 1858, dans le pays de Gondokoro.

Frutex arborescens, quadriorgyalis. Rami teretes, ligno flavescente medulloso, cortice fumigato, ramuli foliorum delapsorum cicatricibus lunatis asperati pennae anserinae crassitie, novelli cum foliis nondum evolutis fulvo-tomentelli. Folia alterna, primaria approximata, reliqua interstitiis pollicaribus diseita, breviter petiolata, 2—5 poll. longa, 1—3 poll. lata, ovalia, basi plerumque acuta interdum paulum inaequilatera, apice rotundata obtusa vel subacuta, saepius brevissime acuminata, acumine obtuso, integerrima, membranacea, adulta margine revoluta, supra glabra, nitida, subtus plus minusve fulvo-pubescentia, nervo medio valde prominente, lateralibus 7—12, subparallelis interdum bifurcis, petiolo 2—4 lin. longo, supra canaliculato fulvo-tomentoso vel glabrato. Flores brevissime pedunculati, bracteati, pedunculo axillari, 1—2 lin. longo, pennae corvinae crassitie, aequo ac pedicelli fulvo-tomentoso, vix bitrifurco; rami bractea suffulti subcincinnoidei, cincinnis valde contractis paucifloris bracteatis; bracteae bracteolaeque ovato-lanceolatae, acuminatae, acutae, tomentellae, subimbricatae; pedicelli 2—3 lin. longi, teretes, basi bibracteolati, post anthesin 3—5 lin. longi. Calyx cupuliformis, 5-dentatus, fulvo-sericeus, persistens, tubo 1 lin. longo in fructu explanato, dentibus ovato-acutis, tubo duplo brevioribus. Corollae petala hypogyna, calycis dentibus alterna, erecto-patentia, spathulata, acuta, 5—7 lin. longa, in superiore triente ½—1½ lin. lata, luteo-virescentia, extus superne fulvo-pubescentia, praefloratione convoluto-imbricata. Tubus stamineus subaurantiacus, elongato-cylindricus, decemdentatus, tubo infra dentes paulum constricto, 4 lin. longo, diametro 1 lineae, fauce villis densissimis clausa antherifera, dentibus 10 vix lineam longis, acute bidentatis. Antherae 10, infra apicem filamenti brevissimi crassi insertae, basi affixae, dentibus tubi staminei fere aequilongae, iisdem alternae, erectae, apice in ligulam parvulam acuminatam productae, fere mucronatae. Ovarium intra tubum stamineum sessile, 12-loculare. Ovula in loculis gemina, angulo centrali superposito affixa, micropyle supera, superius erectum basi affixum, inferius medio affixum. Stylus e tubo stamineo longe exsertus, 3 lin. longus, filiformis, infra stigma urceolato-incrassatus, viridi-flavescens, parte incrassata solida, fere 1 lin. longa, diametro semilineari, flava. Stigma disciforme subcapitatum. Capsula forma et magnitudine fere fructus Evonymi europaei, calycis et petalorum et tubi staminei basibus cincta, globoso-depressa, 2½—3 lin. alta, 3—5 lin. lata, styli basi coronata, plerumque 8-angula, angulis rotundatis, loculicide ab apice dehiscens, glabra, coriacea, valvis medio septigeris, 3—5-sperma. Semina in loculis solitaria, erecta, aut, si bina, horizontalia, subovoidea, latere ventrali acutangula, lateribus subcompressa, basi arillo parvo fusco latere ventrali in alam angustam producto praedita, atrorubicunda, nitida, umbilico ventrali pallido. Embryo foliaceus, viridis, in axi albuminis carnosi, radicula brevi, obtusa, ad fructus angulum centralem spectante.

Proxima Turraeae Vogelii Hook. fil., quae differt pedunculis bipollicaribus, petalis longioribus, tubi staminei fauce villosula, dentibus setaceis.

Explicatio tabulae VL a) Flos duplo maior, b) dissectus ter auctus; c) alabastrum, d) diagramma, e) petala, f) tubus stamineus extus g) intus ter auctus; h) tubi stam. segmentum, intus et a latere, cum stam. decies

Petit arbre de 4 toises, à branches cylindriques; bois jaunâtre, riche en moelle, à écorce comme noircie par la fumée. Les rameaux, jaunes et de la grosseur d'une plume d'oie, sont rudes par la présence de cicatrices semi-lunées laissées par la chute des feuilles; avec les feuilles non encore développées, ils sont couverts d'un tomentum brun. Feuilles alternes, les premières rapprochées, les autres placées à des distances de 1 pouce, brièvement pétiolées, longues de 2 à 5 pouces, larges de 1 à 3 pouces, ovales, généralement aiguës, à base quelquefois légèrement inéquilatérale, à sommet arrondi, obtus ou subaigu, fréquemment terminées par une pointe très-courte, obtuses, entières, membraneuses; les feuilles adultes sont révolutées au bord, en-dessus glabres, luisantes, en-dessous, plus ou moins recouvertes d'une pubescence brune: nervure médiane fortement saillante; nervures secondaires au nombre de 7 à 12, presque parallèles, parfois bifurquées; pétiole de 2 à 4 lignes, canaliculé en-dessus, brun-tomenteux ou glabre. Fleurs brévipédonculées et garnies de bractées; pédoncule axillaire de 1 à 2 lignes de long, de la grosseur d'une plume de corbeau, brun-tomenteux, de même que les pédicelles, bi—trifurqué; les rameaux portent des bractées en cincinnus fortement contractés, pauciflores; les bractées et les bractéoles sont ovales-lancéolées, acuminées, aiguës, légèrement tomenteuses, subimbriquées; pédicelles de 2 à 3 lignes, cylindriques, portant à leur base deux bractéoles; après l'anthèse, ils atteignent une longueur de 6 à 8 lignes. Calice cupuliforme, à cinq dents, brun-soyeux, persistant; tube long de 1 ligne, étalé, à dents ovales-aiguës deux fois plus courtes que le tube. Pétales jaune-verdâtre, alternant avec les dents calicinales, hypogynes, longs de 5 à 7 lignes, spatulés, aigus, dressés-étalés, larges, à leur tiers supérieur de ½ à 1½ ligne, en haut ils sont extérieurement bruns, pubescents et imbriqués dans une estivation convolutive. Tube staminal d'une teinte orangée, allongé-cylindrique, terminé par dix dents; au-dessous des dents, le tube est un peu contracté, long de 4 lignes, d'un diamètre de 1 ligne; sa gorge est close par des poils très-touffus, anthérifère; les 10 dents atteignent à peine 1 ligne de longueur et sont terminées par une double dentelure aiguë. Anthères au nombre de 10, insérées au-dessous du sommet des filets très-courts et épais, basifixes, presque de la longueur des dents du tube staminal, alternant avec celles-ci, dressées, se terminant par une petite languette acuminée, presque mucronées. Ovaire sessile dans le tube staminal, biloculaire. Ovules au nombre de deux dans chaque loge, attachés l'un au-dessus de l'autre dans l'angle central, à micropyle supéro; l'ovule supérieur est fixé par sa base; l'inférieur, par son milieu. Style dépassant beaucoup le tube staminal, long de 3 lignes, filiforme, vert-jaunâtre, épaissi-urcéolé au-dessous du stigmate; la partie épaissie est solide, de près de 1 ligne de long, d'un diamètre de ½ ligne, jaune. Stigmate en disque, presque en tête; capsule de la forme et de la grandeur du fruit de l'Evonymus europaeus, entourée au fond du calice, des pétales et du tube staminal, en globe déprimé, d'une hauteur de 2½ à 3 lignes, d'une largeur de 3 à 5 lignes; elle est couronnée par la base du style, ordinairement octogone, à angles arrondis, s'ouvrant par déhiscence loculicide à partir du sommet, glabre, coriace; les valves portent leurs cloisons au milieu, et elles contiennent de 3 à 5 graines. Graines au nombre de 1 ou 2 dans chaque loge, dressées, ou quand elles sont à deux, horizontales, subovoïdes, aiguës au côté ventral, un peu comprimées sur les côtés, portant à leur base un petit arille brun, prolongé du côté ventral en une aile étroite; elles sont de couleur rouge-noirâtre, à ombilic ventral pâle. Embryon foliacé vert, placé dans l'axe d'un albumen charnu; radicule courte, obtuse, dirigée vers l'angle central du fruit.

Cette espèce est fort voisine du Turraea Vogelii Hook. fil. qui en diffère par les pédoncules longs de 2 pouces, par les pétales plus longs et par les dents du tube staminal à gorge un peu hérissée, sétacées.

Explication de la planche VL a) Fleur de grandeur double; b) la même coupée, grossie 3 fois; c) bouton floral; d) diagramme de la fleur; e) pétales de grandeur triple; f) tube staminal vu du dehors; g) le même vu intérieurement; h) segment du tube staminal vu à l'intérieur et de côté,

auct.; i) ovarium longitud., k) transverse sectum decies auct., l) styli pars incrassata cum stigmate, m) capsula clausa duplo maior, n) ex vertice visa, o) longitudinaliter secta, ter aucta; p) capsula dehiscens ex vertice visa, duplo maior; q) transsecta, ter aucta; r) semen in situ naturali sub dehiscentia, s) a ventre, t) longitudine dissectum per axem cum embryone heterotropo, u) embryo; omnia sexies aucta.

avec les étamines grossissement de dix; i) ovaire coupé longitudinalement. k) le même coupé transversalement; les 2 coupés, sous un grossissement de 10; l) partie épaisse du style avec le stigmate; m) capsule incluse de grandeur double; n) la même vue d'en haut; o) la même coupée longitudinalement, grossissement triple; p) déhiscence de la capsule vue d'en haut, grandeur double; q) la même coupée transversalement, grossissement triple; r) graine dans la position naturelle lors de la déhiscence. grossissement de six; s) la même du côté ventral; t) la même coupée longitudinalement dans la direction de l'axe, avec l'embryon hétérotrope, u) embryon. toutes ces parties grossies six fois.

TILIACEAE.

21. GREWIA VELUTINA *Vahl*

Symb. I. p. 35. DC. Prodr. I. p. 512. A. Rich. Tent. Fl. Abyss. I. p. 88 (?). Schweinf. Beitr. z. Fl. Aeth. p. 47.

Ad caput Bahr-Ghasal, qui ab occidente in Nilum Album infunditur, m. Decembri 1863 fructiferam legit de Heuglin. Herb. Caes. Palat. Vindob. Exped. Tinn. n. 81.

Vient à la source du Bahr-Ghasal, qui coule vers l'orient dans le Nil blanc. M. de Heuglin l'y a cueilli fructifié en décembre 1863. (Herbier de Vienne No. 81.)

22. GREWIA POPULIFOLIA *Vahl*

Symb. I. p. 33. DC. Prodr. I. p. 511. Schweinf. Pl. Nilot. p. 15. Beitr. z. Fl. Aeth. p. 46.

Frutex 4—5 ped. altus, crescit ad Meschra-Req floribus albis Pruni spinosae similibus. Herb. Caes. Palat. Vindob. Exped. Tinn. n. 82.

Arbuste de 4 à 5 pieds, trouvé à Meschra-Req par M. de Heuglin; fleurs blanches de l'aspect de celles du Prunus spinosa. (Herbier de Vienne No. 82.)

MALVACEAE.

23. URENA LOBATA *Linn.*

Spec. p. 974. DC. Prodr. I. p. 441. Bot. Mag. t. 3043. Hook. Nig. Fl. p. 226. Garcke in Peters Mossamb. p. 123. Thomson in Speke Source of the Nile. App. G, p. 627. Schweinf. Beitr. z. Fl. Aethiop. p. 57.

Crescit ad Meschra-Req, prope caput Bahr-Ghasal fluvii, floribus violaceis; legit de Heuglin. Herb. Caes. Palat. Vindob. Exped. Tinn. n. 50.

Croît à Meschra-Req, dans le voisinage des sources du Bahr-Ghasal; fleurs violacées. Cueilli par M. de Heuglin. (Herbier de Vienne No. 50.)

BIXACEAE.

24. COCHLOSPERMUM TINCTORIUM *Perrot.*

mss. in Ann. mar. et colon. 1830. A. Rich. in Guill. et Perrot. Fl. Seneg. p. 99. t. 21.

Crescit prope Bongo in provincia Aethiopum Djur; vix semi-epithamea, flores diametri bipollicaris intense luteos producit. M. Decembri 1863 florentem legit de Heuglin. Herb. Caes. Palat. Vindob. Exped. Tinn. n. 53.

Croît près de Bongo dans la province éthiopienne de Djur, à une hauteur d'à peine un demi-empan; fleurs de deux pouces de diamètre, jaune-foncé. La fleur fut cueillie en décembre 1863 par M. de Heuglin. (Herbier de Vienne No. 53.)

CUCURBITACEAE.

Blastania *Kotschy et Peyritsch.*

Flores monoeci. Masc. Calyx campanulatus quinque-dentatus. Corolla calycis tubo continua, quinque-partita, laciniis eiusdem dentibus alternis, patentissimis. Stamina 5, triadelpha, imo calyci inserta, in columnam exsertam conniventia; filamenta filiformia, duo corollae laciniis opposita, tertium alternans; antherae extror-sae, unilocalares, loculo oblongo recto longitudinaliter dehiscente, connectivo crasso carnoso integro extus adnato. Fem. Calycis tubus supra ovarium constrictus, late campanulatus, quinque-dentatus. Corolla maris. Annulus carnosus, calyci insertus, vix lobulatus, fere obsoletus, stamina rudimentaria tria stylumque cingens. Ovarium biloculare, ovula in loculis solitaria, angulo peripherico inserta, horizontalia, anatropa. Stylus cylindricus, stigma bilobum, lobis convexis. Bacca globosa, 1—2-sperma. Semina exalbuminosa, obovata, com-pressa, altera facie convexa, altera intra marginem acutum depressa aut concava, testa cornea. Embryo orthotropus, radicula brevissima conica cotyledonibus foliaceis, plumula conspicua.

Herba scandens regionum tropico-niloticarum incola, foliis alternis petiolatis membranaceis tripartitis mucronato-dentatis papilloso-scabris, cirris lateralibus simplicibus, stipulis axillaribus ovato-rotandatis fimbriatis, floribus axillaribus viridulis minutis, masculis racemosis saepe bracteatis, femineis in eadem saepius axilla solitariis pedicellatis.

Genus ovario biloculari et seminum fabrica inter Cucurbitaceas insigne, Zehneriae proximum.

Nomen generis derivatum a βλαστάνω 'germino', idem significat quod Bryonia.

25. BLASTANIA FIMBRISTIPULA *Kotschy et Peyritsch.*

Bryonia fimbristipula Fenzl in Flora bot. Zeit. 1844. p. 312. Schweinf. Beitr. z. Fl. Aeth. p. 63. Zehneria cerasiformis Stocks in Hook. Journ. of Bot. and Kew. Gard. Misc. 1852. p. 149.

TABULA VII.

Herba annua, scandens, ramosa, cirrifera. Caules fili empo-retici crassitie, angulati, ad angulos pilis retrorsis brevibus scabri. Folia alterna, interstitiis 2 — 4-poll. disiuncta, plerumque paten-tissima, petiolata, tripartita rarius triloba, 2 — 1 poll. longa, 2½ — 1 poll. lata, segmentis lateralibus postice sinu lato disiunctis, trinervia, nervis duobus lateralibus mox angulo acuto bifidis, omni-bus pinnatim ramosis, prope marginem anastomosantibus, in serra-turas ingredientibus, novella utrimque, imprimis subtus, pilis brevi-bus ad nervos copiosos scabriuscula, adulta utrinque pilorum ba-sibus persistentibus albido-papilloso-scabra, intermixtis pilis brevi-bus scabris ad nervos nervulosque; petiolus ½ — 1½-pollicaris, caule paulo debilior, dense papilloso-scaber; segmentum inter-medium lateralibus longius, rhomboideum, acutum, a medio versus basin attenuatum et integerrimum, versus apicem mucronato-den-tatum, serraturis inaequalibus, utrinque 3 — 8, acutis, crassius-culis aut minutis, interdum fere obsoletis; segmenta lateralia a segm. medio sinu 9 — 5 lin. longo, postice rotundato, oblongo, plerumque angusto, undique aequaliter lato aut antice latiore remota, inter se sinu lato plerumque truncato 3 — 5 lin. longo seiuncta, angulata, plerumque ad medium biloba, lobo superiore ovato-rhomboideo acuto, a medio versus apicem mucronato-den-tato, lobo inferiore duplo quam superior breviore fere quadran-gulo, margine inferiore ac interdum superiore integerrimo, mar-gine laterali plus minus crasse 3 — 4-dentato. Cirri ad basin petioli laterales, alterni, patentissimi, simplices, 3 — 6-pollicares, 1 — 3 poll. supra basin spiraliter torti. Stipula axillaris, caulem spathiformiter amplectens, breviter petiolata, ovato-rotundata, basi cordata, fimbriata, sinu fimbriis 2 — 4 lin. longa, fimbriis 20 — 30 dimidiam latitudinem aequantibus, novella scabriuscula, adulta al-

Herbe annuelle, grimpante, rameuse, cirrifère. Tiges de la grosseur d'une ficelle mince ou d'un fil, anguleuses, scabres sur les angles par suite de la présence de poils courts, recourbés. Feuilles alternes, placées dans des intervalles de 2 à 4 pouces, ordinairement étalées, pétiolées, tripartites, rarement trilobées, longues de 1 à 2 pouces, larges de 1 à 2 pouces et demi, à segments latéraux pos-térieurement sinués, trinervées; nervures latérales divisées en un angle aigu; toutes les nervures sont pinnées-rameuses, et s'anasto-mosent près du bord, où elles se rendent aux dentelures; jeunes feuilles des deux côtés, et particulièrement à la face inférieure, scabriuscules par suite de la présence de poils courts sur les nom-breuses nervures; plus tard, les feuilles sont blanchâtres, scabres par des papilles constituées par la base persistante des poils, entre-mêlées de poils courts et rudes qui se trouvent sur les nervures. Pétiole long de ½ à 1½ pouce, tant soit peu plus mince que la tige, couvert de papilles rudes et touffues; le lobe moyen est plus long que les lobes latéraux, rhomboïdal, aigu, se rétrécissant du milieu jusqu'à la base, entier, muroné-denté vers le sommet, à dentelures en scie inégales, au nombre de 8 à 8 de chaque côté, aiguës, quel-quefois assez épaisses, d'autres fois petites ou presque nulles; les lobes latéraux sont séparés du lobe moyen par une sinuosité de 9 à 5 lignes, postérieurement arrondis, oblongs, ordinairement étroits, par-tout également larges ou plus larges antérieurement; écartés l'un de l'autre par une large sinuosité tronquée de 8 à 5 lignes; d'ordinaire ils sont à demi-bilobés, le lobe supérieur ovale-rhomboïdal, aigu, à dentelures muronées depuis son milieu jusqu'au sommet; le lobe in-férieur est de la moitié de la longueur du supérieur, presque qua-drangulaire; son bord inférieur et parfois aussi son lobe supérieur sont entiers, le bord latéral porte 8 ou 4 dents plus ou moins forte-ment accusées. Vrilles simples, placées latéralement à la base du pé-tiole, alternes, très-étalées, longues de 8 à 6 pouces, contournées en spirale à partir de 1 à 8 pouces de leur point d'insertion. La stipule axillaire entoure la tige, est brièvement pétiolée, ovale-arrondie, à base cordiforme, fimbriée; son diamètre, sans les franges, est de 2 à

bido-papillosa scabra. Flores masculi racemosi, pedicellati, viriduli, minuti, sub anthesi erecti, gemmas floriferas et pedunculum superantes eumque quasi terminantes, post anthesin decidui, pedicellis patentibus, persistentibus. Pedunculus gracilis, 1 — ½-pollicaris, post anthesin paulum longior, infra nudus, in superiore triente vel quadrante vel altius florifer, papilloso-scaber; pedicelli 7—11 solitarii aut bini, inferiores remotiusculi, superiores magis approximati, post anthesin ⅓—¾ lin. longi, saepe bractea filiformi interdum trifida suffulti, bractea reflexa, in flore infimo deficiente, post anthesin excrescente usque lineam et ultra longa, tenuissima, cirrum minutum aemulante. Calyx campanulatus, tubo brevi, dentibus linearibus, acutis, brevibus. Corolla viridi-flavescens, laciniis quinque, ¾ lin. long., calycis tubo continuis, patentissimis, lanceolato-oblongis, acutis, utrimque imprimis extus ad apicem marginemque puberulis, quinquenerviis, praefloratione imbricatis, nervis parallelis ad basin laciniarum anastomosi horizontali coniunctis, anastomosibus annulam simplicem calycis tubum et corollam segregantem formantibus. Stamina 5, triadelpha, in columnam conniventia, (tria, quorum duo antheris bilocularibus, tertium dimidiatum anthera uniloculari, instructa); filamenta imo calyci inserta, e tubo exserta, corollae laciniis breviora, filiformia, duo (stam. perfect.) corollae laciniis duabus opposita, singula antheris duabus unilocularibus praedita, loculis rectis, oblongis, marginibus connectivi filamento parum latioris crassi carnosi fere obovati apice vix emarginati adnatis, tertium alternans angustius, anthera uniloculari, connectivo antice adnata, oblonga, recta. Pollinis granula flava, fere ellipsoidea, utrimque obtusa, membrana externa plicis tribus tota longitudine percursa.

Flores feminei nutantes, pedicellati, pedicellis 1—2 lin. long., post anthesin crassioribus. Calyx superus, tubo super ovarium constricto, late campanulato, quinquedentato, laciniis linearibus acutis. Corolla forma et magnitudine maris. Annulus brevissimus, calyci adnatus, stamina rudimentaria et stylum cingens. Stamina rudimentaria tria oblonga, annulum vix excedentia, duo petalis opposita, tertium alternans angustius. Ovarium globosum, biloculare, loculis, ut videtur, dextrum ac sinistrum latus ab axe floris occupantibus, uniovulatis. Ovula in loculis solitaria, iuxta septum peripherico crassius parietalia, circa medium, alterum antico, alterum postico, ut videtur, inserta, horizontalia, anatropa. Bacca globosa, glauco-pruinosa, diametro 4—5 lin., calyce rudimentario coronata, breviter pedicellata, pulpa purpurea, disperma. Semina exalbuminosa, compressa, obovata, basi subtruncata, 4 lin. longa, 2½—3 lin. lata, fere lineam crassa, dissepimento in pulpam mutato segregata, transverso compressa, facie dissepimentum spectante convexa, facie externa margine undique acuto producta, intra marginem depressa aut concava, testa alutacea laevi cornea. Embryo orthotropus, cotyledonibus carnosis foliaceis, radicula brevi, plumula diphylla.

Crescit in locis limosis fruticosis ad ostia fluminis Sobat, ubi cum fructu legit m. Febr. 1864 de Heuglin. Herb. Caes. Palat. Vindob. Exped. Tinn. n. 48. In regionibus fruticosis ad Arasch-Cool in Cordofan circ. Sept. et Oct. 1837 (Pl. Aeth. nn. 237. 331. Iter Nub. n. 205) Kotschy primus invenit. Reverend. Knoblecher etiam ex regionibus Gondokoro attulit.

Explicatio tabulae VII. a) Inflorescentia post anthesin cum stipula triplo maiore, b) inflorescentia mascula, c) flos masc., d) explanatus 12m auct.; e) stamina antice e[1]) postice e[2]) post dehiscentiam, f) stamen dimidiatum a latere spectatum, f[1]) post dehiscentiam, 24m auct.; g) flos. fem., h) dissectus 16m auct.; i) ovarium transverse sectum, k) ovulum, l) bacca duplo aucta, m) dissecta, n) diagramma, o) semen facie externa, p) a latere, q) dissectum, r) embryo, omnia triplo aucta.

4 lignes; les franges, au nombre de 20 à 30, atteignent la moitié de sa largeur; jeune, la stipule est scabriuscule; plus tard elle devient rude par la présence de papilles blanchâtres. Fleurs mâles en grappes, pédicellées, verdâtres, petites, dressées pendant l'anthèse, plus longues que les bourgeons florifères et le pédoncule, et terminant en quelque sorte celui-ci; après l'anthèse elles tombent, les pédicelles étalés persistent. Pédoncule grêle de 1 à ½ pouce, un peu plus long après l'anthèse, nu inférieurement; dans le tiers ou le quart supérieur ou plus haut encore, il est florifère, rude par des papilles; pédicelles au nombre de 7 à 11, solitaires ou deux à deux; les inférieurs un peu plus éloignés les uns des autres, les supérieurs plus rapprochés, longs, après l'anthèse, de ½ à ¾ de ligne, garnis souvent d'une bractée filiforme, parfois trifide; cette bractée manque à la fleur inférieure, elle s'accroît après l'anthèse jusqu'à 1 ligne et au-delà; elle est très-mince et simule une petite vrille. Calice campanulé, à tube court, à dents linéaires, aiguës, courtes. Corolle vert-jaunâtre, découpée en 5 lobes de ¾ de ligne de long, étalés, lancéolés-oblongs, aigus des deux côtés; extérieurement surtout, ils sont pubescents au sommet et au bord, quinquénervés, à préfleuraison imbriquée, à nervures parallèles, s'anastomosant à la partie inférieure des lobes, réunis horizontalement; les anastomoses constituent un anneau simple, qui forme la limite entre le tube du calice et la corolle. Étamines au nombre de cinq, triadelphes, conniventes en forme de colonne, (sur les trois, deux offrent des anthères à deux loges, la troisième n'offre qu'une seule loge); filets insérés au fond du calice, dépassant le tube, plus courts que les lobes de la corolle, filiformes; les deux à étamines complètes sont opposés aux pétales; un seul est pourvu de deux anthères uniloculaires, à loges dressées, oblongues, marginées, soudées au sommet du connectif qui n'est guère plus large que le filet, à sommet à peine échancré, à bords droits; le troisième filet, alterne, plus étroit, porte une anthère uniloculaire, attachée au devant du filet, oblongue, dressée. Les grains polliniques sont jaunes, presque ellipsoïdes, obtus des deux côtés, la membrane extérieure est parcourue dans toute sa longueur par trois plis.

Fleurs femelles, portées sur des pédicelles de 1 à 2 lignes de long, souvent penchées après l'anthèse et plus épais. Calice supère, à tube étranglé au-dessus de l'ovaire, largement campanulé, terminé par cinq dents, lobes linéaires aigus. La corolle offre la forme et la grandeur de la fleur mâle. Anneau très-court, attaché au calice, entourant les étamines rudimentaires et le style. Étamines avortées au nombre de trois, oblongues; deux sont opposées aux pétales; la troisième est alterne, plus étroite; elles dépassent à peine l'anneau. Ovaire globuleux, biloculaire, les ovules occupent, à ce qu'il paraît, le côté droit et le côté gauche de l'axe. Ovules solitaires dans les loges, pariétaux à la cloison plus épaisse dans son contour; l'un est inséré du côté antérieur, l'autre du côté postérieur, à ce qu'il semble; ils sont insérés, horizontaux, anatropes. Baie globuleuse, couverte d'une efflorescence glauque, d'un diamètre de 4 à 5 lignes, couronnée par les débris du calice, brièvement pédicellée, renfermant deux graines entourées d'une pulpe pourpre. Graines exalbuminées, comprimées, ovales, subtronquées, à la base, longues de 4 lignes, larges de 2½ à 3 lignes, d'un diamètre de près de 1 ligne, la cloison transformée en pulpe, comprimée transversalement; le côté dirigé vers la cloison est convexe; le côté extérieur est, de toutes parts, prolongé en un bord aigu, déprimé ou concave entre le bord; test alutacé, lisse, corné. Embryon orthotrope, cotylédons charnus, foliacés, radicule courte, plumule diphylle.

Habite dans les endroits limoneux, couverts de broussailles, à l'embouchure du Sobat, où l'a cueilli M. de Heuglin, en février 1864 (N. 48 de l'herbier de Vienne). Dans les broussailles près du Arasch-Cool, au Cordofan, M. Kotschy l'a découvert en septembre et octobre 1837 (Pl. Aeth. NN. 237. 331. Voyage en Nubie N. 205). Mgr. Knoblecher l'a trouvé également dans la contrée de Gondokoro.

Explication de la planche VII. a) Inflorescence après l'anthèse avec la stipule, grossissement triple; b) inflorescence mâle; c) fleur mâle, d) étalée, grossissement de 12; e) étamines, vues de devant, e[1]) de derrière, e[2]) après la déhiscence; f) étamine, vue de côté, f[1]) après la déhiscence, 24 fois grossie; g) fleur femelle, h) étalée, grossissement de 16; i) ovaire coupé transversalement; k) ovule, l) baie, augmentée du double; m) la même coupée, n) diagramme; o) graine, vue de la face extérieure, p) de côté, q) coupée, r) embryon: toutes ces parties grossies trois fois.

26. RHYNCHOCARPA FOETIDA *Schrad.*

in Linn. XII. p. 403. Naud. in Ann. des sc. nat. XII. (1859). p. 146, et XVI. (1862). p. 176. Trichosanthes foetidissima Jacq. Coll. II. p. 341. Icon. rar. t. 624. Melothria foetida Desrouss. in Lam. Dict. IV. p. 87. Sering. in DC. Prodr. III. p. 313.

Crescit in ditione Req regni Aethiopum Djur; florens decerpta est m. Febr. 1864 a sociis exped. Tinn. Herb. Caes. Palat. Vindob. Exp. Tinn. n. 46.

Vient dans le district de Req de la province éthiopienne de Djur, où elle a été cueillie en fleurs en février 1864, par les membres de l'expédition Tinnéenne. (Herbier de Vienne No. 46.)

27. CUCUMIS TINNEANUS *Kotschy et Peyritsch.*

TABULA VIII.

Caule angulato hispido, foliis cordatis angulato-quinquelobis, lobis denticulatis, medio maiore ovato acuto, postico sinu lato disiunctis utrimque scabris, ad nervos hispidis, cirris simplicibus, fructu ovali atro-viridi aurantiaco-tigrino picto decemnervi echinato, echinis sparsis conoideis apice corneis.

Planta scandens, crescit ad Wau et Meschra-Req prope origines fluminis Bahr-Ghasal; lecta est m. Ianuario 1864. Herb. Caes. Palat. Vindob. Exp. Tinn. n. 47.

Plante grimpante des environs de Wau et de Meschra-Req près des sources du Bahr-Ghasal. Cueillie en janvier 1864. (Herbier de Vienne No. 47.)

Planta annua. Caulis scandens, valde angulatus, ad angulos horizontaliter hispidus. Folia alterna, 1—3 poll. dissita, sinu lato cordata, angulato-quinqueloba, 1¼—2 poll. longa et lata, infima subreniformia quinqueangula, angulis obtusis fere obsoletis vix denticulatis, lobo medio maiore ovato acuto, lateralibus decrescentibus postice sinu 3—6-lineari seiunctis, omnibus remote inaequaliter acute denticulatis, novella pilis densis patentibus scabriuscula, adulta pilorum basibus persistentibus dense albido-papilloso-scabrorrima, subtus ad nervos nervulosque cum petiolo ½—1-pollicari hispida, papillis superne aequalibus, subtus ad nervos maioribus, quinquenervia, nervis lateralibus in inferiore triente bifidis, ramo superiore ad inferiorem trientem marginis lobi vicini superioris, ramo inferiore in medium loborum correspondentem currente. Cirri ad basin petioli laterales, individi, spiraliter torti, hispiduli, adulti fere glabri. Flores masculi axillares, (valde manci). Calyx tubuloso-campanulatus, quinquedentatus, hispidulus. Corollae calycis tubo continuae laciniae lanceolato-oblongae, obtusae, nervosae, extus imprimis versus apicem pilosae. Stamina medio calycis tubo inserta, triadelpha; filamenta tria brevissima; antherae connectivo apice inflato lobulato superatae; loculi lineares in duabus antheris duplo sursum et deorsum flexi, anfractibus longitudinalibus se attingentes, in una anthera anfractu simplici (?) instructi. Glandula in fundo calycis lobulata, substipitata. Flores feminei solitarii. Calyx et corolla, ut videtur, maris. Glandula annularis, styli basin cingens. Stigma . . . .

Pepo ovalis, 4 poll. long., atroviridis, aurantiaco-tigrino pictus, decemnervis, echinatus, echinis inter nervos sparsis, conoideis, acutis, circiter 3 lin. long., inferne carnosis, supra medium corneis. Semina plurima, obovata, compressa, margine obtusiusculo, albido-tomentosa, 3 lin. longa, supra medium 3 lin. lata, testa tenui cartilaginea, endopleura tenuissima, diaphana, a testa facillime solubili. Embryo orthotropus, obovato-oblongus, radicula ¾ lin. longa conica, cotyledonibus basi pro radiculae insertione . . . . Plumula . . . .

Affinis Cucumeri africano Linn. fil.

Plante annuelle à tige grimpante, fortement anguleuse, hérissée horizontalement sur les angles. Feuilles alternes, éloignées les unes des autres, de 1 à 3 pouces, cordiformes, à sinus large, à cinq lobes anguleux, longs et larges de ½ à 2 pouces; les inférieures sont subréniformes, à cinq angles obtus, presque effacés, à peine denticulés; le lobe moyen est plus grand, ovale, aigu; les lobes latéraux vont en diminuant et sont séparés par un sinus d'une profondeur de 3 à 6 lignes; toutes les feuilles portent des dentelures éloignées, inégalement cuspidées; jeunes, elles sont scabriuscules par suite de poils denses et étalés; adultes, elles sont très-rudes par la présence des bases persistantes, blanches et papilleuses des poils; en-dessous elles sont hérissées sur toutes les nervures, les nervules et même sur le pétiole long de ½ à 1 pouce; à leur face supérieure, les papilles sont de dimensions égales; à la face inférieure, elles sont plus grandes sur les nervures; elles sont quinquénervées, à nervures latérales bifides au tiers inférieur; la branche supérieure atteint le tiers inférieur du bord du lobe supérieur voisin; la branche inférieure se dirige au milieu du lobe correspondant. Les vrilles, placées latéralement à la base du pétiole, sont indivises, spiralées, hispidulées; adultes, elles sont presque glabres. Fleurs mâles axillaires (bien défectueuses). Calice tubuleux-campanulé, à 5 dents hispidulées; les corolles, soudées au tube du calice, offrent des lobes lancéolés-oblongs, obtus, nervés; extérieurement, surtout vers le sommet, ils sont villeux. Étamines insérées au milieu du tube calicinal, triadelphes; filets au nombre de trois, très-courts; anthères surmontées d'un connectif enflé au sommet et lobulé. Dans deux anthères, les loges sont linéaires, doublement courbées vers le haut et vers le bas, et se touchent par leurs anfractuosités longitudinales; dans une troisième, elles sont pourvues d'une simple? anfractuosité. Glande lobulée, substipitée au fond du calice. Fleurs femelles solitaires; le calice et la corolle semblent les mêmes que dans les fleurs mâles. Glande annulaire entourant la base du style. Stigmate . . . .

Péponide ovale, longue de 4 pouces, de couleur orange, tigrée de noir verdâtre, parcourue par dix nervures hérissées de piquants épars entre les nervures, coniques, aigus, longs d'environ 3 lignes; à leur partie inférieure, ils sont charnus; au-dessus de leur milieu, ils sont cornés; graines nombreuses, obovales, comprimées, à bord tronculé et blanc-tomenteux, longues de trois lignes, larges, au-delà de leur milieu, de 3 lignes. Test mince, cartilagineux, endopleure très-mince, transparente, se détachant très-facilement du . . . . Embryon orthotrope, obovale-oblong. Radicule longue de ¾ ligne, conique. Les cotylédons sont découpés à leur base . . . . insertion de la radicule. Plumule . . . .

Cette espèce est voisine du Cucumis africanus Linn. fil.

Explicatio tabulae VIII. a) Semen, b) a latere, c) dissectum, d) a latere, e) transverse sectum, f) embryo, g) a latere; omnia 6⁾ aucta. 1) folii segmentum facie superiore, 2) inferiore, 3) caulis segmentum, 4) aculeus fructus, singula quaeque aucta.

Explication de la planche VIII. a) graine, b) vue de côté, c) coupée, d) de côté, e) coupée transversalement; f) embryon, g) de côté; toutes ces parties 6 fois grossies. 1) portion de la feuille, face supérieure, 2) inférieure; 3) portion de la tige; 4) aiguillon du fruit; toutes ces parties grossies.

CAPPARIDEAE.

28. CAPPARIS TOMENTOSA *Lam.*

Dict. I. p. 606. DC. Prodr. I. p. 246. A. Rich. in Guill. et Perrot. Fl. Seneg. p. 23. A. Rich. Tent. Fl. Abyss. I. p. 30. Thomson in Speke Source of the Nile, App. G, p. 626. Schweinf. Beitr. z. Fl. Aeth. p. 68.

Crescit fruticosa 15—20 pedes alta, interdum volubilis, ad Meschra-Req, prope origines Bahr-Ghasal fluvii; flores albidos, basi violaceos, m. Febr. per maltos profert. Herb. Caes. Palat. Vindob. Exped. Tinn. n. 45.

Arbrisseau fructifère de 16 à 80 pieds, parfois volubile, cueilli près de Meschra-Req, où le Bahr-Ghasal a sa source. En février il produit de nombreuses fleurs blanchâtres, à fond violacé. (Herbier de Vienne No. 45.)

29. MAERUA OBLONGIFOLIA *A. Rich.*

Tent. Fl. Abyss. I. p. 32. t. 6. Thomson in Speke Source of the Nile, App. G, p. 626 (?) Schweinf. Beitr. z. Fl. Aeth. p. 73.

Crescit in planitie prope Req in regno Aethiopum Denka ad Bahr-Ghasal ortum. Herb. Caes. Palat. Vindob. Exped. Tinn. n. 44.

Croît dans la plaine près de Req, dans la province éthiopienne de Denka, à la source du Bahr-Ghasal. (Herbier de Vienne No. 44.)

ANONACEAE.

30. ANONA SENEGALENSIS *Pers.*

Ench. II. p. 95. Deless. Icon. select. I. t. 86. DC. Prodr. I. p. 83. A. Rich. in Guill. et Perrot. Fl. Seneg. p. 5. Hook. Nig. Fl. p. 97, et p. 205. Thomson in Speke Source of the Nile, App. G, p. 625. Harv. et Sond. Fl. Cap. II. p. 583.

Provenit in ripis stagnorum, quae ad Nilum Album et Bahr-Ghasal, affluentiam eius occidentalem, extenduntur. Expeditio Tinneana specimen cum alabastris attulit; Herb. Caes. Palat. Vindob. Exped. Tinn. n. 43.

Habite le bord des marais qui s'étendent sur la rive du Nil blanc ou de son affluent occidental, le Bahr-Ghasal, d'où l'a rapporté l'expédition Tinnéenne. (Herbier de Vienne No. 43.)

CRASSULACEAE.

31. KALANCHOE MODESTA *Kotschy et Peyritsch.*

Caule herbaceo erecto subtereti glanduloso pubescente, foliis oppositis, inferioribus obovatis obtusis supra medium crenatis glabris, superioribus minoribus acutis, cymis ter—quater dichotomis corymbosis remotiusculo multifloris, calyce quadripartito, laciniis ovato-lanceolatis acutis glanduloso pilosis, corollae tubo basi ventricoso calyce duplo longiore, laciniis ovato-oblongis obtusis mucronatis, squamis linearibus, staminibus supra medium corollae tubo insertis inclusis, capsulis glabris, seminibus longitudinaliter rugosis.

Crescit in Africae tropicae regione Dembo prope fluvium Bahr-Djur; lecta est Nov. 1863. Herb. Caes. Palat. Vindob. Exped. Tinn. n. 42.

Croît dans les régions tropicales de l'Afrique, dans la province de Dembo, près du Bahr-Djur, trouvée en novembre 1863. (Herbier de Vienne No. 42.)

Herba pedalis et ultra, caudice pluricipiti, basi decumbente, digiti minimi crassitie, pruinoso-glauco, internodiis ½ — ¼ poll. longis. Caulis subsimplex, erectus, superne cymoso-ramosus; florifer subteres, angustissime angulatus, viridi-flavescens, brevissime glanduloso-pubescens. Folia carnosa, opposita, sessilia, glabra;

Plante herbacée d'un pied et au-delà, à souche multiple, couchée à sa base, de la grosseur du petit doigt, recouverte d'une efflorescence glauque; entre-noeuds distancés de ½ à ¼ de pouce. Tige presque simple, droite, divisée supérieurement en cimes; la partie florifère est très-étroitement anguleuse, d'un vert jaunâtre, couvert d'une pubescence courte et glanduleuse. Feuilles charnues,

inferiora obovata, obtusa, supra medium crenata, 2 poll. longa, 9 lin. lata; superiora remota, multoties minora, acuta. Cymae ter vel quater dichotomae, rarius et quidem in basi trichotomae, flore intermedio saepe deficiente, corymbosae, 2—3 poll. longae, superne 1½—2 poll. latae, ramis inferioribus oppositis aut saepius plus minus alternis, ultimis subcincinnoideis elongatis 4—8-floris. Flores subaurantiaci vix semipollicares, pedicellati, bracteati, pedicellis 1½—2 lin. long., glanduloso-pilosis. Bracteae duae, ad basin pedicellorum oppositae aut alternae, saepe a pedicellis plus minus remotae profundius insertae, angustissimae, glanduloso-pilosae. Calyx ad inferiorem quadrantem quadripartitus, 1½—2 lin. long., glanduloso-pubescens, laciniis ovato-lanceolatis acuminatis, acutis, viridibus, margine tenuioribus, basi trinervibus, nervis lateralibus debilioribus, nervo medio pinnatim-ramoso. Corolla hypocraterimorpha, persistens; eiusdem tubus tres lineas longus, quadrangularis, basi ventricosus, parte inflata ovoidea diametro ultra lin., in tubi superiorem partem sensim angustata, 8-nervis, nervis quattuor in laciniis excurrentibus validioribus, omnibus ad staminum insertionem trifidis, ramo medio (nervi validioris) per mediam laciniam ad apicem excurrente, lateralibus bis vel ter furcatis demum simplicibus nervo medio subparallelis, ramulis nervorum debiliorum furcatis ad sinus et prope marginem laciniarum desinentibus; limbi patentis laciniae quattuor, obovatae, obtusae, 2½ lin. long., 1½ lin. lat., nervo medio excurrente mucronulatae. Stamina octo, in superiore triente corollae tubi nervis inserta, inclusa, alterna laciniis opposita paulo altius inserta, filamentis filiformibus ⅓ lin. longis, antheris basi affixis, bilocularibus, longitudinaliter dehiscentibus. Squamulae hypogynae, ad basin cuiusvis ovarii solitariae, lineares, ½ lin. longae, truncatae. Ovaria 4, petalis opposita, verticillata, libera, in stylos persistentes attenuata, cum stylo 3 lin. longa, 5-nervia, unilocularia, ovulis plurimis ad suturam ventralem biserialiter insertis anatropis. Stigma sublaterale, introrsum laterale. Capsulae folliculares quattuor, acuminatae, stylo coronatae, intus longitudinaliter dehiscentes, glabrae. Semina plurima, minutissima, fere oblonga, scrobiculata; testa eorum membranacea, fusca, longitudinaliter rugosa.

Affinis Kalanchoae glandulosae et brachycalyci.

opposées, sessiles, glabres, les inférieures obovales, obtuses, crénelées au-dessus de leur partie moyenne, longues de 2 pouces, larges de 9 lignes; les supérieures sont espacées, beaucoup moins grandes, aiguës. Cimes 3 ou 4 fois dichotomes, plus rarement trichotomes à leur base, fleur centrale souvent nulle; elles forment un corymbe de 2 à 3 pouces de long, et en haut de 1½ à 2 pouces de large; leurs rameaux inférieurs sont opposés, ou fréquemment plus ou moins alternes; les supérieurs constituent des cincinnus allongés, composés de 4 à 8 fleurs.

Fleurs de couleur presque orange, d'à peine ½ pouce, portées sur des pédicelles garnis de bractées, longs de 1½ à 2 lignes, couverts de poils glanduleux. Les deux bractées sont opposées ou alternes à la base des pédicelles, souvent insérées plus ou moins bas que ces derniers, très-étroites, à poils glanduleux. Calice quadripartite jusqu'au quart inférieur, long de 1½ à 2 lignes, à pubescence glanduleuse, à lobes ovales-lancéolés, acuminés, aigus, verts, à bord plus mince, à base trinervée; nervures latérales plus faibles, pinnées-rameuses au milieu. Corolle en forme de coupe, persistante, à tube long de 3 lignes, quadrangulaire, à base renflée; à la partie renflée, elle est ovoïde, d'un diamètre de plus d'une ligne; elle s'amincit insensiblement vers le haut du tube; à 8 nervures, dont quatre sont plus fortes et se dirigent dans les lobes; toutes ces nervures sont trifides au point d'insertion des étamines; la branche moyenne de la nervure plus forte, se dirige par le milieu du lobe jusqu'au sommet de ce dernier; les latérales sont 2 ou 3 fois divisées; plus haut, simples, presque parallèles à la nervure médiane. Les branches des nervures faibles sont divisées et se terminent au sinus et près du bord des lobes. Les lobes du limbe étalé sont au nombre de quatre, obovales, obtus, d'une longueur de 2½ lignes, d'une largeur de 1½ ligne et mucronulés par l'extrémité de la nervure médiane. Etamines au nombre de huit, insérées sur les nervures au tiers supérieur du tube corollin, incluses; elles sont alternativement opposées aux lobes de la corolle et insérées un peu plus haut; filets filiformes, longs de ⅓ de ligne; anthères basifixes, biloculaires, déhiscentes longitudinalement. Écailles hypogynes, solitaires à la base de chaque ovaire, linéaires, longues de ½ ligne, tronquées. Ovaires au nombre de quatre, opposés aux pétales, verticillés, libres, s'amincissant dans les styles persistants, longs de 3 lignes, y compris le style, quinquénervés, uniloculaires; ovules nombreux, anatropes, attachés sur deux rangs à la suture ventrale; stigmate sublatéral, latéral vers le dedans. Capsules membraneuses, au nombre de quatre, acuminées, couronnées par le style, s'ouvrent longitudinalement vers le dedans, glabres. Graines nombreuses, petites, presque oblongues, scrobiculées; test membraneux, brun, ridé longitudinalement.

Voisin des Kalanchoe glandulosa et brachycalyx.

EBENACEAE.

DIOSPYROS MESPILIFORMIS *Hochst.*

in A. Rich. Tent. Fl. Abyss. II. p. 24. DC. Prodr. VIII. p. 672. Schweinf. Beitr. z. Fl. Aeth. p. 85.

Arborea, crescit in locis silvestribus et graminosis inter Wau et Bongo, unde fructum m. Ianuario 1863 laetum attulit exped. Tinneana. Antea iam d. 10. Maii 1837 Kotschy eam in Nubarum montibus Tira detexerat fructu nondum maturo (n. 304); postea eam d. 6. Januarii 1838 Urostigmatibus, Boswelliis, Combretis, Nauclois etc. obumbratam invenit in amoena valle, quae a Fassoglu versus montem Accaro ascendit, iamque fructus ferentem (n. 170). Fructus eximii et amoenissimi, illis Theobromatis Cacao maxime similes sapore, tum ab incolis regni Fassoglu ut cibus sanissimus colligebantur. Cienkowski cum alabastris eam decerpsit d. 25. Mart. 1848 apud Drokan in regno Benischangul (n. 96 b). Fructus in Abyssinia quoque comeduntur, cuius inter arbores maiores a cl. Schimper refertur (nn. 655. 1248).

Se rencontre dans les terrains sauvages et herbeux entre Wau et Bongo, d'où l'expédition Tinnéenne en a rapporté des fruits cueillis en janvier 1863. Antérieurement déjà le 10 mai 1837, M. Kotschy avait découvert cette plante arborescente, dans les montagnes de Tira en Nubie, à fruits encore verts (No. 394); le 6 janvier 1838 il l'a retrouvée dans une vallée charmante ombragée par des Urostigma, des Boswellia, des Combretum, des Nauclea etc., laquelle conduit du Fassoglu vers le mont Accaro (No. 170). Les habitants du Fassoglu en recueillaient comme alimentaires les beaux et agréables fruits ressemblant beaucoup à ceux du cocotier. M. Cienkowski l'a cueillie en boutons le 25 Mars 1848 près de Drokan, dans le royaume de Benischangul (No. 96 b). On en mange également les fruits en Abyssinie, où M. Schimper la signale, sous les nn. 655 et 1248, comme un grand arbre.

SAPOTACEAE.

Butyrospermum *Kotschy*

Sitz. Ber. d. k. Akad. d. W. B. 50.

Calyx octopartitus, laciniis biserialibus, praefloratione cuiusvis seriei subvalvatis. Corolla hypogyna subrotata, tubo brevi, limbi octopartiti laciniis uniserialibus, praefloratione imbricatis. Appendices tot quot corollae lobi, cum staminibus corollae summo tubo insertae, eiusdem lobis alternae, petaloideae, imbricatae, ovarium obtegentes. Stamina octo, corollae laciniis opposita, filamentis subulato-filiformibus, aestivatione reflexis, antheris extrorsis, supra basin bifidam dorso affixis, oblongis, bilocularibus, longitudinaliter dehiscentibus. Ovarium superum, globosum, hirsutissimum, octoloculare. Ovula in quovis loculo solitaria, medio angulo centrali affixa, pendula, hemianatropa. Stylus cylindricus, stigma obtusum. Bacca ellipsoidea. — Arbor Africae tropicae, foliis in apice ramulorum approximatis petiolatis, integerrimis, penninervibus, coriaceis, floribus subumbellatis.

82. BUTYROSPERMUM PARKII *Kotschy*

in Pl. Knobl. l. l. t. 2. — Butyrospermum niloticum Kotschy l. l. t. 1. Bassia Parkii G. Don. Gard. Dict. IV. p. 36. DC. Prodr. VIII. p. 199. Thomson in Speke Source of the Nile App. G, p. 639.

TABULA VIII B.

Arbor 5—6-orgyalis, trunco 4—5 pedes crasso, ramis crassis brevibus, Quercus Roboris instar dispositis, interdum horizontalibus, torulosis, parce ramosis, cortice crasso profunde transverso-rimoso griseo, ramulis brevibus crassis, foliorum delapsorum cicatricibus approximatis transverse ellipticis nodosis notatis, apice tantum foliosis, ligno durissimo, alburno rubente, duramine flavescente, medulla granulosa demum rubente praedita, uberioribus tenuioribus, cicatricibus remotis, cortice griseo-cinerascente laeviusculo longitudinaliter subrimoso, alburno nigrescente, duramine et medulla flavescentibus. Folia alterna, ⅓ — 1-pedalia et ultra, petiolata; petiolus 1½ — 8-pollicaris, ad insertionem incrassatus, subquadrangulus, supra canaliculatus, striatulus, rufotomentosus, demum glabratus; lamina oblonga, 1½ — 8½ poll. lata, apice rotundata, obtusa vel acutiuscula, basi saepissimo acuta paulum inaequilatera, rarius rotundata, integerrima, vix undulata, novella fere membranacea pube densa rufescento tomentosa subtus pallidior, adulta glabrata coriacea, nervo medio supra argute, subtus valide prominente, secundariis 20—35, alterna vel rarius suboppositis, nervo medio multo debilioribus, subtus perspicue prominentibus, subtransversis, usque ad marginem saepe indivisis, prope marginem ascendentibus, demum marginantibus, cum superioribus anastomoses continuas atque ita marginem cartilagineum incrassatum formantibus. Flores numerosi in apice ramulorum digitum fere crassorum et lateralium multo debiliorum conferti, pedicellati, subumbellati; intermixta sunt ramenta et interdum folia nonnulla; ramenta 4 — 2 lin. longa, lanceolata, acuminata, fuscescentia, extus rufoscenter tomentosa, intus glabra; pedicelli 6—9 lin. longi, plus minus rufo-tomentosi. Calyx inferus, octopartitus, rufescenter tomentosus, interdum lanuginosus, laciniis superne patentibus, ovato-lanceolatis, acutis vel breviter acuminatis, coriaceis, exterioribus basi connatis, interioribus angustioribus paulo tenuioribus et pallidioribus, omnibus praefloratione apice tantum imbricatis. Corolla hypogyna, subrotata, tubo 1½ lin. longo, extus superne usque ad medium inter lacinias villoso-lanato, laciniis 4 lin. long., 1½ — 2 lin. lat., ovato-lanceolatis, acutis, interdum minutissime paucidentatis, basi angustioribus, sinu semilineam lato truncato inter se distinctis, praefloratione convolutivo-imbricatis. Appendices 8, ovarium obtegentes, corollae laciniis alternae, eiusdem tubo continuae, imbricatae, brevissime latiungulatae, ovato-acuminatae, acumine angustissimo producto, basi interdum subcordatae, 3 lin. longae,

Arbre d'une hauteur de 30 à 40 pieds, dont le tronc atteint un diamètre de 4 à 5 pieds; branches épaisses, courtes, disposées à l'instar de celles du Quercus Robur, quelquefois horizontales, toruleuses, peu rameuses. Écorce épaisse, grise, parcourue transversalement de fentes profondes; rameaux courts, épais, rendus noueux par les cicatrices foliaires rapprochées, transversalement elliptiques; ils ne portent des feuilles qu'à leurs extrémités; bois très-dur, aubier rougeâtre, duramen jaunâtre, moelle granuleuse, à la fin rougeâtre; les rameaux les plus vigoureux sont minces, à cicatrices foliaires éloignées, leur écorce est gris-cendré, presque lisse, un peu fendillée longitudinalement, à aubier noirâtre, à duramen et à moelle jaunâtres, feuilles alternes de ⅓ à 1 pied et au-delà, portées sur un pétiole de 1½ à 8 pouces, à insertion épaissie, subquadrangulaire, canaliculé en-dessus, parcouru de fines stries, brun-tomenteux, à la fin glabre; lame foliaire large de 1½ à 8½ pouces, oblongue, arrondie au sommet, obtuse ou un peu aiguë, à base fréquemment aiguë ou un peu inéquilatérale, rarement arrondie, entière, à peine ondulée; les jeunes feuilles sont presque membraneuses, tomenteuses par la présence d'un duvet brunâtre-dense, plus pâles en-dessous; adultes, elles sont glabres, coriaces, la nervure médiane est proéminente, aiguë en-dessus, très-fortement accusée en-dessous; nervures secondaires au nombre de 20 à 35, alternes ou rarement un peu opposées, bien moins fortes que la nervure médiane; en-dessous elles proéminent sensiblement, elles sont presque transversales, souvent indivises jusqu'au bord, où elles deviennent ascendantes, à la fin elles sont marginantes et, s'anastomosant avec les nervures supérieures, elles constituent un bord cartilagineux épaissi. Fleurs nombreuses, réunies au sommet des rameaux de la grosseur d'un doigt; (les rameaux latéraux sont plus faibles); elles sont pédicellées, subombellées; entremêlées de ramenta et parfois de quelques feuilles; les ramenta, de 4 à 2 lignes de long, sont lancéolés, acuminés, brunâtres, roussâtres-tomenteux extérieurement, glabres intérieurement. Pédicelles longs de 6 à 9 lignes, plus ou moins roux-tomenteux. Calice inféro, octopartite, roussâtre-tomenteux, parfois lanugineux, ses lobes, étalés au sommet, sont ovales-lancéolés, aigus ou brièvement acuminés, coriaces; les extérieurs sont soudés à la base; les intérieurs sont plus étroits, un peu plus faibles et plus pâles; tous sont imbriqués à la préfloraison. Corolle hypogyne, subrotacée; tube de 1½ ligne de long, velu-laineux extérieurement jusqu'à la moitié supérieure entre les lobes; lobes longs de 4 lignes, larges de 1½ à 2 lignes, ovales-lancéolés; aigus, parfois munis de quelques dents très-petites; à leur base, ils sont plus étroits et séparés les uns des autres par un sinus tronqué large d'une demi-ligne; ils sont convolutivement imbriqués par la préfloraison. Appendices, au nombre de 8, cachant l'ovaire, alternant avec les lobes et faisant suite au tube de la corolle, imbriqués, à onglet très-court et large,

supra unguem 1½ — 2 lin. latae, minute fimbriato - denticulatae, interdum ut in exemplaribus Barterianis ad flumen Niger lectis, trifidae, lobis lateralibus latis, intermedio duplo triplove brevioribus, intermedio tenuissimo filiformiter producto. Stamina 8, corollae laciniis opposita, eiusdem summo tubo inserta; filamenta patentia, subulato - filiformia, 4 lin. longa, aestivatione apicibus reflexa; antherae extrorsae, basi bifidae, supra basin dorso medio affixae, 1½ lin. longae, oblongae, acutae, mucronatae, biloculares, longitudinaliter dehiscentes, aestivatione erectas atrorubentes, post anthesin plus minus reflexae, basi saepe supera. Pollinis granula ellipsoidea, utrimque obtusa, membrana externa plicis 3 longitud. percursa; humectata formam fere immutatam retinent. Ovarium globosum, subdepressum, 1 lin. altum, densissime hirsutum, pilis versus verticem paulo longioribus, ½—¾ lin. longis, octoloculare, loculis parvis. Ovula in loculis solitaria, medio angulo centrali affixa, pendula, hemianatropa, integumentis binis, funiculis ascendentibus brevibus. Stylus cylindricus, inferne breviter dense hirsutus, superne glaber, 3½ lin. longus. Stigma obtusum. Bacca *secundum Mungo Park* ellipsoidea.

Crescit et in locis editis iisque siccis et in depressis et humidis, itemque in planitie regni Djur, ad ortum fluminis Ghasal, in regno Kosanga et in terris Aethiopum Njamanjam, teste de Heuglin, qui haud procul a fontibus fluminis Ghasal exemplaria legit (Herb. Caes. Palat. Exped. Tian. n. 82), crebroque offendit regiones illas silvaticas Qaba dictas maximam partem arbore illa obsitas. — Sub finem saeculi superioris detexit hanc plantam Mungo Park in Africa cisaequatoriali tropica per regnum Bambra, ubi arbor butyri appellatur. Ex Baikii exploratione fluminis Niger 1857 — 1859 provenit exemplar in coll. Barter. n. 1178. Reverendissimus Provicarius Knoblecher primus in regionibus niloticis prope Gondokoro invenit 1858; haec exemplaria, licet ramos floribusque emarcidis essent, Kotschy delineavit et descripsit. Binder, mercator quidam transsylvanus, alabastra tantum sine foliis attulit ex regionibus Gaba Schambil et Ronga sub 7 gr. bor. lat. prope ripam Nili Albi lecta. Exemplaria demum Heugliniana cum integris essent foliis et floribus, etiam accuratius describi poterant.

Explicatio tabulae VIII B. 1. 2. Specimina nilotica. 3. Ramus florifer ad ripas fl. Niger lectus. a) flos, b) calyx duplo auct., c) corolla cum staminibus et appendicibus, d) eiusdem segmentum a latere, e) a dorso; f) stamina; g) diagramma; h) pistillum; i) ovarium longit., k) transverse sectum; l) gemmula m) dissecta.

*Annotatio. Arborem hanc nomine Lulu ab Aethiopibus insigniri, eius ramos incisos gummi elasticum praebere eiusque fructus esculentos esse, Kotschy iam in 'Plantis Hinderianis' commemoravit. Plura de hac arbore primum docuit cl. de Heuglin in Petermanni Ephemerid. geogr. Addit. fasc. 15, non solum de usu, sed etiam de natura et habitu eius disserens. Secundum illum narrationem profluit e ramis succus lacteus, qui induratus pellucidam flavescentem resinam praebet, quae et cum nondum penitus siccata est, celeriter flammam capit, nec in aqua solvi potest. Aethiopes regni Fertit resina hac fascias libri illinunt, iisque sagittarum hastile circumligant, ne cum ferrea cuspis ei inseritur, diffindatur. Flores suavem spargunt odorem. Semina arboris Butyrospermi, quae paulo ante pluviarum tempestatem maturescunt, circumdata sunt flavo sarcocarpio, quo incolae illarum regionum vescuntur. Ipsa constant uno vel duobus nucleis, qui forma et colore castaneae esculentae similes sunt. Hi nuclei fricti, deinde contusi atque in aqua frigida expressi, magnam copiam praebent olei sapidi, quod calore 20° Reaum. in massam butyraceam induresceit. Arborem hanc incolis utilissimam secundum imaginem a Mungo Park. delineatam cl. Don nomine Bassiae insignivit. Usque ad recentissima tempora nulla huius arboris specimina allata erant, et ipse celeberrimus Dr. Barth 'arborem butyri' commemorasse satis habuit. Specimina ab **expeditione Tinneana** nobis allata, etsi fructibus carent, alioquin perfectissima docent arboris huius, quae ad Nili Albi ripas et in propinquis regionibus crescit, plane eandem speciem esse atque eius, quae ad ripas fluminis Niger reperitur. Speke et Grant, qui cum Nili caput investigarent, hanc arborem nonnisi 3. gradu bor. lat. (m. Decembri 1862) repererunt, narrant, arboris crassum corticem ab incolis abscindi; lignum arboris texturae adeoque durum esse, ut instrumentis e molli ferro confectis resistat; flores odorem spargere gravem et narcoticum, apibusque copiosis gratissimum pastum praebere.*

acuminés, à acumen très-étroit, prolongé; à la base ils sont parfois subcordés, longs de 3 lignes, larges, au-dessus de l'onglet, de 1½ à 2 lignes, à dentelures fimbriées, petites, quelquefois (sur les échantillons du Niger) trifides; lobes latéraux larges, 2 ou 3 fois plus courts que celui du milieu, ce dernier très-mince, filiforme, allongé. Étamines au nombre de 8, opposées aux lobes de la corolle et insérées au sommet du tube corollé; filets étalés, subulés-filiformes, longs de 4 lignes, réfléchis à leur sommet pendant l'estivation. Anthères extrorses, bifides à la base, attachées au milieu par leur dos, longues de 1½ ligne, oblongues, aiguës mucronées biloculaires, à déhiscence longitudinale; pendant l'estivation, elles sont dressées, d'un rouge foncé; après l'anthèse, elles sont plus ou moins réfléchies, au point que leur extrémité inférieure se trouve souvent en haut. Les grains polliniques sont ellipsoïdes, obtus des deux côtés; leur membrane est parcourue, sur toute sa longueur, de trois plis; humectés, ils conservent la même forme. Ovaire globuleux, un peu déprimé, haut de 1 ligne, fortement hérissé, à poils un peu plus longs vers le sommet, de ½ à ¾ de ligne, à 8 loges petites, renfermant chacune un ovule attaché au milieu de l'angle central, suspendus, hémianatropes, munis de deux enveloppes; à funicules ascendants courts; style cylindrique, couvert à sa partie inférieure de poils hispides courts, glabre en haut et long de 3½ lignes. Stigmate obtus. Baie, ellipsoïde *selon Mungo Park*.

Croît dans les lieux élevés secs et les endroits bas et humides, ainsi que dans les plaines de la province de Djur, du royaume de Kosanga et du pays des nègres Njamanjam. M. de Heuglin en a cueilli un échantillon en fleurs à proximité des sources du Ghasal; il l'a vu également assez fréquemment former les contrées couvertes de forêts appelées Qaba. (Herb. de Vienne No. 82.) A la fin du siècle passé, Mungo-Park a découvert cette plante dans l'Afrique tropicale, en deçà de l'équateur, dans le royaume de Bambra, où il porte le nom d'arbre à beurre. Baikie, lors de l'exploration du Niger 1857 — 1859, en a communiqué un échantillon à l'herbier Barter No. 1178. Le vicaire apostolique Mgr. Knoblecher l'a trouvé le premier en 1858 dans les pays arrosés par le Nil près de Gondokoro: c'est sur ces échantillons incomplets, accompagnés de fleurs fétries, que M. Kotschy entreprit de le décrire. M. Binder, négociant de la Transylvanie, n'en a rapporté que des boutons floraux, dépourvus de feuilles, des pays de Gaba Schambil et Ronga, situés sous le 7me degré de latitude nord, sur les bords du Nil blanc. Les échantillons de M. de Heuglin étant pourvus de bonnes fleurs et de bonnes feuilles, ont permis de faire une description plus complète de cet arbre.

Explication de la planche VIII B. 1. 2. Echantillons du Nil. 3. Branche en fleurs, prise sur les bords du Niger. a) fleur, b) calice, deux fois grossi, c) corolle avec étamines et appendices, d) portion de la corolle, vue de côté. e) la même, vue de derrière, f) étamines, g) diagramme, h) pistil, i) ovaire, coupé longitudinalement, k) le même, coupé transversalement, l) gemmule, m) la même, coupée.

*Observation. M. Kotschy a déjà rappelé dans les Plantas Binderianae que cet arbre, connu des nègres sous le nom de Lulu, fournit du caoutchouc par des incisions faites dans ses branches, et que ses fruits sont mangeables. Les premiers renseignements sur cette plante furent publiés par M. de Heuglin dans les Geographische Mittheilungen de Petermann, 10me livraison complémentaire, relatifs non seulement à ses usages, mais aussi à sa structure et à sa manière d'être. D'après ce récit, il s'écoule des branches un suc laiteux, qui par l'évaporation se change en une résine transparente, jaunâtre, laquelle, lors même qu'elle n'est pas entièrement desséchée, s'enflamme rapidement; elle ne se dissout pas dans l'eau. Les nègres du royaume de Fertit enduisent de cette résine des lames d'aubier, qu'ils collent à l'extrémité de leurs flèches pour les empêcher de se fendre quand ils y enfoncent la pointe en fer. Les fleurs ont une odeur prononcée. Les fruits mûrissent peu avant la saison des pluies; ils sont enveloppés d'un sarcocarpe jaune que mangent les indigènes de ces contrées. Ils renferment un ou deux noyaux, dont la forme et la couleur rappellent la châtaigne. Les graines sont grillées, broyées; exprimées à l'eau froide elles fournissent une grande quantité d'huile d'un goût agréable, qui se fige déjà à vingt degrés Réaumur. A cet arbre très-utile aux indigènes de l'Afrique tropicale M. Don a imposé le nom de Bassia d'après la figure, qu'en a donnée Mungo Park. Jusque dans les derniers temps aucun voyageur n'en a rapporté des échantillons, et le célèbre voyageur Dr. Barth se borne à le mentionner sous le nom d'arbre à beurre. Les échantillons, très-beaux, bien que dépourvus de fruits, qu'a rapportés **l'expédition Tinnéenne**, font voir, que l'arbre des bords du Nil blanc et des régions voisines est identique avec celui que l'on rencontre sur les bords du Niger. MM. les capit. Speke et Grant ont trouvé cet arbre seulement sous le 3e degré lat. nord en décembre 1862; ils nous apprennent que les habitants enlèvent l'écorce épaisse, que le bois est trop dur pour pouvoir être travaillé avec des instruments de fer mou, que les fleurs répandent une odeur forte et narcotique, et qu'elles fournissent aux nombreuses mouches à miel une agréable nourriture.*

UTRICULARIEAE.

33. UTRICULARIA STELLARIS *Linn. fil.*

Suppl. p. 86. DC. Prodr. VIII. p. 3. Wight. Icon. pl. Ind. orient. IV. t. 1587. Oliv. in Journ. of Linn. Soc. IX. (1865) p. 146.

Inventa est florens ad flumen Wau in regno Djur in fontibus seris particulas continentibus m. Jan. 1864. Herb. Caes. Palat. Vindob. Exped. Tinn. n. 39.

A été trouvée en fleurs, au mois de janvier 1864, sur les rives du Wau, dans la province de Djur, dans les sources d'eau minérale. (Herbier de Vienne No. 39.)

CRESCENTIACEAE.

34. KIGELIA PINNATA *DC.*

Prodr. IX. p. 247. Seem. in Journ. of Bot. and Kew Gard. Misc. 1864. p. 277. Klotzsch. in Peters Mossamb. p. 195. Thoms. in Speke Source of the Nile, App. G, p. 642. Crescentia pinnata Jacq. Coll. III. p. 203. t. 18. Bignonia africana Lam. Dict. I. p. 424. Kigelia aethiopica Decsn. in Deless. Icon. V. p. 39. t. 93. A et B. Schweinf. Beitr. z. Fl. Aethiop. p. 97. Kigelia africana Benth. in Hook. Nig. Fl. p. 463. Kigelia abyssinica A. Rich. Tent. Fl. Abyss. II. p. 60.

Arbor dilatata et ad 60 pedes alta, fructus fert 1½ ped. longos diametri 2—3-pollicaris ex spice ramulorum pedunculis interdum semiorgyalibus pendentes; reperta est cum floribus et fructibus prope Roq. Herb. Caes. Palat. Vindob. Exped. Tinn. n. 38.

Arbre étalé, atteignant jusqu'à 60 pieds de haut; ses fruits, d'une longueur de 1½ pied, d'un diamètre de 2 à 3 pouces, sont suspendus à l'extrémité des rameaux, à des pédoncules parfois d'une toise et demie. Cueilli en fruits et en fleurs, près de Roq, par l'expédition Tinnéenne. (Herbier de Vienne No. 38.)

ACANTHACEAE.

35. NELSONIA TOMENTOSA *Willd.*

Spec. Ed. 2, I. p. 419. Anders. in Proceed. of Linn. Soc. VII. (1864) p. 20. Nelsonia canescens Nees in DC. Prodr. XI. p. 67. Hook. Nig. Fl. p. 477. A. Rich. Tent. Fl. Abyss. II. p. 140. Schweinf. Beitr. z. Fl. Aeth. p. 113.

Inventa ad ripam Albi Nili in locis limosis exsiccatis. Herb. Caes. Palat. Vindob. Exped. Tinn. n. 37.

Trouvée par l'expédition Tinn. dans des endroits limoneux desséchés sur la rive du Nil blanc. (Herbier de Vienne No. 37.)

HYDROLEACEAE.

36. HYDROLEA FLORIBUNDA *Kotschy et Peyritsch.*

TABULA IX B.

Glabra, caule inermi, foliis lineari-lanceolatis acuminatis acutis, floribus numerosis paniculam amplam corymbiformem constituentibus, calycis laciniis ovato-lanceolatis acuminatis vel acutis glabris, corolla calycem bis et dimidio superante, capsula glabra.

Crescit in stagnis interioris Africae ad ripas fluminis Djur propo Bongo sub 8. gr. bor. lat. 26. long. Paris. M. Decembri 1863 decerpsit Alexandrina Tinne. Herb. Caes. Palat. Vindob. Exped. Tinn. n. 31.

Croît dans les marais de l'Afrique centrale sur les rives du Djur, près de Bongo, sous le 8me degré de latitude nord et le 26me degré de longitude du méridien de Paris. Il fut cueilli en décembre 1863 par Mad. Alexandrine Tinn. No. 31.

Caulis herbaceus, glaber. Folia superiora et floralia (inferiora nobis non sunt visa) alterna, subsessilia, 1½—½-pollicaria, lineari-lanceolata, acuminata, utrimque acuta, integerrima, glabra. Cymae axillares, alternae, contractae, densiflorae, longipedunculatae, in paniculam corymbiformem, superne planam, semipedalem et ultra dispositae; paniculae rami erecto-patentes, foliis florallbus suffulti, nudi, inferiores 4—2-pollicares, superiores sensim breviores, surumi vix ½ poll. longi, interstitiis 1—½-poll. dissiti; omnes in summitate ra-

Tige herbacée, glabre; feuilles supérieures et florales (les inférieures nous font défaut) alternes, subsessiles, longues de 1½ à ½ pouce, linéaires-lancéolées, acuminées, aiguës aux deux bouts, entières, glabres. Cimes axillaires, alternes, contractées, densiflores, portées sur de longs pédoncules, disposées en une panicule corymbiforme, plane supérieurement, longue d'un demi-pied et au-delà; les rameaux de la panicule sont dressés-étalés, portés par les feuilles florales, nus; les inférieurs ont de 4 à 2 pouces de longueur, les supérieurs sont sensiblement plus courts; ils offrent à peine ½ pouce

mosi, ramis foliis floralibus suffultis plerumque tribus, subaequalibus, inferne nudis, superne floriferis. Flores cyanei pedicellati, pedicellis 2 lin. long., basi bibracteatis, fructiferis paulo longioribus; bracteae alternae, lineari-lanceolatae vel lineares, acuminatae, utrimque acutae, 2 vel 1 lin. longae, glabrae. Calyx usque ad basin quinquepartitus, persistens, laciniis 1⅓—1½ lin. longis, basi ⅓—¾ lin. latis, ovato-lanceolatis, acuminatis vel acutis, viridibus, margine tenuioribus et pallidioribus, quinquenervibus, aestivatione imbricatis. Corolla cyanea rotato-campanulata, tubo brevissimo, limbo quinquepartito patente, laciniis tres lin. longis, subovatis, obtusis, basi trinervibus, aestivatione imbricatis, nervo medio validiore, pinnatim ramoso, lateralibus (2 basilaribus) tri- vel quadrifurcatis. Stamina quinque, corollae tubo inserta, ejusdem laciniis alterna, 2 lin. longa, filamentis basi dilatatis, tum filiformibus, parte dilatata obcordata ⅓—¼ lin. longa et lata concava, antheris introrsis, lineam longis, basi sagittatis, dorso medio affixis, longitudinaliter dehiscentibus. Ovarium superum, ovoideo-oblongum, ¾ lin. longum, biloculare, ovulis plurimis, placentae crassae subhemisphaericae affixis. Styli duo, 1½ lin. longi, subfiliformes, versus apicem sensim latiores subcomplanati. Stigma depresso-capitatum, fere transverse oblongum. Capsula calyce cincta, subglobosa, 2 lin. longa, stylis coronata, membranacea, ex apice septifrage dehiscens. Semina permulta minima, angulata, placentae fungosae affixa, testa areolata fusca.

Hydrolea guincensi Choisy proxima.

Explicatio tabulae IX B. a) Flos, b) dissectus, quater c) alabastrum, 6^m auct., d) diagramma, e) corollae segmentum cum staminibus, extus s¹) intus, quater auct.; f) stamina ex alabastro, g) post anthesin; h) pistillum ovarii dempta pariete, i) ovarium transverso sectum, 8^m; k) fructus, l) dissectus, 6^m auctus.

de longueur, et sont séparés par des interstices de 1 à ½ pouce; à leur sommet ils sont rameux; les rameaux sont accompagnés de feuilles florales généralement au nombre de trois, presque de même grandeur; inférieurement ils sont dépourvus de feuilles, et les fleurs naissent à leur sommet. Fleurs bleu-azuré, pédicellées; les pédicelles longs de 2 lignes, sont garnis à leur base de bractées; fructifères, ils sont un peu plus longs; les bractées alternes, longues de 2 à 1 ligne, sont linéaires-lancéolées ou linéaires, acuminées, aiguës aux deux extrémités, glabres. Calice quinquépartite jusqu'à la base, persistant, à lobes de 1⅓ à 1½ ligne de long, de ½ à ¾ de ligne de largeur à leur base, ovales-lancéolés, acuminés ou aigus, verts, à bord plus mince et plus pâle, quinquénervés, à estivation imbricative. Corolle azurée, campanulée en roue, à tube très-court, à limbe quinquépartite, étalé; les lobes, de 3 lignes de long, sont subovales, obtus, trinervés à la base, à estivation imbricative; la nervure médiane est assez forte, penninervée, les deux latérales ou basilaires sont 3 ou 4 fois divisées. Étamines au nombre de cinq, insérées au tube de la corolle, alternes à ses lobes, longues de 2 lignes; filets élargis à la base, plus haut, filiformes; leur partie élargie est obcordée, longue et large de ½ à ¼ de ligne, concave. Anthères introrses, longues de 1 ligne, sagittées à la base, attachées au milieu par le dos, à déhiscence longitudinale. Ovaire supère, ovoïde-oblong, d'une longueur de ¾ de ligne, biloculaire, à plusieurs ovules attachés à un placenta épais, subhémisphérique. Styles au nombre de deux, longs de 1½ ligne, subfiliformes, successivement élargis vers le sommet, un peu aplatis. Stigmate en tête déprimée, presque oblong dans le sens transversal. Capsule entourée par le calice, presque globuleuse, longue de 2 lignes, terminée par les styles, membraneuse, à déhiscence septifrage à partir du sommet. Graines nombreuses, très-petites, anguleuses, attachées à un placenta fongeux; test brun, aréolé.

Cette espèce est très-voisine du Hydrolea guincensis Choisy.

Explication de la planche IX B. a) Fleur, b) coupée, 4 fois grossie; c) bouton floral, grossissement de 6; d) diagramme; e) portion de la corolle vue du dehors avec les étamines, s¹) vue du dedans, 4 fois grossie; f) étamines prises dans le bouton, g) les mêmes après l'anthèse; h) pistil après l'enlèvement de la paroi de l'ovaire; i) ovaire coupé transversalement, grossi 8 fois, k) fruit, l) le même coupé, grossissement de 6.

CONVOLVULACEAE.

87. IPOMOEA ASARIFOLIA *Roem. et Schult.*

Syst. Veg. IV. p. 251. Chois. in DC. Prodr. IX. p. 350. n. 8. Thoms. in Speke Source of the Nile App. G. p. 640.

TABULA X.

Caule prostrato angulato glabro, foliis sinu lato cordato-reniformibus emarginatis mucronulatis reticulato-venosis glabris, cymis pedunculatis 1—10-floris, pedunculo petiolum ut plurimum superante cum pedicellis glabro, calycis foliolis ovali-oblongis obtusissimis maiusculis, exterioribus brevioribus rugulosis, interioribus semipollicaribus tenuioribus, corolla purpurea magna.

Frequens in arenosis rupium et insularum Nili Albi locis, ramis funiformibus pluriorgyalibus in arena repentibus, ex axo foliorum ramulos origit multiflorus cymosos eosque admodum speciosus. Legit de Heuglin ad fluminis Bahr-Ghasal ripas. Herb. Caes. Palat. Vindob. Exped. Tinn. n. 34.

Frequent dans les sables des rochers et des îles du Nil blanc, il pousse des branches funiformes, longues de plusieurs toises, rampant dans les sables, et il produit, de l'aisselle de ses feuilles, des rameaux dressés en cimes multiflores, d'un bel effet. M. de Heuglin l'a cueilli sur les bords du Bahr-Ghasal, dans la province de Djur. (Herbier de Vienne No. 34.)

Caulis iuvenilis erectus, demum prostratus, funiformis, digiti crassitie, fasciculos e folio adulto, ramulo plus minus evoluto et pedunculo saepe compositos, internodiis pollicaribus vel multo longioribus segregatos emittens, sulcatus, striatus, glaber. Folia alterna, petiolata, sinu lato rotundato-cordato reniformia, petiolo, supra canaliculato 3—½ poll. longo, lamina 4—1½ poll. lata, 3—1 poll. longa, emarginata, mucronata, integerrima, saepe undulata, rarissime lobulis rotundatis sublobata, reticulato-venosa, glabra, nervo medio et lateralibus facie utroque prominentibus, nervulis

La jeune tige est droite, à la fin courbée, funiforme, de la grosseur du doigt; elle pousse, d'une feuille adulte, des fascicules formés souvent d'un rameau plus ou moins évolué et d'un pédoncule, séparés par des entre-noeuds d'un pouce ou d'une longueur bien plus considérable; elle est glabre, sillonnée-striée. Feuilles alternes, pétiolées, réniformes, à sinus largement cordiforme; pétiole canaliculé en-dessus, long de 8 à ½ pouce; limbe large de 4 à 1½ pouce, long de 3 à 1 pouce, échancré, mucroné, entier, souvent ondulé, offrant rarement quelques lobes arrondis, veiné-réticulé, glabre; la nervure médiane et les latérales font saillie sur les deux faces;

parallelis, subtus imprimis, sat conspicua, nervis lateralibus inferioribus utrimque 5—6 approximatis subdigitatim divergentibus, ceteris utrimque 2—3 inter se disiunctis, omnibus, excepto nervo medio, superne bifurcis aut dichotomis, versus marginem ascendentibus, arcuatim anastomosantibus. Cymae axillares, pedunculatae, 1—10-florae, corymbosae; pedunculus ¾—4-pollicaris, petiolis plerumque longior, teres, glaber; cymae rami abbreviati, usque 4—5 lin. longi, bractea suffulti; pedicelli 5—8 lin. longi, basi uni- vel bibracteati, superne paulum incrassati, glabri, bracteis omnibus lineam longis, ovatis, acutis, squamiformibus. Calyx pentaphyllus, liber, foliolis ovali-oblongis, obtusissimis, interdum emarginatis, mucronulatis; foliola 2—3 exteriora, crassiora, viridia, transverse rugulosa, 4 lin. longa, 2 lin. lata; interiora 3—2, versus marginem sensim tenuiora et membranacea, 7 lin. longa, 8 lin. lata. Corolla 2¼ poll. longa, tubuloso-campanulata, purpurea, limbo quinquelobulato, lobulis obtusis apiculatis, apiculo obtuso emarginato, stria virescente trinervi in tubum decurrente, percursis. Stamina quinque, laciniis corollae alterna, inaequilonga, tria minora fere aequalia circiter 6 lineas longa, duo subaequalia aut inaequalia 10 lineas usque pollicem longa; filamenta filiformia, basi puberula; antherae supra basin bifidam dorso insertae, oblongae. Ovarium disco brevi insidens, globosum, lineam altum, biloculare, loculis biovulatis, ovulis angulo centrali basi affixis, anatropis. Stylus cylindricus, 10 lin. longus; stigmata duo capitata. Capsula (immatura) globosa, calyce cincta.

nervures parallèles, assez fortement accusées, en-dessous surtout; les nervures latérales inférieures rapprochées de part et d'autre au nombre de 5 ou 6, à divergence subdigitée; les 2 ou 3 autres assez éloignées les unes des autres; toutes, la nervure médiane exceptée, sont bifurquées ou dichotomes vers le haut, ascendantes vers le bord et en anastomoses arquées. Cimes axillaires, pédonculées, formées par 1 à 10 fleurs corymbées; pédoncule de ¾ à 4 pouces, ordinairement plus long que le pétiole, térète, glabre; les branches raccourcies de la cime sont longues de 4 à 5 lignes, étayées par une bractée; pédicelles de 5 à 8 lignes, portant à leur base 1 ou 2 bractées, un peu épaissis supérieurement, glabres; toutes les bractées sont longues de 1 ligne, ovales, aiguës, squamiformes. Calice pentaphylle, libre, à folioles ovales-oblongues, très-obtuses, quelquefois échancrées, mucronulées; les deux ou trois extérieures sont épaissies, vertes, légèrement rugueuses transversalement, longues de 4 et larges de 2 lignes; les 3 ou 2 intérieures, s'amincissant successivement vers le bord, sont membraneuses, longues de 7 et larges de 8 lignes. Corolle de 2½ pouces, tubuleuse-campanulée, pourpre; son limbe est divisé en 5 lobes obtus, descendant dans le tube et portant un apicule obtus, émarginé; stries verdâtres trinervées. Étamines au nombre de 5, alternes aux lobes de la corolle, de longueur inégale; les 3 plus petites sont presque de longueur égale, d'environ 6 lignes; les deux autres, plus ou moins inégales, sont de 10 à 12 lignes; filets filiformes, légèrement pubescents à la base; anthère oblongue, insérée par son dos au-dessus de sa base bifide. Ovaire implanté sur un disque court, globuleux, large de 1 ligne, biloculaire, à loges biovulées; ovules attachés par la base à l'angle central, anatropes. Style cylindrique long de 10 lignes; deux stigmates capités. Capsule (jeune) globuleuse, entourée par le calice.

Explicatio tabulae X. a) Calyx cum pistillo, duplo auctus, b) sepalum externum, c) internum, ter auctum, d) corolla explanata, magnitudine naturali; e) stamina maiora et minora, triplo aucta, f) pistillum, duplo auctum, g) ovarium disco cinctum, h) ovarium long. dissect., 8va auct., i) transverse sectum, 12in, k) gemmula, l) stigma, quater auct., m) capsula nondum matura, n) transverse secta, o) semen.

Explication de la planche X. a) Calice avec le pistil, 2 fois grossi; b) sépale extérieur, c) intérieur, 3 fois grossi; d) corolle étalée, de grandeur naturelle; e) étamines, grandes et petites, 3 fois grossies; f) pistil de grandeur double; g) ovaire entouré du disque; h) ovaire coupé longitudinalement, grossissement de 6; i) le même coupé transversalement, grossissement de 12; k) gemmule, l) stigmate, grossi 4 fois; m) capsule non encore mûre, n) coupée transversalement; o) graine.

88. IPOMOEA OBSCURA *Chois.*

in DC. Prodr. IX. p. 370. n. 145. A. Rich. Tent. Fl. Abyss. II. p. 69. Schweinf. Beitr. z. Fl. Aeth. p. 95. Bot. Mag. t. 239.

Ad Bongo in Aethiopum provincia Djur in apertis lucorum locis creberrima, ornata est floribus subflavis, gignitque tubera, quibus incolae in victum utuntur. Legit de Heuglin Decemb. 1863. Herb. Caes. Palat. Vindob. Exped. Tinn. n. 38.

Croît abondamment dans les clairières, près de Bongo dans la province éthiopienne de Djur, et fournit des tubercules dont les indigènes se servent pour leur nourriture. Il porte de belles fleurs jaune-clair. Cueilli par M. de Heuglin en décembre 1863. (Herbier de Vienne No. 38.)

89. BREWERIA MALVACEA *Kl.*

in Peters Mossamb. 245. t. 37. Thoms. in Speke Source of the Nile, App. G, p. 641. Schweinf. Beitr. z. Fl. Aeth. p. 92.

Ad Dembo in Aethiopum provincia Djur flores caeruleo-violascentes ferentem decerpsit de Heuglin m. Decembri 1863. Herb. Caes. Palat. Vindob. Exped. Tinn. n. 49.

Près de Dembo, dans la province éthiopienne de Djur, où il fut cueilli, en décembre 1863, par M. de Heuglin en fleurs cérulé-violacé. (Herbier de Vienne No. 49.)

VERBENACEAE.

40. CLERODENDRON CORDIFOLIUM *A. Rich.*

Tent. Fl. Abyss. II. p. 170.

In vicinia originum Bahr-Ghasal crescentem legit de Heuglin. Herb. Caes. Palat. Vindob. Exped. Tinn. n. 82.

Habite à proximité des sources du Bahr-Ghasal, où il fut cueilli par M. de Heuglin (Herbier de Vienne No. 82.)

Calyx tubuloso-campanulatus bilabiatus decemnervis, labiis aequalibus integris, demum inflatus ovoideus reticulato-venosus bivalvis. Corolla tubulosa bilabiata, tubo in faucem sensim ampliato, labio superiore subpatente recurvo integro, inferiore patente convexo trilobo, lobo medio maiore. Stamina 4, didynama, corollae tubo aequaliter inserta, e tubo exserta; filamenta carnosa, paulum complanata, torta, apice inflexa, infra insertionem appendiculata, appendicibus hirsutis; antherae biloculares, loculis basi divergentibus, rima longitudinaliter hiante dehiscentibus. Ovarium disco insidens, quadrilobum, tuberculatum, tuberculis demum valde excrescentibus, lobis unilocularibus uniovulatis. Ovula medio loculi ad angulum centralem inserta, pendula, hemianatropa. Stylus inter ovarii lobos longe exsertus; stigma subintegrum obliquum acutum. Schizocarpium in cocca quattuor (vel abortu pauciora) secedens, coccis bilocellatis, dorso versus marginem setosis, setis marginalibus longioribus superne plumosis, locello uno vacuo. Semina exalbuminosa compressa obovata, testa membranacea infra radiculam filiformiter producta, raphe in facie ventrali brevissima longitudinali in chalazam subapicalem prominulam desinente. Embryo orthotropus, cotyledonibus crassiusculis, radicula infera tereti, plumula vix conspicua.

Frutex aethiopicus resinifer, foliis oppositis vel ternis simplicibus, membranaceis, resinoso - punctatis, penninervibus, floribus axillaribus solitariis vel binis bibracteolatis, interdum cymosis, coloratis.

Genus Verbenacearum singulare, fructu in cocca quattuor secedente et ovulorum situ Caryopterideis adnumerandum.

In memoriam **expeditionis Tinneanae** *dictum.*

41. TINNEA AETHIOPICA *Kotschy et Peyritsch.*

TABULA XL

Frutex orgyalis et ultra, dense ramosus, resinifer, corpusculis vitreis obsitus. Rami ramulique quadranguli, pilis brevibus adpressis subscabri, ramuli patentes stricti, iuniores incano-tomentosi. Folia 4 lin. usque pollicem longa, 3—5 lin. lata, opposita vel terna, breviter petiolata, ovata vel ovato-lanceolata, basi acuta, apice obtusa, mucronata, integerrima, utrinque minutissime resinoso — in sicco impresso — punctata, subtus pallidiora, nervo medio pubescente prominento, lateralibus parum conspicuis; in plantae cultae turionibus uberioribus primo anno floriferis cum petiolo 6—8 lin. longo tripollicaria et ultra, interdum plus quam pollicem lata, basi et apice saepe angustata, internodiis 2—2½ poll. dissitis, hinc inde dento mucronato instructa; floralia sensim breviora, caulinis similia. Flores gratissimum odorem Violae spargentes solitarii vel bini axillares, secundi, versus apices ramulorum racemosi vel in ramulis brevibus rariores, declinati, breviter pedicellati; pedicelli 2 lin. longi, bibracteolati, scabridi, bracteis minutis angustissimis; in planta culta cymae breviter pedunculatae tri — uniflorae, flores bracteis binis lanceolatis acutis usque tres lin. longis suffulti, pedicellis 2—4 lin. long. gracillimis. Calyx bilabiatus, persistens, corpusculis resinosis minimis parce conspersus, utroque latere stria prominente saturate viridi percursus, demum in hac linea usque ad basin fissus; florifer in alabastro a dorso valde compressus, versus apicem complanatus et latior, sub anthesi tubuloso-companulatus, puberulus, 5 lin. longus, 3 lin. latus, tubo 3 lin. longo decemnervi, labio utroque aequali integerrimo, apice rotundato lineam longo, 2½ lineas lato; fructifer vesiculosus, nutans, fructum laxe ambiens, subscariosus, bivalvis, valvis aequalibus 9 lin. longis in medio 5½ lin. lutis apice 3¼ lin. latis, ore hians, pallide virescens, reticulato-venosus, leviter puberulus, striis decem parallelis sat perspicuis. Corolla calyce duplo longior, obscure rubro-fusca, extus parce puberula, intermixtis punctis resinosis; eiusdem tubus calyci aequilongus, in faucem sensim ampliatus; labium superius inferiore triplo brevius subpatens, recurvum, apice rotundatum, emarginatum, praefloratione labium inferius obtegens, inferius valde convexum, tri-

Arbuste de 6 pieds et au-delà, à rameaux touffus, résinifères, couverts de corpuscules vitrés. Branches et rameaux quadrangulaires, un peu rades par la présence de poils courts appliqués; rameaux étalés droits; les jeunes sont tomenteux. Feuilles longues de 4 lignes à 1 pouce, larges de 3 à 5 lignes, opposées ou ternées, brièvement pétiolées, ovales ou ovales-lancéolées, aiguës à la base, à sommet obtus, mucroné, entières, couvertes sur les deux faces de très-petites ponctuations résineuses, imprimées sur le sec; en-dessous, elles sont plus pâles; la nervure médiane pubescente fait saillie; les latérales sont peu perceptibles; sur les jets vigoureux de la plante cultivée, fleurissant dès la première année, les entre-noeuds sont de 2 à 2½ pouces, les feuilles, avec le pétiole de 6 à 8 lignes, offrent une longueur de 3 pouces et davantage, et une largeur parfois de plus d'un pouce; elles sont souvent rétrécies aux deux bouts, çà et là on y voit une dent mucronée; les feuilles florales se raccourcissent successivement et sont semblables à celles de la tige; les fleurs répandent l'odeur de la violette, sont solitaires ou deux à deux, axillaires, unilatérales, placées en grappes vers le sommet des rameaux, ou en moindre nombre sur les rameaux courts, déclinées, portées sur des pédicelles de 2 lignes de long, munis de deux bractéoles, un peu rudes; bractées petites et fort étroites; la plante cultivée porte des cimes brièvement pédonculées de 3—1 fleur, accompagnées de deux bractées lancéolées, aiguës, jusqu'à trois lignes de longueur, les pédicelles de 2 à 4 lignes, sont très-grêles. Calice bilabié, persistant, parsemé de corpuscules résineux, parcouru des deux côtés par une strie proéminente, vert-foncé; plus tard il se fend entièrement dans la direction de cette strie. A la préfloraison, il est comprimé fortement au dos; vers le sommet, il est aplati et élargi. Pendant la floraison, le calice est tubuleux-campanulé, pubescent, long de 5 et large de 3 lignes; tube long de 3 lignes, offrant 10 nervures; les deux lobes sont égaux, entiers, à sommet arrondi, longs de 1 ligne, larges de 2½ lignes; fructifère, le calice vésiculeux, penché, entourant lâchement le fruit, est presque scarieux, à deux valves égales, long de 9 lignes, large en milieu de 5½ lignes, au sommet de 3¼ lignes, à sa gorge, il est ouvert, vert-pâle, réticulé-veiné, légèrement pubescent, à 10 raies parallèles, assez fortement accusées. Corolle de la longueur double du calice, rouge brun-foncé, légèrement pubescente en dehors, parsemée de ponctuations résineuses; son tube est à peu près de la longueur du calice, un peu élargi à la gorge; la lèvre supérieure n'atteint que le tiers de la longueur de l'inférieure; elle est presque ouverte, émarginée, arrondie à son sommet; à la préfloraison, elle recouvre

lobum, lobis lateralibus subrotundis 2 lin. longis, ante anthesin porrectis, post anthesin reflexis, intermedio 3 lineas longo et lato, concavo, rotundato, emarginato, praefloratione lateralibus obtecto. Stamina 4, inaequilonga, medio tubo corollae aequaliter inserta, ascendentia, longiora labium superius paulo excedentia; filamenta paulum complanata, carnosa, sursum aliquanto latiora, infra bases breviter adnatas appendiculata, appendicibus barbatis, in staminibus anticis (maioribus) geminis, latere affixis, in staminibus posticis solitariis, supra insertionem inter se basi volubilia, margine late villosula, extus lateraliter sparse, intus parce glanduloso-pilosa, superne flava et inflexa, in staminibus anticis fere circinatim involuta; antherae filamentorum anfractus continuantes, subreniformes, in staminibus anticis filamenti latitudine, violaceae. Pollinis granula ellipsoidea, utrimque obtusa, membrana externa plicis tribus tota longitudine percursa, humectata tumida globosa. Ovarium disco latiore leviter quadrisulcato, latae basi insidens, 3/4 lin. altum, quadrilobum, minute tuberculatum, lobis rotundis non arcte cohaerentibus uniovulatis; ovula subcylindrica, funiculis brevibus, angulo centrali sub insertione crassiori inserta, micropyle infera; angulo centrali in quovis loculo utroque latere gemmulae granulis biserialibus munito. Stylus ovarii superiore triente oriens, stamina aequans, gracilis, inferne tenuissimus, superne paulum latior; stigma declive papillosum, basi protuberantia minuta praeditum. Schizocarpium calyce fructifero duplo brevius, facillime in cocca 4 dehiscens; cocca carpophoro pyramidali 1/2 lin. longo insidentia, 4 1/2 lin. longa, 3 lin. lata, stipitata, stipite subtereti leviter curvato cavo lineam longo, oblonga, dorso convexa, medio tuberculata, versus marginem setosa, facie interna convexa laevia, sub apicem fossula longitudinali percursa, per areolam commissuralem excavatam bilocularia, loculo seminifero maiore, intus punctis resinosis conspersa; setae radiantes versus ambitum sensim longiores, extremae lineam longae apice longiuscule pilosulae, plumulis laxe intertextis. Semen obovatum, planum, 3/4 lin. latum, cum processu filiformi 2 lin. longum; testa tenuis, flavida, infra radiculam in filum tenuissimum, fistulosum, semini aequilongum, stipiti cavo impositum producta; raphe in medio faciei ventralis testae brevissima paulumque prominens, non solubilis, in chalazam subapicalem mamilliformem inframarginalem nigrescentem desinens. Embryo testa duplo brevior.

In regione silvatica ad Bongo in Aethiopum provincia Djur 8. gradu septentr. lat. ab Albo Nilo occidentem versus hunc fruticem, interdum octo pedes altum, prima detexit nobilissima virgo Alexandrina Tinne, eumque propter flores violae odorem imitantes 'fruticem violae' dixit. Ex seminibus ad cl. Joannem Tinne in Britanniam missis in eius plantariis hypocausticis plantas laetissimas et flores et fructus ferentes esse procreatas, et ad haec ipsa viva exemplaria nobiscum communicata descriptionem et delineationem a nobis esse exhibitam, iam supra in Procemio monuimus. Eundem fruticem, ut ibidem significavimus, paulo post centuriones Speke et Grant in Madi provincia 3° 15' septentr. lat. invenerunt. (v. Thomson in 'Journal of the discovery of the source of the Nile, by H. Speke', Append. G, p. 645.) Exemplar, quod de Heuglin m. Novembri a. 1863 decerpsit, inest Herb. Caes. Palat. Vind. Exp. Tinn. a. 86.

Explicatio tabulae IX. 1) Segmentum caulinum, 2) folii pars facie utraque, 3) apex folii, omnia sexies aucta, a) flos triplo maior, b) dissectus, c) calyx florifer, d) fructifer duplo auctus, e) corolla cum staminibus explanata; f) stamen maius et minus sexies, g) antherae vi porrectae duodecies auctae, h) pistillum sexies, i) ovarium cum disco, k) ex vertice 12ies, l) longitudine sectum, m) transverse sectum 18ies auctum, n) styli pars superior cum stigmate 18ies, o) fructus cum calycis valva postica, duplo maior, p) fructus sub dehiscentia auctus, q) cocca facie interna et externa quadruplo maiora, r) coccum longitudine, s) transverse sectum octies maius, t) setae cocci marginales vicies auctae, u) semen, v) embryo quadruplo maior.

la lèvre inférieure, qui est fortement convexe, trilobée, à lobes latéraux presque arrondis, longs de 2 lignes; dressée avant l'anthèse, et après réfléchie; à lobe moyen, long et large de 3 lignes, concave, arrondi, échancré, recouvert à la préfloraison par les lobes latéraux. Étamines au nombre de 4, de longueur inégale, insérées également au milieu du tube, de la corolle, ascendantes; les plus longues dépassent quelque peu la lèvre supérieure; filets aplatis, charnus, quelque peu plus larges vers le haut, portant au-dessous du fond des appendices barbus, qui, sur les étamines jumelles antérieures plus grandes, sont fixés latéralement; sur les étamines postérieures solitaires, ils sont volubiles entre eux à la base, au-dessus du point d'insertion, largement villeux au bord; extérieurement, ils portent sur les côtés des poils glanduleux épars; intérieurement, ces poils sont peu nombreux; à leur partie supérieure les filets sont jaunes, infléchis; ceux des étamines antérieures sont enroulés presque en spirale. Anthères subréniformes, continuant les anfractuosités des filets; sur les étamines du devant, elles offrent la longueur des filets et sont violacées. Les grains polliniques sont ellipsoïdes, obtus des deux côtés; leur membrane extérieure est parcourue, sur toute sa longueur, de trois plis; humectés ils s'enflent et deviennent globuleux. Ovaire à disque large, parcouru par quatre petits sillons, à base large, haut de 3/4 de ligne, quadrilobé, légèrement tuberculeux, à lobes arrondis, faiblement cohérents, uniovulés. Ovules subcylindriques, à funicules courts, insérés à l'angle central, plus épais sous l'insertion; micropyle infère; l'angle central contient, dans chaque loge et des 2 côtés de la gemmule, des granules bisériés. Le style, naissant au tiers supérieur de l'ovaire, est aussi long que les étamines; il est grêle, ténu inférieurement, plus large un peu plus haut; stigmate papilleux dans la déclivité, portant à sa base une petite protubérance. Cloison du fruit deux fois plus courte que le calice fructifère, se délitant très-facilement en 4 coques avec un carpophore en pyramide de 1/2 ligne de longueur; ces coques de 4 1/2 lignes de longueur sur 3 lignes de largeur, sont stipitées, à stipe cylindrique, légèrement courbé, creux, long de 1 ligne, oblong, à dos convexe, tuberculeux au milieu; coques sétenses vers le bord; à la face intérieure, elles sont convexes, lisses; vers le haut, elles sont parcourues par une fossette longitudinale, biloculaires par la présence d'une aréole commissurale excavée, biloculaire; la loge séminifère est plus grande; les soies rayonnant vers le bord deviennent successivement plus longues; les extérieures sont de la longueur de 1 ligne, couvertes au sommet de poils entremêlés lâchement de plumules. Graine obovale plane, large de 3/4 de ligne, longue de 2 lignes, y compris son prolongement filiforme. Test mince, jaunâtre, prolongé au-dessous de la radicule en un fil très-mince, fistuleux, de la longueur de la graine, implanté sur un support creux. Le raphé très-court proémine légèrement à la face ventrale au milieu du test, et ne s'en détache pas; il est terminé par une chalaze presque apicale, mamelonnée, inframarginale, noirâtre. Embryon deux fois plus court que le test.

Se trouve dans un pays couvert de forêts près de Bongo, dans la province éthiopienne de Djur, sous le 8me degré de latitude nord, à l'ouest du Nil blanc; il constitue des arbustes atteignant jusqu'à 8 pieds de haut. Mlle. Alexandrine Tinne a découvert cet arbuste qu'elle a appelé arbuste à violette, à cause de l'odeur de ses fleurs. Des graines qu'elle a envoyées à M. John Tinne, en Angleterre, ont produit dans ses serres des plantes qui ont donné des fleurs et des fruits magnifiques. C'est sur ces échantillons vivants, qui nous ont été communiqués, qu'il nous a été permis d'en faire la description, et de donner les caractères mentionnés plus haut. Peu après MM. les capitaines Speke et Grant ont trouvé cet arbuste dans la province de Madi sous le 8° 15' de latitude nord. (v. Thomson, 'Journal of the discovery of the source of the Nile, by H. Speke', Append. G, p. 645). L'échantillon cueilli par M. de Heuglin en novembre 1863, se trouve dans l'Herbier de Vienne, No. 86.

Explication de la planche IX. 1) Portion de la tige; 2) la feuille vue des deux faces; 3) sommet de la feuille: ces trois figures sous un grossissement sextuple. a) fleur trois fois grossie, b) la même coupée longitudinalement; c) calice florifère, d) calice fructifère grossi du double; e) corolle étalée avec les étamines, f) grande et petite étamine, grossissement de 6, g) anthères, dressées, grossissement de 12; h) pistil grossi 6 fois, i) ovaire avec le disque, k) ovaire vu d'en haut, 12 fois grossi, l) ovaire coupé longitudinalement, m) ovaire coupé transversalement, grossissement de 18; n) partie supérieure du style avec le stigmate, grossissement de 18; o) fruit avec la valve postérieure du calice de grandeur double; p) fruit grossi lors de sa déhiscence; q) les coques vues sur les 2 faces, 4 fois grossies, r) coque coupée dans le sens de la longueur, s) la même coupe transversalement, 8 fois grossies, t) soies du bord de la coque, grossissement de 20; u) graine, v) embryon sous un grossissement quadruple.

42. VITEX CIENKOWSKII *Kotschy et Peyritsch.*

TABULA XII.

Arbor, apicibus ramulorum cum inflorescentiis tenuiter flavido-fusco-tomentosis, foliis petiolatis 5—7-foliolatis, foliolis obovato-oblongis acutis vel obtusis basi attenuatis supra nitidis infra glabratis, cymis axillaribus folio duplo brevioribus 5—7[ies] dichotomis subcorymbosis, floribus flavido-fuscis tomentellis.

Crescit ad confluentiam Nili Albi et Bahr-Ghasal prope Meschra-Req, ubi florentem legit de Heuglin m. April 1863. Herb. Caes. Palat. Vindob. Exp. Tinn. n. 43. Supra Fassoglu ad Kassan 19. April 1848 legit Dr. Cienkowski. (n. 64.)

Arbor excelsa, speciosa, cortice subcano tenui. Ramuli tetragoni, diametro trium linearum, longitudinaliter quadrisulcati, sulcis foliorum basi utrimque decurrentibus, adulti glabri fuscescentes, gemmiferi flavido-fuscescentes subtomentosi, intus valde medullosi. Folia opposita, digitata, internodiis bipollicaribus et ultra dissita, petiolata; petiolus 1½—5 poll. long., semiteres, supra canaliculatus, fuscus; foliola 5—7, petiolulata, petiolulo ⅓—¾ poll. longo fusco, obovato-oblonga vel obovata, acuta, rarissime obtusa, basi attenuata, integerrima, margine subrevoluta, coriacea, cum petiolulo 5—2 poll. longo, 2—1 poll. lato, medium lateralibus longius, infima saepe vix semipollicaria, omnia superne laete viridia nitida, nervo medio impresso, glabra, inferne pallidiora, rete sub lente pube minutissima conspersum, nervo medio valido, lateralibus utrimque 6—11, oppositis fere vel alternis, prominentibus, versus marginem arcuatim anastomosantibus.

Cymae pedunculatae, folio duplo breviores, repetito 5—7-dichotomae, laxae, multiflorae, superne planae, pedunculo 1½—3-pollicari striatulo fusco, multo quam petiolus debiliore, ramis divaricatis, 6—2 lin. long., diametro semilineari, florum delapsorum cicatricibus orbicularibus in dichotomia sublateraliter notatis, striatulis, tomento tenui flavido-fuscescente obtectis.

Flores in dichotomia subsessiles vel brevissimo pedicello, externi breviter pedicellati, bracteati; bracteae lineares, lineam longae, tomentosae, deciduae. Calyx basi bibracteolatus, bracteolis ¼ lin. longis, tubuloso-campanulatus, subtruncatus, quinquedentatus, 1—1½ lin. long., extus fusco-tomentosus, persistens, leviter demum auctus. Corolla calyce exserta, 4 lin. long., bilabiata, extus tenuiter flavide fusco-tomentosa; ejusdem tubus paulum curvatus, inferne cylindricus, parte cylindrica vix lineam longa, sensim in faucem, annulo piloso praeditam, 1½ lin. latam, campanulatam transiens; labium superius bifidum, erectum, laciniis erectis, ovatis, subfornicatis, obtusis, ⅔ lin. long., post anthesin, ut videtur, patentissimis, paulum reflexis, inferius trifidum, lobo medio late ovali, porrecto, intus in fauce barbato, 1½ lineam longo, lobis lateralibus duplo minoribus, ovatis, obtusis, patentibus. Stamina 4, didynama, corollae fauci 1½ lin. supra basin inserta, filamentis fere 2 lin. long., ascendentibus, filiformibus, basi barbatis, antheris cordato-reniformibus, bilocularibus, longitudinaliter dehiscentibus. Ovarium lata basi sessile, ovoideum, a medio versus stylum pilosum, quadriloculare, loculis uniovulatis, ovulis supra medium angulo centrali insertis, pendulis, amphitropis, funiculis brevibus. Stylus lateralis basi subincurvus, inferne pilosus, erectus. Stigma bilobum, lobis supra papillosis. Drupa juvenilis calyce inclusa.

Proximus Vitici Chrysomallo Steud.

Explicatio tabulae XII. a) flos post anthesin 6[ies] auctus, b) facie postica, c) dissectus; d) alabastrum, e) corollae pars superior facie an-

Croît au confluent du Nil blanc et du Bahr-Ghasal près de Meschra-Req, où il fut cueilli, en fleur, en avril 1863 par M. de Heuglin. (Herbier de Vienne No. 43.) Le Dr. Cienkowski l'a trouvé, le 19. avril 1848, près de Kasan, dans le Fassoglu. (No. 64.)

Arbre beau et élevé, à écorce grisâtre, mince; rameaux quadrangulaires d'un diamètre de 3 lignes, parcourus dans le sens de la longueur par 4 sillons décurrents des 2 côtés de la base des feuilles; adultes, ils sont glabres, brunâtres; les gemmipares sont brun-jaunâtre, subtomenteux, richement pourvus de moelle intérieurement; feuilles opposées, digitées, à mérithalles de 2 pouces et au-delà, portées sur des pétioles de 1½ à 5 pouces, semitérètes, canaliculées supérieurement, bruns; folioles au nombre de 5 à 7, à pétiolules longs de 4 à 9 lignes, bruns; ces folioles sont obovales-oblongues ou obovales, aiguës, très-rarement obtuses, atténuées à la base, entières, un peu révolutées sur les bords, coriaces, mesurant avec le pétiolule 5 à 2 pouces de long et 2 à 1 pouce de large; la foliole moyenne est plus longue que les latérales; les inférieures sont souvent à peine de ½ pouce; à leur face supérieure, toutes sont d'un vert vif, luisantes; nervure centrale imprimée, glabre; endessous, elles sont pâles (à la loupe on croit voir une pubescence réticulée très-faible); nervure principale fortement accusée, les latérales, au nombre de 6 à 11 de chaque côté, sont presque opposées, ou alternes, saillantes, vers le bord, elles s'anastomosent en arc.

Cimes pédonculées, doublement plus courtes que les feuilles, 5 à 7 fois dichotomes, lâches, multiflores, planes au-dessus; pédoncules de 1½ à 3 pouces, légèrement striés, bruns, bien plus faibles que le pétiole; leurs ramifications sont divariquées, longues de 6 à 2 lignes, du diamètre de ½ ligne et portent les traces des fleurs tombées, sous forme de cicatrices orbiculaires, un peu latéralement à leur dichotomie; ils sont légèrement striés, recouverts d'un tomentum brun-jaunâtre, peu touffu.

Fleurs presque sessiles dans la dichotomie, ou à pédicelles très-courts, les extérieures sont brièvement pédicellées, munies de bractées linéaires, longues de 1 ligne, tomenteuses, décidues. Calice portant à sa base deux bractéoles de ½ ligne de long, tubuleux-campanulé, presque tronqué, terminé par 5 dents, long de 1 à 1¼ ligne, brun-tomenteux extérieurement, persistant, à la fin légèrement accrescent. Corolle dépassant le calice, longue de quatre lignes, bilabiée, extérieurement elle est recouverte d'un tomentum brun-jaunâtre; le tube, légèrement courbé, est cylindrique inférieurement sur une longueur d'à peine une ligne et passe en se dilatant insensiblement dans la gorge, entourée d'un anneau villeux, large de 1½ ligne, campanulée; la lèvre supérieure est bifide, dressée, à lobes ovales droits, un peu voûtés, obtus, longs de ⅔ de ligne; après l'anthèse, à ce qu'il semble, ces lobes sont très-étalés, un peu réfléchis; à la lèvre inférieure qui est trifide, le lobe moyen est large, ovale, étendu, barbu intérieurement à la gorge, long de 1½ ligne; les latéraux sont de moitié plus petits, ovales, obtus, étalés. Étamines au nombre de quatre, didynames, insérées à la gorge de la corolle, à 1½ ligne au-dessous de sa base. Filets longs de près de 2 lignes, ascendants, filiformes, barbus à la base; anthères cordées-réniformes, à deux loges, s'ouvrant longitudinalement. Ovaire sessile sur une large base, ovoïde, poilu à partir du milieu vers le style, quadriloculaire, à loges uniovulées; ovales attachés au-dessus de leur milieu à l'angle central, suspendus, amphitropes, à funicules courts. Style latéral, un peu incurvé à la base, poilu inférieurement, dressé; stigmate bilobé, à lobes papilleux supérieurement. Le jeune drupe est inclus dans le calice.

Cette espèce offre une grande affinité avec le Vitex Chrysomallum Steud.

Explication de la planche XII. a) fleur après son épanouissement, grossie 6 fois; b) la même vue de derrière, c) la même coupée; d) bouton floral; e) partie supérieure de la corolle, vue de devant; toutes ces figures sous un

GENTIANEAE.

48. LIMNANTHEMUM NILOTICUM *Kotschy et Peyritsch.*

TABULA IX A.

Foliis cordato-orbiculatis palmatim 5—7-nervibus utrimque ad nervos imprimis subtus punctato-asperiusculis, calycis laciniis bis et dimidio quam corolla brevioribus lanceolato-oblongis obtusis, corollae segmentis margine fimbriatis intus ad basin squamula subsessili rotundata plumoso-fimbriata auctis, stylo abbreviato, stigmate bilobo, lobis lobulatis, capsula polysperma (7—10), seminibus subcompresso-globosis carinatis muricatis.

Crescit apud Bongo in flumine Djur, qui in Nilum influit; ibi m. Decembri 1863 legit de Heuglin. Herb. Caesar. Palat. Vindob. Exp. Tinn. n. 85.

Croît dans le Djur, affluent du Nil, près de Bongo, où il fut cueilli en décembre 1863 par M. de Heuglin. (Herbier de Vienne No. 85.)

Herba natans. Caules tenues, nudi, angulati, florum et foliorum iuniorum fasciculum emittentes. Folia petiolata, 1—1½-pollicaria, cordato-orbiculata, subpeltata, integerrima, palmatim 5—7-nervia, supra nitida, utrimque ad nervos imprimis subtus punctato-asperiuscula, petiolo lamina breviore, cauli, quem continuare et quasi terminare videtur, aequicrasso, basi dilatato, marginibus membranaceis, tenuibus, 1½ lin. long., ½ lin. lat., semivaginam efficiente. Flores in fasciculo 4—7, pedicellati, basi bracteati, lutei; fasciculi sessiles, basi petioli vaginula cincti; pedicelli 1—1¾ poll. longi, graciles, post anthesin deflexi; bracteae lineares, acutae, 1½—2 lin. longae. Calyx quinquepartitus, herbaceus, laciniis lanceolato-oblongis, 1½ lin. longis, obtusis, trinervis, glabris. Corolla 5-fida, lutea, 5 lin. longa; eiusdem tubus infundibuliformis, calycem subaequans; laciniae patentes, oblongae, obtusae, margine tantum fimbriatae, trinerves, nervo medio ad basin laciniarum glandula solitaria, basi affixa, subsessili, suborbiculari, ambitu dense fimbriata instructo, fimbriis densis, biserialibus, glandulae diametro, nervis lateralibus ad marginem filamenti tubo staminum adnati decurrentibus. Stamina 5, corollae laciniis alterna, 1½ lin. longa filamentis summo tubo insertis, in tubum decurrentibus, filiformibus; antheris (in sicco caerulescentibus) oblongis, basi sagittatis, supra basin bifidam affixa, post anthesin paulum tortis. Glandulae 5, hypogynae, staminibus alternae, truncatae, apice latiores, fimbriatae, aurantiacae, ⅙ lin. longae, ¼ lin. latae. Ovarium ovoideo-oblongum, in stylum fere attenuatum, ovulis duabus, placentis parietalibus nerviformibus biseriatim affixis. Stylus crassus, ½ lin. longus. Stigma subquadrilobum. Fructus indehiscens, globosus, calyce cinctus eumque exaequans, stylo coronatus, membranaceus, deinde maceratione se aperiens. Semina 7—10, subcompresso-globosa, diametro ¾ lin.; testa flavescens, muricata, ambitu argute carinata, raphe prominula.

Herbe natante. Tiges ténues, anguleuses, nues, portant des faisceaux de fleurs et de jeunes feuilles. Feuilles pétiolées, de 1 à 1½ pouce, circulaires en coeur, presque peltées, entières, portant 5 à 7 nervures palmées, brillantes en-dessus; sur les deux faces, principalement sur l'inférieure, elles sont garnies de ponctuations scabriuscules; le pétiole, plus court que le limbe, de la grosseur de la tige dont il est la continuation et qu'il termine en quelque sorte, est élargi à la base; ses bords sont membraneux, minces, longs de 1½ ligne, larges de ½ ligne, semi-vaginants. Fleurs au nombre de 4 à 7, réunies en faisceaux, jaunes, pédicellées, portant des bractées à leur base; faisceaux sessiles, entourés d'une vaginule à la base du pétiole; pédicelles de 1 à 1¾ pouce, grêles, défléchis après l'anthèse; bractées linéaires, aiguës, longues de 1½ à 2 lignes. Calice quinquépartite, herbacé, à lobes lancéolés-oblongs, de 1½ de ligne de long, obtus, trinervés, glabres. Corolle quinquéfido, jaune, longue de 5 lignes, à tube infundibuliforme, égalant à peu près le calice; ses lobes sont étalés, oblongs, obtus, à bords simplement fimbriés, trinervés; la nervure médiane porte, à la base des lobes de la corolle, une glande solitaire, basifixe, subsessile, suborbiculaire, densément fimbriée à son pourtour de fimbrilles bisériées, du diamètre de la glande; les nervures latérales sont décurrentes au bord du filet qui est soudé au tube de la corolle. Étamines, au nombre de 5, alternant avec les lobes de la corolle, longues de 1½ ligne; filets filiformes insérés au haut du tube, auquel ils sont décurrents. Anthères bleuissant sur le sec, oblongues, sagittées à la base, attachées au-dessus de leur base bifide, un peu contournées après l'anthèse. Glandes hypogynes au nombre de 5, alternant avec les étamines, tronquées, plus larges au sommet, fimbriées, de couleur orange, longues de ⅙, larges de ¼ de ligne. Ovaire ovoïde-oblong, s'amincissant vers le style; les ovules sont attachés en une double rangée à deux placenta pariétaux nerviformes. Style épais, long de ½ de ligne. Stigmate presque quadrilobé. Fruit indéhiscent, globuleux, enveloppé du calice dont il atteint la longueur, surmonté par le style, membraneux, s'ouvrant ensuite par la macération. Graines au nombre de 7 à 10, globuleuses, un peu comprimées, d'un diamètre de ¾ de ligne, à test jaunâtre, muriqué, à carène aiguë à leur pourtour; raphé prominule.

Affine L. Thunbergiano, quod differt foliis laevibus, corollae segmentis intus fimbriatis, glandula stipitata, seminibus laevibus. L. orbiculatum eo differt, quod corollam albam, coronam fimbriarum, semina non carinata habet.

Voisin du L. Thunbergianum, qui s'en distingue par des feuilles lisses, par les lobes de la corolle fimbriés intérieurement, par la glande stipitée et les graines lisses. Le L. orbiculatum diffère par la corolle blanche, par une couronne de poils fimbriés, par les graines dépourvues de carène.

Explicatio tabulae IX A. a) flos, b) dissectus quater auctus, c) glandula 10ᵐ, d) stamina 10ᵐ, e) pistillum 8ᵐ, f) ovarium transverse sectum 8ᵐ, g) capsula quater, h) dissecta 6ᵐ, i) semen 10ᵐ, k) segmentum caulis ad folii insertionem quater auctum.

Explication de la planche IX A. a) fleur, b) la même coupée sous un grossissement de 4; c) glande grossie 16 fois; d) étamines grossies 20 fois; e) pistil grossi 8 fois; f) capsule grossie 4 fois, g) la même coupée, grossie 6 fois; i) graine grossie 10 fois; k) coupe de la tige au point d'insertion de la feuille, grossissement de 4.

ASCLEPIADEAE.

44. GOMPHOCARPUS RUBIOIDES *Kotschy et Peyritsch.*

TABULA XIII B.

Caule erecto herbaceo, foliis lanceolatis acutis versus basin attenuatis margine revolutis, umbellis subsessilibus folio duplo brevioribus intrafoliaceis, coronae stamineae foliolis paulum compressis intus carinatis in rostrum attenuatis antheras medio attingentibus.

Crescit in regionibus silvaticis ad Bongo in provincia Aethiopum Djur 8va gr. bor. lat., 25° long. Paris. Florentem legit m. Decembri 1863 de Heuglin. Herb. Caes. Palat. Vindob. Exp. Tina. 20.

Caules semipodales et ultra, stricti, angulati, subtorti, glaucescentes, pilis brevissimis sparsis puberuli. Folia opposita; infima squamiformia, cauli adpressa, subrotundata, 1 1/2 — 2 lin. longa, pallida, sensim in caulina commutata; caulina patentia aut reflexa, internodiis pollicaribus dissita, 1/2 — 1 1/2 poll. longa, lanceolata, breviter acuminata vel acuta, fere mucronata, versus basin longe attenuata, subsessilia, ultra medium 2 — 4 lin. lata, integerrima, margine revoluta, supra subviridia, subtus glaucescentia, in nervis (sub lente) parce puberula, nervo medio supra impresso, subtus valide prominente, secundariis 8 — 10, fere oppositis et parallelis, angulo acuto ascendentibus, versus marginem anastomosantibus. Umbellae 18—6, extraaxillares, intrafoliaceae, pedunculo caulis crassitie, vix lineam longo, pedicellis bracteis suffultis, radiantibus, circiter semipollicaribus, angulatis, inferne crassioribus, versus medium attenuatis, puberulis, superne tomentellis, bracteis tenuissimis, lineam longis, pilosis. Calyx 5-partitus, pallide virescens, laciniis reflexis, vix ultra lineam longis, lanceolatis, acutis, pubescentibus. Corolla quinquepartita, lutescens, tubo brevissimo, laciniis reflexis, 3 lin. longis, oblongis, apiculatis, margine tenuioribus, reticulato-venosis, basi quinquenervibus, nervo medio validiore. Corona staminea simplex, pentaphylla, eiusdem foliola staminum filamentorum tubo sub antheris inserta unguiculata, ungue patentissimo (subhorizontali) vix 1/3 lin. longo, paulum compressa, carnosula, dorso gibbosa, in rostrum antheras medio attingens longe acuminata, intus valide carinata, lateribus carinae fere adpressis, in rostrum mox evanescentibus, carina in unguem et rostrum excurrente. Stamina 5, coronae foliolis opposita, filamentis in tubum 1/3 lin. longum connatis; antheris erectis ultra lineam longis, connectivo apice appendiculato, appendice stigmati adpressa, ovata, tenuissima, membranacea, straminea, ultra 1/2 lin. longa. Pollinia 10, bina singulis quinque stigmatis processibus medio longitudinaliter sulcatis affixa, compressa, cultriformia, superne attenuata, ex apice funiculi descendentia, 1/4 lin. longi, medio geniculati pendula, superiore funiculi parte paulum dilatata lutea nitida, inferiore cum stigmatis processibus rutilante. Ovaria duo in stylos segregatos attenuata. Stigma pentagonum, carnosum, 3/4 lin. altum, medio umbilicatum.

Se trouve dans les contrées boisées du royaume éthiopien de Djur, sous le 8me degré de latitude nord et le 25me degré de longitude du méridien de Paris. En décembre 1863, M. de Heuglin l'a cueilli en fleurs. (Herbier de Vienne No. 29.)

Tiges de 1/2 pied et au-delà, droites, anguleuses, subtortillées glaucescentes, recouvertes de poils courts épars. Feuilles opposées; les inférieures sont squamiformes, appliquées à la tige, presque arrondies, longues de 1 1/2 à 2 lignes, pâles, passant successivement dans les feuilles caulinaires; celles-ci sont étalées ou réfléchies, placées sur des entre-noeuds de 1 pouce, longues de 1/2 à 1 1/2 pouce, lancéolées, brièvement acuminées ou aiguës, presque mucronées, vers le bas elles sont fortement acuminées, subsessiles; au-delà de leur milieu, elles offrent une largeur de 2 à 4 lignes; elles sont entières, à bord révoluté, d'un vert clair en-dessus, glaucescentes en-dessous; vues à la loupe, elles sont légèrement pubescentes sur les nervures; la nervure médiane est déprimée en-dessus, et fortement proéminente en-dessous; nervures secondaires au nombre de 8 à 10, presque opposées et parallèles, se dirigeant vers le haut en un angle aigu, et s'anastomosant vers le bord. Ombelles au nombre de 18 à 6, placées en dehors des aisselles, entre les feuilles; pédoncule de la grosseur de la tige, long d'à peine 1 ligne; pédicelles accompagnés de bractées, rayonnants, d'environ 12 pouces de long, anguleux, inférieurement plus épais, amincis vers le milieu, pubescents, légèrement cotonneux en-dessus; bractées très-minces, villeuses, longues de 1 ligne. Calice quinquépartite, verdâtre, à lobes réfléchis, dépassant à peine 1 ligne, lancéolés, aigus, pubescents. Corolle quinquépartite, jaunâtre, à tube très-court, à lobes réfléchis, longs de 3 lignes, oblongs, apiculés, à bord mince, réticulés-veinés, quinquénervés à la base, à nervure médiane plus forte. Couronne staminale simple, formée de 5 lobes insérés sur le tube des étamines au-dessous des anthères, onguiculés, à onglet très-étalé, presque horizontal, long à peine de 1/2 de ligne, un peu comprimé et charnu, à dos bosselé, longuement acuminée en un rostre atteignant le milieu des anthères, fortement carénée intérieurement, à côtés presque appliqués à la carène, s'effaçant dans le rostre; la carène passant dans l'onglet et le rostre. Étamines au nombre de 5, opposées aux lobes de la corolle; filets soudés en un tube long de 1/3 de ligne; anthères droites, dépassant 1 ligne en longueur; le connectif porte à son sommet un appendice appliqué au stigmate; il est ovale, très-mince, membraneux, jaunepaille, de plus de 1/2 ligne de long. Bourses polliniques au nombre de 10, attachées par paires aux 5 processus du stigmate, parcourus au milieu par des sillons longitudinaux, comprimées, en forme de lame de couteau, amincies en-dessus, suspendues au sommet du funicule long de 1/2 ligne et géniculé; la partie supérieure du funicule est un peu dilatée, jaune, luisante; l'inférieure, ainsi que les processus du stigmate sont rougeâtres. Les deux ovaires s'amincissent en des styles distincts. Stigmate pentagone, charnu, haut de 3/4 de ligne, ombiliqué au milieu.

Explicatio tabulae XIII B. a) Flos, b) dissectus, c) a vertice visus d) coronae stamineae foliolum intus visum 6m auct., e) antheras, e') extrinsecus visae, 12m, f) pollinia quater et 20m, g) antherae cum stigmate transverse sectae 12m auctae.

Explication de la planche XIII B. a) fleur, b) la même coupée, c) vue d'en haut; d) foliole de la couronne staminale intérieure 6 fois grossie; e) anthères vues du dehors, grossissement de 12; f) bourses polliniques grossies 24 fois; g) anthères avec le stigmate coupées transversalement, grossissement de 12.

APOCYNEAE.

45. LANDOLPHIA FLORIDA *Benth.*

in Hook. Nig. Fl. p. 144. Thoms. in Speke Source of the Nile, App. (?. p. 639 (?)

TABULA XIII A.

Scandens cirrifera, foliis breviter petiolatis ovalibus vel ellipticis utrimque obtusissimis vel rarius apice apiculatis glaberrimis, thyrsis multifloris sessilibus vel pedunculatis, calycis lobis ovatis obtusis, corollae tubo 7—9 lin. longo, laciniis tubum aequantibus, staminibus paulo infra medium corollae tubo ampliato insertis.

Crescit in regione silvatica provinciae Aethiopam Djur ad Bongo, ubi legit de Heuglin m. Decembri 1863. Herb. Caes. Palat. Vind. Exp. Tinn. n. 26.

Frutex cirrifer, ad altissimarum arborum cacumina ascendens. Ramuli oppositi, pennae corvinae crassitie, cortice badio, lenticellis plurimis minutis consperso. Folia opposita, exceptis ramulorum inferiorum, internodiis 1½—4-pollicaribus dissita, breviter petiolata, petiolo 4—5 lin. longo supra canaliculato glabro, 2½—5 poll. longa, 1½—2½ poll. lata, ovalia vel elliptica, basi rotundata, apice obtusissima obtusa vel apiculata, apiculo obtuso vel acutiusculo, integerrima, glaberrima, supra lucida laete viridia, subtus pallidiora, membranacea, adulta fere chartacea, nervo medio supra argute, subtus valide prominente, lateralibus 11—13, oppositis vel alternis, versus marginem arcuatim anastomosantibus, nervulis plurimis reticulatis. Cirri (pedunculi commutati) terminales, ½—1-pedales et ultra, torti, apice spiraliter involuti, ramosi, cortice badio lenticellis consperso glabro, ramis alternis, bractea ovato-triangulari squamiformi suffultis, 2—½ poll. inter se remotis, 3—6 lin. longis, arcuatis, apice uncinatis. Thyrsi corymbosi terminales, multiflori, pedunculati aut sessiles, rhachi subquadrangulari cum pedicellis tomento cinereo tenui obtecta, ramis oppositis vel alternis bractea squamiformi triangulari ½—1 lin. longa sustentis, brevibus, admodum confertis, bracteolatis, 2—5-floris, pedicellis lineam longis. Calyx circiter lineam longus, ad basin quinquepartitus, laciniis imbricatis, ovatis, obtusis, paulum inaequalibus, margine lato excepto cinereo-velutinis, brevissime ciliolatis. Corolla tubulosa, alba, facie exteriore caerulans, limbo quinquepartito; ejusdem tubus 8—9 lin. longus, a basi usque ad staminum insertionem paulum inflatus superne angustatus, extrinsecus basi glabriusculus et supra basin cinereo-velutinus, intus basi glaber et supra basin sparsim longiuscule pilosus; laciniae oblongae, obtusae, versus basin attenuatae, tubum aequantes, in superiore triente 2 lin. latae, parte angustata, extrinsecus cinereo-velutina, medio puberulae, superne glabrae, praefloratione convolutae. Stamina 5, corollae laciniis alternae, 2 lin. supra basin corollae tubi parti ampliatae inserta, filamenta brevissima subulata, antherae introrsae, supra basin bifidam dorso insertae, lanceolato-lineares, 1⅓ lin. longae. Ovarium depresso-globosum, vix ½ linea altum, decemstriatum, dense villosum, uniloculare, placentis duabus parietalibus, ovulis plurimis anatropis. Stylus tres lin. long., superne fusiformiter incrassatus, glaber, parte incrassata lineam longa. Stigma bifidum, lobis lamellatis ovalibus obtusis. Fructus . . . .

Explicatio tabulae XIII A. a) Flos magnit. nat., b) calyx 6⁰, c) corollae tubus dissectus ter, c¹) segmentum corollae cum staminum insertione 6⁰, d) alabastrum transverse sectum 7⁰, e) stamina, f) pistillum, g) dissectum, h) ovarium transverse sectum 8⁰, i) styli pars superior cum stigmate, k) gemmula.

Croît dans les lieux boisés près de Bongo, du royaume éthiopien de Djur, où M. de Heuglin l'a cueilli en décembre 1868. (Herbier de Vienne No. 26.)

Arbuste cirrifère, grimpant au sommet des plus grands arbres. Rameaux opposés, de la grosseur d'une plume de corbeau; écorce bai-brun, recouverte d'un grand nombre de lenticelles. Feuilles opposées, placées, à l'exception de celles des rameaux inférieurs, sur des entre-noeuds de 1½ à 4 pouces, portées sur un pétiole de 4 à 5 lignes, glabre, canaliculé au-dessus; ces feuilles sont longues de 2½ à 5 pouces, larges de 1½ à 2½ pouces, ovales ou elliptiques, à base arrondie, à sommet très-obtus, obtus ou terminé par un apicule obtus ou un peu aigu, entières, absolument glabres, luisantes et d'un vert clair en-dessus, pâles en-dessous, membraneuses, les agées presque papyracées; la nervure médiane aiguë en-dessus, fortement proéminente en-dessous; nervures latérales au nombre de 11 à 13, opposées ou alternes, s'anastomosant en arc vers le bord; nervules nombreux, réticulés. Vrilles nées du pédoncule métamorphosé, terminales, longues de ½ à 1 pied et au-delà, tordues, spiralement involutées au sommet, rameuses; écorce bai-brun, glabre, couverte de lenticelles; rameaux alternes, accompagnés d'une bractée ovale-triangulaire, squamiforme; ils sont éloignés les uns des autres de 2 à ½ pouce, longs de 3 à 6 lignes, arqués, à extrémité crochue. Thyrses en corymbe terminal, multiflores, pédonculés ou sessiles; leur axe, presque quadrangulaire, ainsi que les pédicelles, sont recouverts d'un tomentum gris-mince. Rameaux opposés ou alternes, munis d'une bractée squamiforme triangulaire et longue de ½ à 1 ligne, assez rapprochés, portant 2 à 5 fleurs bractéolées; pédicelles longs de 1 ligne. Calice d'environ 1 ligne de long, quinquépartite à sa base, à lobes imbriqués, ovales, obtus, presque égaux; à l'exception de leur bord large, ils sont gris-veloutés et garnis de poils très-courts. Corolle en tube, blanche, extérieurement bleuissante, à limbe quinquépartite, à tube long de 8 à 9 lignes, légèrement enflé à partir de la base jusqu'au point d'insertion des étamines; en haut, il est rétréci; extérieurement, il est presque glabre à la base; au-dessus de la base, il est gris-velouté; intérieurement, il est glabre à la base, plus haut, il est couvert de poils épars assez longs; lobes oblongs, obtus, amincis vers la base, de la longueur du tube, à leur tiers supérieur, ils offrent une largeur de 2 lignes; à la partie rétrécie, ils sont extérieurement gris-veloutés, pubescents à partir de leur milieu, glabres en haut; ils sont à préfloraison convolutive. Étamines au nombre de 5, alternes aux lobes de la corolle, insérées à 2 lignes au-dessus de la base de la corolle; filets très-courts, subulés; anthères introrses, attachées par leur face dorsale au-dessus de leur base bifide, lancéolées-linéaires, longues de 1⅓ de ligne. Ovaire globuleux, déprimé, d'à peine ½ ligne de haut, portant 10 stries, densément velu, uniloculaire, à deux placenta pariétaux portant un grand nombre d'ovules anatropes. Style long de 8 lignes, supérieurement renflé en fuseau, glabre, la partie épaissie longue de 1 ligne. Stigmate bifide, à lobes lamellés, ovales, obtus. Fruit . . . .

Explication de la planche XIII A. a) fleur de grandeur naturelle; b) calice 6 fois grossi; c) tube de la corolle coupé, grossi 8 fois; c¹) segment de la corolle avec l'insertion des étamines, grossissement de 6; d) bouton coupé transversalement, grossissement de 7; e) étamines, f) pistil, g) le même, coupé; h) ovaire coupé transversalement, 8 fois grossi; i) partie supérieure du style avec le stigmate; k) gemmule.

LANDOLPHIA SENEGALENSIS *Kotschy et Peyritsch.*

Vahea senegalensis DC. Prodr. VIII. p. 328. n. 4. secundum specimen Herb. Caesar. Palat. Vindob. Collect. Seneg. Perrot. n. 492.

Scandens cirrifera, foliis breviter petiolatis ovalibus vel ellipticis basi rotundatis apice obtusis vel apiculatis glaberrimis, thyrsis multifloris, calycis lobis ovatis obtusis, corollae tubo 3½—5 lin. longo supra basin inflato ibi staminigero, laciniis tubo longioribus (semipollicaribus), staminibus lineam longis, stylo in superiore dimidio subfusiformiter incrassato lineam longo, stigmate bilobo.

<table>
<tr>
<td>

In specimine Perrottetii n. 492 inflorescentiae rami sunt torti cirrum imitantes, ovaria unilocularia, placentis duabus parietalibus instructa.

Si in hoc genere ut in Primulae, Lini, Dianthi et cet. speciebus flores dimorphi reperiuntur, varia staminum in variis speciminibus insertio vix alicuius momenti esse videtur.

</td>
<td>

Dans notre échantillon sénégambien (Perrottet n. 492) les rameaux fleuris sont tordus et simulent une vrille; les ovaires sont uniloculaires et munis de deux placenta pariétaux.

Si dans ce genre, comme dans les Primula, les Linum, les Dianthus etc., il se rencontre des espèces à fleurs dimorphes, l'insertion différente des étamines ne semble pas être d'une grande importance.

</td>
</tr>
</table>

RUBIACEAE.

46. MORELIA SENEGALENSIS *A. Rich.*

in Mém. Soc. hist. nat. Paris V. p. 232. DC. Prodr. IV. p. 617. Endl. Gen. pl. n. 3324. Hook. Nig. Fl. p. 389.

TABULA XIV.

Frutex arborescens sempervirens, 20 — 30 ped. altus, radices aëreas filiformes producens. Ramuli pennae anserinae crassitie, teretes, cinereo-fusci vel iuniores virides purpureo-maculati. Folia opposita, stipulata, 2½—5 poll. longa, 1—2½ poll. lata, petiolata, elliptica, basi acuta, apice breviter acuminata, acumine obtuso, vel acuta, integerrima, utrimque glabra, superne intense viridia, inferne pallidiora, coriacea, nervo medio et lateralibus supra arguto infra valde prominentibus, nervis lateralibus utrimque 3—6 arcuatim anastomosantibus; petiolus 3—6 lin. longus, crassus, semiteres, rugosus, supra canaliculatus. Stipulae 2 lin. longae, interpetiolares, late ovatae, breviter acuminatae, brevissime ciliatae, fuscescentes, membranaceae, arentes deciduae. Cymae axillares folio duplo triplove breviores, bis vel ter trichotomae, multiflorae, superne planae, bracteatae, internodiis 4—2 lin. longis; bracteae late ovatae, acutae, fuscescentes, ½—¾ lin. longae, deciduae. Flores fragrantes, albi, extrinsecus violacei, pedicellati, pedicellis 2—3 lin. longis; alabastra subcylindrica 4—8 lin. longa. Calyx superus tubulosus, erectus, subtruncatus, quinquedentatus, puberulus, tubo ultra lineam longo nigroviridi, dentibus latissimis acutis, costa prominente in mucronem terminata percursis, leviter ciliatis. Corolla supera hypocraterimorpha, tubo 3 lin. longo intus superne lanato, laciniis patentibus oblongo-lanceolatis acutis septemnervibus reticulato-venosis, areolis oblongis, aestivatione dextrorsum torto-imbricatis, post anthesin reflexo patentibus. Stamina quinque, summo tubo inter corollae lacinias inserta, filamentis brevissimis, antheris 5 lin. longis linearibus, acuminatis, acutis, introrsis, fere erectis tum patentibus, longitudinaliter dehiscentibus, post anthesin nonnullis paulum tortis. Ovarium inferum, turbinatum, 1 lin. longum, quadriloculare, loculis 3—4-ovulatis, ovulis in angulo centrali placentae crassae fungosae leviter umbonatae insertis, anatropis. Stylus simplex 6 lin. longus, superne fusiformiter incrassatus, tota longitudine 10-sulcatus 10-striatus, parte incrassata plus quam tres lin. longa medio ¾ lin. lata, sulcis hic profundioribus. Stigma integrum acutum.

Arbuste arborescent, toujours vert, haut de 20 à 30 pieds, poussant des racines aériennes filiformes. Rameaux de la grosseur d'une plume d'oie, térétes, gris-brun; les jeunes rameaux sont verts, avec des taches pourpres. Feuilles opposées, munies de stipules, longues de 2½ à 5 pouces, larges de 1½ à 2½ pouces, pétiolées, elliptiques, aiguës à la base, brièvement acuminées au sommet, à pointe obtuse, ou aiguës, entières, glabres sur les deux faces, vert-foncé en-dessus, pâles en-dessous, coriaces; la nervure médiane, de même que les latérales, sont proéminentes en-dessous; supérieurement elles sont aiguës, et les nervures secondaires, au nombre de 3 à 6 de chaque côté, s'anastomosent en arc. Pétiole long de 3 à 6 lignes, épais, demi-cylindrique, rugueux, canaliculé en-dessus; stipules interpétiolaires, longues de 2 lignes, largement ovales, brièvement acuminées, couvertes de cils très-courts, brunâtres, membranacées; sèches, elles tombent. Cimes axillaires 2 ou 3 fois plus courtes que les feuilles, 2 ou 3 fois trichotomes, multiflores, formant en haut une surface plane, munies de bractées; leurs entrenoeuds sont d'une longueur de 4 à 2 lignes; bractées largement ovales, aiguës, brunâtres, longues de ½ à ¾ de ligne, caduques; fleurs odorantes, blanches, violacées extérieurement, portées sur des pédicelles de 2 à 3 lignes; boutons presque cylindriques, d'une longueur de 4 à 8 lignes. Calice supère, tubuleux, dressé, légèrement tronqué, à 5 dents, pubescent; son tube, long de plus de 1 ligne, est d'un vert-foncé, à dents larges, aiguës, parcourues par une côte proéminente, qui se termine en un mucron, légèrement ciliées. Corolle supère presque cratériforme, à tube de 3 lignes de long, laineux intérieurement à sa partie supérieure; ses lobes sont étalés, oblongs-lancéolés, aigus, septemnervés, et réticulés-veinés, à aréoles oblongues; sa préflorescence est contournée-imbriquée à droite; après l'anthèse les lobes sont étalés, réfléchis. Étamines au nombre de 5, insérées au sommet du tube entre les lobes de la corolle; filets très-courts; anthères longues de 5 lignes, linéaires, acuminées, aiguës, introrses, presque dressées et alors étalées, à déhiscence longitudinale; après l'anthèse, quelques-unes sont un peu tordues. Ovaire infère turbiné, long de 1 ligne, quadriloculaire, à loges portant chacune 3 ou 4 ovules attachés à l'angle central du placenta, épais, spongieux, légèrement bosselé; ils sont anatropes. Style simple de 6 lignes de long, épaissi en fuseau à sa partie supérieure, garni sur toute sa longueur de 10 sillons, parcouru par 10 stries; la partie épaissie mesure plus de 3 lignes de long; à son milieu, elle à ¾ de ligne de large, et les sillons y sont plus profonds. Stigmate entier, aigu.

Crescit hic illic ad ripas occidentales fluminis Djur prope Wau pagum, ubi florentem legit de Heuglin d. 16. Jan. 1864. Herb. Caes. Palat. Vindob. Exp. Tinn. n. 28.

Fructus ad escam piscatoriam adhibentur, cum pisces iis tamquam inebrientur, et sic capti cibum sanissimum praebeant.

Genus inter Rubiaceas anomalum, Bocconiae habitu calyce corolla staminibus et stylo proximum, attamen ovario tri—quadriloculari, loculis 3—4-ovulatis discrepans, haud dubie adnumerandum est Psychotricis, quarum Pavetta quoque ovarium triloculare et Diplospora ovarium loculis duobus biovulatis instructum exhibent.

Explicatio tabulae XIV. a) Flos duplo auctus, b) alabastrum duplo auct., c) diagramma; d) flos ante anthesin longitudine dissectus, e) calyx, uterque quater auctus, f) stamina facie antica et postica 5^a, g) ovarium longitudine, h) transverse sectum 8^a auctum, i) placenta cum gemmulis quattuor, k) cum gemmulis tribus 32^a aucta, l) gemmula multoties aucta.

Se trouve çà et là sur la rive occidentale de la rivière de Djur, près du village de Wau, où M. de Heuglin l'a cueilli en fleurs le 16 janvier 1864. (Herbier de Vienne No. 28.)

Le fruit sert d'appât pour les poissons, qui, enivrés et pris de la sorte, offrent un aliment très-sain.

Ce genre anomal des Rubiacées se rapproche du Bocconia par son port, son calice, sa corolle, ses étamines et son style; il s'en éloigne cependant considérablement par son ovaire tri- ou quadriloculaire, et doit probablement être rapproché des Psychotriées, où nous trouvons de même les Pavetta avec un ovaire triloculaire et les Diplospora avec un ovaire à deux loges, renfermant chacune deux ovules.

Explication de la planche XIV. a) Fleur de grandeur double; b) bouton floral, de même; c) diagramme de la fleur; d) fleur avant son épanouissement, coupée longitudinalement, grossissement quadruple; e) calice, même grossissement; f) étamines vues des deux faces, grossies 5 fois; g) ovaire coupé longitudinalement et h) transversalement, grossissement de 8; i) placenta avec 4 gemmules et k) avec 3 gemmules, grossissement de 32; l) gemmule fortement grossie.

47. CROSSOPTERYX KOTSCHYANA *Fenzl*

in Nov. stirp. Decad. Mus. Vind. VI. p. 46, Hook. Nig. Fl. p. 381. Thoms. in Speke Source of the Nile, App. G. p. 636.
(Crossopteryx febrifuga Afz.)

TABULA XV A et B.

Foliis breviter petiolatis late ovalibus vel ellipticis plus minus pubescentibus, corollae limbi laciniis tubo duplo brevioribus, staminibus tota fere longitudine exsertis, stylo corollae tubo duplo longiore.

Crescit in montium locis collucatis in provincia Aethiopum Beni-Schangul supra Fassogla non procul a fontibus Tumad, qui in Nilum Caeruleum influit. Hic fructus ferentem d. 19. Jan. 1837 repererat Kotschy (Herb. Caes. Palat. Vind. n. 582); Boriani, qui m. Februario a. 1840 in urbe Chartum plantas in provincia Fassogla collectas cum Kotschyi plantis Cordofananis commutavit, florentem invenerat in montibus prope Fassoglu m. Julio. (n. 145.) In regionibus prope Bahr-Ghasal flumen loco non accuratius indicato cum flore et fructu legit 1863 de Heuglin. Herb. Caes. Palat. Vindob. Exp. Tinn. n. 23.

Frutex 1—2-orgyalis, ramis crassis, ramulis pennae anserinae vel corvinae crassitie obtuse quadrangulis fuscis pube brevi densa patente hirtella rufescente obtectis. Folia opposita, stipulata, interstitiis 1—3-pollicaribus inter se remota, breviter petiolata, petiolo 2—4 lin. longo rufescente aut cinerescente ad ramulorum modum piloso, late ovalia, elliptica, brevissimo acuminata, acumine obtuso vel acuto, aut acuta aut obtusa, rarius rotundata, infima rarissime emarginata, omnia basi rotundata vel acuta, integerrima, vix undulata, chartacea, in ramulis floriferis supra ad nervum primarium et secundarios marginemque pilis brevissimis hirtellis copiosis, ceterum parce obsita, infra pallidiora pube densiore cinerescentia; in ramulis fructiferis supra sparso brevissime hirtella nitidula, subtus praesertim in nervis venulisque pubescentia, nervo medio valido, lateralibus utrimque 5—9, alternis, ascendentibus, marginem versus anastomosantibus, prominentibus. Stipulae interfoliaceae, liberae, fuscae, pilosae; folii infimi fere triangulares, lineam longae, 2 lin. latae, foliorum reliquorum 2½—3 lin. longae, e basi late ovata subito acuminatae, acumine 1—1½ lin. longo recto vel curvato. Thyrsus speciosus terminalis, corymbiformis, bis vel ter trichotomus, conferte multiflorus, superne latior quam longus, ramis inferioribus tricho-aut tetrachotomis folio caulino suffultis, ramis superioribus aeque ut ramuli bracteis 1—2 lin. longis lineari-subulatis rufescenter pilosis sustentis, omnibus corymbiformibus, thyrsos thyrsulosque constituentibus, in thyrsum universalem dispositis, internodiis 2—1½—½-pollicaribus,

Habite les clairières des montagnes du royaume éthiopien de Beni-Schangul, au-dessus du Fassoglu, auprès des sources du Tumad, affluent du Nil bleu. M. Kotschy l'y a cueilli en fruits le 19 janvier 1837. (Herbier de Vienne No. 582.) M. Boriani, qui échangea, en février 1840, dans la ville de Chartum, ses plantes du Fassoglu contre les récoltes de M. Kotschy faites en Cordofan, l'avait cueilli en fleurs au mois de Juillet, sous le No. 145. En 1863 M. de Heuglin l'a cueilli en fleurs et en fruits, sans indication précise de localité, dans le pays arrosé par le Bahr-Ghasal, affluent du Nil bleu. (Herbier de Vienne No. 23.)

Arbuste de 1 à 2 toises, à branches épaisses, à rameaux de la dimension d'une plume d'oie ou de corbeau, obtusément quadrangulaires, bruns, recouverts d'un duvet dense, court, étalé, hispidulé, brunâtre. Feuilles opposées, munies de stipules, placées sur des entrenœuds de 1 à 3 pouces, portées sur des pétioles de 2 à 4 lignes, brunâtres ou grisâtres, offrant le même indument que les rameaux; les feuilles sont largement ovales, elliptiques, très-brièvement acuminées, à acumen obtus ou aigu, ou aiguës ou obtuses, rarement arrondies, les inférieures sont très-rarement échancrées; elles sont arrondies ou aiguës à la base, entières, légèrement ondulées, papyracées; sur les rameaux florifères supérieurs, la nervure principale et les nervures secondaires ainsi que le bord portent de nombreux poils très-courts un peu hérissés, sur les autres parties ces poils sont moins nombreux; inférieurement, elles sont pâles, recouvertes d'une pubescence plus dense, grisâtre; celles des rameaux fructifères, sont garnies supérieurement d'une pubescence un peu hérissée et peu fournie, luisantes; en-dessous, particulièrement sur les nervures et les veines, elles sont pubescentes; la nervure médiane est forte; les nervures latérales, au nombre de 5 à 9 de chaque côté, sont saillantes, ascendantes, alternes, et s'anastomosent vers le bord. Stipules placées entre les feuilles, libres, brunes, villeuses; celles des feuilles inférieures, sont presque triangulaires, longues de 1 ligne, larges de 2; celles des autres feuilles, mesurent 2½ à 3 lignes; à partir d'une base large et ovale, elles passent subitement en une pointe de 1 à 1½ ligne de long, droite ou courbée. Thyrse grand, terminal, corymbiforme, 2 ou 3 fois trichotome, à fleurs nombreuses, rapprochées; en haut, il est plus large que long; les rameaux inférieurs sont 3 ou 4 fois dichotomes, étayés par les feuilles caulinaires; les rameaux supérieurs, ainsi que leurs sous-divisions sont munis de bractées longues de 1 à 2 lignes, linéaires-subulées, couvertes de poils brunâtres; tous sont en forme de corymbe, formant de grands et de petits thyrses, réunis en un

superioribus supremisque brevioribus pube horizontali rufescente dense indutis; inflorescentia interdum depauperata. Flores pedicellati, bracteolati, bracteolis linearibus cum pedicellis 1—1½ lin. long. rufescenter pilosis. Calyx superus tubulosus, sexdentatus, pube patente subrufescente hirtellus, dentibus quinque plerumque aequilongis, tubo duplo triplove brevioribus, ovatis, obtusis, adiecto sexto minimo, rarius sex fere aequalibus, rarissime quattuor longioribus, adiectis duobus minutis, tubo ultra ½ lin. longo. Corolla hypocraterimorpha, dense rufescente breviter hirtella; eiusdem tubus 8 lin. long. cylindricus, fauce parum dilatatus, intus medio sparsim pilosulus; limbi patentissimi, interdum paulum reflexi, laciniae quinque, rarius 4 aut 6, ovato-oblongae, obtusae, vel acutiusculae, 1½ lin. longae. Stamina 4, 5, 6 plerumque quinque, cum laciniis corollae alterna, huius fauci inserta, fere sessilia; antherae excepta parte infima exsertae, ferme erectae, demum patentes, ultra lineam longae, oblongae, apiculatae, dorso supra basin affixae, biloculares, intus longitudinaliter dehiscentes. Ovarium inferum turbinatum, biloculare, ovulis placentae subhemisphaericae peltatim affixis, ascendentim imbricatis, anatropis, placenta dissepimento medio adnata. Stylus corollae tubo duplo longior, filiformis, simplex; stigma crassum bifidum. Capsula subglobosa, diametro 3—4 linearum, obscure fusca, decem nervis fere obsoletis transverse rugulosa, a latere aliquantum compressa, utrimque sulco perspicuo notata, areola rotundata per calycis basin marginatam coronata, ab apice ad basin loculicide dehiscens; valvae cartilagineae, medio dissepimentum in superiore dimidio firmius in duas partes regulares facile fractu, in inferiore dimidio tenuius irregulariter dissiliens continentes; placenta in loculo libera, hemiellipsoidea, cinereo-purpurascens, dissecta granulosa, facie convexa foveolis vix 5 lin. long. oblongis, tribus superioribus, 2 inferioribus, longitudinalibus, singulis quibusque margine tumido instructis praedita, facie dissepimentum spectante plana sulco longitudinali percursa, foveolas duas longitudinales minus profundas continento. Semina septem, placentae foveolis ex dimidia parte inserta, peltata, ascendentim imbricata, plana, rufescentia, ala ⅓ lin. lata supra basin in lacinias permultas supra medium et in apice latiores et irregulariter digitatim divisas soluta circumcincta, cum ala 1¼—2 lin. longa. 1¼ lin. lata, facie dorsali plana, ventrali parum convexa subcarinata, testa laevi intensius rufescente. Embryo in axe albuminis parci carnosi orthotropus, cotyledonibus planis carnosis, radicula conica.

Crossopteryx febrifuga Benth. differt foliis ovatis glabris, corollae tubo limbo triplo longiore, staminibus semiexsertis.

Cortex, Bellendae similis, idem esse videtur, quem Afzelius febris remedium esse narravit (v. Winterbottom, Account of Sierra Leone vol. II. p. 245); arbor, quam Rondeletiam febrifugam dixit, Crossopteryx febrifuga Benth. esse videtur, Crossopterygi Kotschyanae proxima. A. 1839 cum Kotschy iterum in Aethiopia peregrinaretur, incolis iam notus erat usus corticis cuiusdam febrim pellentis in montibus provinciae Fassoglu obvii (v. Acta societ. geogr. Vindob. 1861, I, p. 184), medicique Chartumenses Chinini instar illo cortice utebantur. Patet igitur, sat magno usui hunc fruticem esse posse rei medicae.

Explicatio tabulae XV A. Exempla speciosa e montibus Fassoglensibus, exemplum inflorescentia depauperata et fructiferum in expeditione Tinneana lectum.

thyrse général; leurs entre-nœuds sont de 2 à 1½ à ½ pouce, les supérieurs sont plus courts, densément recouverts d'une pubescence horizontale brunâtre. Quelquefois l'inflorescence est appauvrie. Fleurs pédicellées, accompagnées de bractéoles linéaires, longues, de même que les pédicelles, de 1 à 1½ ligne, garnies de poils roussâtres. Calice supère, tubuleux, à 6 dents, légèrement hérissé par un duvet étalé-brunâtre; cinq des dents sont ordinairement égales, 2 ou 3 fois plus courtes que le tube, ovales, obtuses; la sixième est très-petite; rarement toutes les six sont à peu près égales; très-rarement quatre sont plus longues et accompagnées de deux petites; le tube du calice dépasse ½ ligne. Corolle presque cratériforme, densément hérissée d'un duvet roussâtre, à tube long de 3 lignes, cylindrique, à gorge peu dilatée, portant intérieurement des poils épars; lobes du limbe très-étalés, parfois recourbés, au nombre de 5, rarement de 4 ou 6, ovales-oblongs, obtus ou un peu aigus, longs de 1½ de ligne. Étamines au nombre de 4, 5 ou 6, ordinairement 5, alternes avec les lobes de la corolle, à la gorge de laquelle, elles se trouvent insérées, presque sessiles. Les anthères, dont la partie supérieure est exserte, sont assez droites, à la fin étalées, de plus de 1 ligne de long, oblongues, apiculées, attachées par leur dos au-dessus de la base, biloculaires, s'ouvrant vers l'intérieur dans le sens de la longueur. Ovaire infère, en forme de toupie, biloculaire; ovules attachées sous forme de bouclier à un placenta hémisphérique, imbricatifs-ascendants, anatropes; placenta fixé au milieu de la cloison. Style double de la longueur de la corolle, filiforme, simple; stigmate épais, bifide. Capsule subglobuleuse, d'un diamètre de 3 à 4 lignes, brun-foncé, à 10 nervures un peu effacées, légèrement ridée transversalement, latéralement un peu comprimée, marquée des deux côtés d'un sillon nettement accusé, à aréole arrondie, surmontée comme d'un rebord par la base du calice, s'ouvrant, par déhiscence loculicide, du sommet vers la base, à valves cartilagineuses, dans la moitié supérieure se divisant aisément et fort régulièrement en deux; à la moitié inférieure, la cloison est plus mince, et se déchire d'une manière irrégulière; placenta libre dans la loge, demi-ellipsoïde, gris-pourpre; coupé, il est granuleux, garni à sa face convexe de fossettes oblongues, d'à peine 5 lignes de long, dont 3 sont en haut, 2 en bas, dirigées dans le sens de la longueur; toutes sont garnies d'un bord renflé; le côté dirigé vers la cloison, est uni, parcouru par un sillon longitudinal, et porte deux fossettes longitudinales moins profondes. Graines au nombre de sept, à moitié implantées dans les fossettes du placenta, peltées, imbricatives-ascendantes, planes, roussâtres; à leur circonférence, elles présentent une aile large de ½ de ligne, laquelle, au-dessus de sa base, est divisée en un grand nombre de lanières, qui, au-delà du milieu et au sommet, sont plus larges et irrégulièrement digitées; l'aile comprise, les graines offrent une longueur de 1½ à 2 lignes, et une largeur de 1½ ligne; à leur face dorsale, elles sont planes, à la face ventrale, un peu convexes, légèrement carénées; test lisse, d'une nuance brunâtre plus foncée. Embryon orthotrope placé dans l'axe d'un albumen charnu peu considérable; cotylédons plans, charnus; radicule conique.

Le Crossopteryx febrifuga Benth. diffère de notre espèce, par ses feuilles ovales, glabres, par la corolle dont le tube est trois fois plus long que le limbe, enfin par des étamines à demi-exsertes.

Afzelius déjà fait mention de l'emploi de l'écorce d'une plante, semblable à celle du Bellenda, (Winterbottom, Account of Sierra Leone, Vol. II. p. 245); il donne à l'arbre le nom de Rondeletia febrifuga (Crossopteryx febrifuga Benth.). Cette plante est très-voisine du Crossopteryx Kotschyana. Lorsqu'en 1839, M. Kotschy entreprit son second voyage en Éthiopie, on connaissait déjà l'emploi de certaine écorce des montagnes du Fassoglu, comme coupant la fièvre; V. 'Verhandl. der geographischen Gesellschaft in Wien,' 1861, Vol. I. p. 184. Les médecins de Chartum s'en servaient à l'instar de la quinine. L'importance, que cette plante paraît offrir par la suite à la médecine, saute aux yeux.

Explication de la planche XV A. Les échantillons grands proviennent des montagnes du Fassoglu; l'échantillon, à inflorescence appauvrie et portant des fruits, est dû au voyage Tinnéen.

Tab. XV B. a) Flos sexies auctus, b) dissectus, c) alabastrum, d) flos sub evolutione corollae laciniis quinque, d[1]) corollae laciniis sex, omnia sexies aucta; e) dissectus novies auctus, f) diagramma, g) calyx, h) stamen facie antica, h[1]) postica, h[2]) a latere, h[3]) post dehiscentiam, duodecies auctum; i) ovarium long. dissectum, k) transverse sectum quater et 20^m auctum; l) placenta a dorso convexo, l[1]) a dissepimento spectata, 86^m aucta; m) gemmula facie ventrali, multoties aucta; n), n[1]) styli pars superior cum stigmate, n[2]) stigma a vertice, 12^m auct.; o) capsula a latere, o[1]) a vertice, o[2]) dehiscens, quater aucta; p) capsula dimidia pariete orbata, q) placenta cum seminibus a dorso, q[1]) a facie dissepimenti, r), r[1]) placenta seminibus orbata, omnia sexies aucta; s) semen facie dorsali, s[1]) ventrali, s[2]) longitud. sectum, s[3]) transverse sectum, t) embryo, singula 12^m aucta.

Planche XV B. a) Fleur 6 fois grossie, b) la même coupée; c) bouton floral; d) fleur lors de l'épanouissement, la corolle à cinq lobes, d[1]) la corolle à six lobes, grossissement de 6; e) fleur coupée, 9 fois grossie; f) diagramme; g) calice; h) étamine vue de face, h[1]) de derrière, h[2]) latéralement, h[3]) après la déhiscence, grossissement de 12; i) ovaire coupé longitudinalement; k) le même coupé transversalement, grossissement de 24; l) placenta vu de son dos convexe, l[1]) vu de la cloison, grossissement de 86; m) gemmule vue de la face ventrale, sous un grossissement considérable; n), n[1]) partie supérieure du style avec le stigmate; n[2]) stigmate vu d'en haut, 12 fois grossi; o) capsule vue latéralement, o[1]) vue d'en haut, o[2]) ouverte, grossissement de 4; p) capsule dépouillée de la moitié de la cloison; q) placenta avec les graines vu du dos, q[1]) vu de la face de la cloison; r), r[1]) placenta, les graines ayant été enlevées: toutes ces figures 6 fois grossies, s) graine à la face dorsale, s[1]) à la face ventrale, s[2]) coupée longitudinalement, s[3]) coupée transversalement; t) embryon: ces figures sous un grossissement de 12.

48. GARDENIA TINNEAE *Kotschy et Heuglin*

in Bot. Zeit. 1865. n. 22. t. 8.

TABULA XVI.

Humilis, inermis, caule subterraneo, foliis ternis ovato-lanceolatis acutis basi attenuatis, flore solitario terminali involucro brevi cincto, calyce corolla duplo breviore, corollae limbo patentissimo, laciniis tubo duplo brevioribus, bacca sphaerica costata extrinsecus lignescente intus membrana chartacea locellos formante induta, locellis periphericis sex ovalibus vacuis, interioribus fertilibus incompletis minoribus.

In silvis ad ripam fluminis Bahr-Dembo vel Kosanga dicti prope Bongo ad confinia Dar-Fertit inventa est ab Alexandrina Tinne, Novemb. 1863.

Vient dans les forêts au bord du Bahr-Dembo ou Kosanga, où il fut cueilli en novembre 1863 près de Bongo, dans le voisinage de Dar-Fertit, par l'intrépide voyageuse, Mlle. Alexandrine Tinne.

Caulis subterraneus horizontalis, ramosus, interdum partim superficie ex terra eminens pennae cycneae crassitie, radicans, ramulos simplices semipollicares et gemmas floriferas solitarias emittens. Ramuli subnodosi, caulis crassitie. Folia terna, 2 ½ — 3 - pollicaria, petiolata, ovato-lanceolata, acuta, vix acuminata, in petiolum semipollicarem attenuata, integerrima, penninervia. Stipulae .... Flos solitarius, maximus, odorem suavissimum spargens, in ramo horizontali fere sessilis, basi involucro semipollicari trifido stipuliformi cinctus, involucri laciniis aequalibus basi unidentatis. Calyx sesquipollicaris tubulosus, costatus, inaequaliter dentatus, latere fere ad medium fissus, laciniis denticulatis. Corolla hypocraterimorpha, externa facie virescens, intus candida, tubo 3-pollicari, superne sensim ampliato, limbi diametro 3 ½-pollicari, laciniis sex aequalibus, ovalibus, obtusis vel acutiusculis, hic illic denticulatis. Stylus tubo aequilongus. Stigma .... Fructus globosus diametro 8 lin., calycis tubo lineam longo coronatus, alutaceus, 12-costatus, costis superne magis elevatis, pericarpio lignescente ¾ lin. crasso, intus ope membranae chartaceae parietem vestientis, septa transversa et radiantia incompleta semina includentia formantis ambitu sexlocularia, medio plurilocularia, loculis exterioribus in sicco vacuis transsectione ovalibus 3 lin. longis 1 ½ lin. latis, interioribus minoribus incompletis, pulpa siccitate exsicca refertis. Semina plurima lenticularia, 1 ¼ lin. longa, testa dilute fusca rufescenter punctulata fere striolata. Embryo in axe albuminis erectus, cotyledones foliacei orbiculares, radicula teres ....   (*Ad simulacrum ab Heuglinio delineatum.*)

Tige souterraine, horizontale, rameuse, s'élevant parfois un dessus de la surface du sol, de la grosseur d'une plume de cygne, radicante, produisant des rameaux simples d'un demi-pouce, et des boutons floraux solitaires. Rameaux un peu noueux, de la grosseur de la tige. Feuilles ternées, longues de 2 ½ à 3 pouces, pétiolées, ovales-lancéolées, aiguës, à peine acuminées on un pétiole long de ½ pouce, entières, penninervées. Stipules .... Fleur solitaire, très-grande, répandant une odeur délicieuse, presque sessile sur une branche horizontale, entourée à sa base d'un involucre long de ½ pouce, trifide stipuliforme; lanières de l'involucre égales, portant une dent à la base. Calice long de 1 ½ pouce, tubuleux, muni de côtes, inégalement denté, fendu latéralement presque jusqu'au milieu, à lobes denticulés. Corolle presque cratériforme, verdâtre en dehors, à tubo long de 3 pouces, s'élargissant successivement vers le haut; le diamètre du limbe est de 3 ½ pouces, les lobes au nombre de 6, sont égaux, ovales, obtus ou un peu aigus, çà et là denticulés. Style de la longueur du tube. Stigmate .... Fruit globuleux, d'un diamètre de 8 lignes, surmonté par le tube du calice long de 1 ligne, alutacé, garni de 12 côtes, qui, vers le haut, sont plus relevées; péricarpe lignescent d'une épaisseur de ¾ de ligne, revêtu intérieurement d'une membrane papyracée, couvrant la paroi du fruit et constituant des cloisons transversales, rayonnantes, incomplètes, renfermant les graines; dans le pourtour, il est à six loges, les loges extérieures, vides à l'état sec, sont ovales à la coupe transversale, longues de 3 lignes, larges de 1 ½ ligne; les loges intérieures sont moins grandes, incomplètes, remplies d'un pulpe qui se dessèche. Graines nombreuses, lenticulaires, à test brun-clair, pointillé-roussâtre, parcouru de fines stries, long de 1 ¼ ligne. Embryon droit dans l'axe de l'albumen; cotylédons foliacés, orbiculaires; radicule cylindrique .... (*Selon le dessin fait par M. de Heuglin.*)

Cum allata sint semina, futurum est, ut planta inde procreata etiam dubia, quae iam restant, dirimantur. Insunt enim collectioni Tinneanae duo florifera Gardeniae specimina, quae cum a simulacro Heugliniano aliquantum discrepent, seorsum et describenda et delineanda nobis visa sunt.

Cette plante étant satisfaisante, pourra être, par la suite, comparée plus exactement avec la plante suivante, et tous les doutes sur son compte pourront être levés. En effet, deux échantillons florifères d'un Gardenia, recueilli pendant le voyage Tinnéen (sous B), et dont nous allons donner ci-après la description, semblent être différents, à en juger par le dessin fait sur les lieux par M. de Heuglin.

B. Ramuli brevissimi, pennae anserinae crassitie, cortice fusco striatulo, foliorum delapsorum cicatricibus notati, internodiis 1—2 lin. longis. Folia terna, obovata, 2½—2 poll. longa, 9—12 lin. lata, in petiolum 3—4 lin. longum attenuata, integerrima, penninervia, glabra, chartacea, supra nitida, infra pallidiora; interdum multo minora semipollicaribus intermixta sunt. Stipulae interpetiolares vaginatae, vaginis trifidis 1—3 lin. longis, lobis ovatis obtusis subintegris breviter pilosis, foliorum inferiorum breviores. Flos solitarius terminalis, stipula vaginata folii supremi cinctus ('involucrum' dixit Kotschy in ephemerid. bot. l. l.). Calyx tubulosus, 4—6-dentatus, cylindricus, externa facie puberulus, tubo ½—1-pollicari sexcostato interdum superne paulum fisso, laciniis inaequalibus linearibus vel lanceolato-linearibus, acuminatis, 1½—3 lin. longis. Corolla hypocraterimorpha, tubo calycem duplo superante, limbo sexpartito patentissimo diametri 1½—2-poll., laciniis obovatis, obtusis vel acutiusculis, sub lente in margine basis puberulis. Stamina sex, summo corollae tubo inserta, filamentis nullis, antheris linearibus, obtusis, medio affixis, faucem attingentibus, 6 lin. longis. Stylus corollae tubi longitudine, cylindricus; stigma exsertum, clavatum, bilobum, lobis semitortis, puberulum. Fructus . . . .

Reperta est in regionibus Nili Albi vel ad ripas Bahr-Ghasal loco non accuratius indicato.

Explicatio tabulae XVI. A. a) Ad simulacrum Heuglinianum, b) planta juvenilis e semine procreata, b¹) folium, c) fructus dissectus ab Heuglinio allatus, magnitudine naturali, d) duplo auctus, e) semina in situ naturali, e¹), e²) a margine visa, f), g) dissecta.
Tab. XVI B. a) Ad exemplaria exsiccata, b) segmentum caulis cum stipulis ter, c) folii segmentum, d) tubi segmentum cum staminibus et stylo, duplo auctum, e) corollae lacinias, quater f) anthera, duplo g) styli pars superior cum stigmate, triplo aucta.

B. Rameaux très-courts, de la grosseur d'une plume d'oie; écorce brune, légèrement striée, portant les cicatrices des feuilles tombées, entre-noeuds de la largeur de 1 à 2 lignes. Feuilles ternées, ovales, longues de 2½ à 2 pouces, larges de 9 à 12 lignes, atténuées en un pétiole de 3 à 4 lignes, entières, penninervées, glabres, papyracées, luisantes en-dessus, pâles en-dessous; quelquefois elles sont entremêlées de bien moins grandes, de ½ pouce seulement de longueur. Stipules interpétiolaires, engaînantes; gaînes trifides, longues de 1 à 3 lignes, à lobes ovales, obtus, presque entiers, couverts de poils courts; ceux des feuilles inférieures sont plus courts. Fleur solitaire, terminale, entourée par la stipule engaînante de la feuille supérieure (M. Kotschy l'a appelée 'involucrum', bot. Zeitung l. c.). Calice tubuleux, de 4 à 6 dents, cylindrique, légèrement pubescent extérieurement, à tube de ½ à 1 pouce, muni de 6 côtes, quelquefois un peu fendu supérieurement, à lobes inégaux, linéaires, ou lancéolés-linéaires, acuminés, longs de 1½ à 3 lignes. Corolle en coupe, le tube dépassant le calice du double, à limbe sexpartite, fortement étalé, d'un diamètre de 1½ à 2 pouces; lobes obovales, obtus ou un peu aigus, à la loupe, leur base est pubescente au bord. Étamines au nombre de 6, insérées au haut du tube de la corolle, filets nuls; anthères linéaires, obtuses, fixées par leur milieu, atteignant la gorge de la corolle, longues de 6 lignes. Style de la longueur du tube corollifère, cylindrique; stigmate exserte, en massue, bilobé, à lobes à demi-contournée, pubescent. Fruit . . . .

Habite dans les contrées arrosées par le Nil blanc ou sur les bords de son affluent, le Bahr-Ghasal. La localité n'en est pas indiquée.

Explication de la planche XVI A. a) D'après le dessin de M. de Heuglin; b) plante jeune native; b¹) feuille, c) coupe du fruit rapporté par M. de Heuglin, de grandeur naturelle; d) la même de grandeur double; e) graines dans leur position naturelle; e¹), e²) les mêmes ones latéralement, f), g) les mêmes coupées.
Planche XVI B. a) D'après les échantillons desséchés; b) segment de la tige avec les stipules, grossis trois fois; c) segment de la feuille; d) segment du tube de la corolle, avec les étamines et le style, grossissement double; e) lobes de la corolle, grossissement de 4; f) anthère de grandeur double; g) portion supérieure du style avec le stigmate, grossie 8 fois.

49. GARDENIA LUTEA *Presen.*

in Mus. Senkenb. II. 1837 p. 167. Hook. Nig. Fl. p. 382. Thoms. in Speke Source of the Nile, App. G. p. 638. Schweinf. Beitr. z. Fl. Aeth. p. 136.

Crescit ad Bongo in provincia Aethiopum Djur fruticosa ad 20 pedes alta hemisphaerica, ramis rigidissimis spinosis. Florentem legit de Heuglin. Herb. Caes. Palat. Vindob. Exp. Tinn. n. 25.

Croît près de Bongo, dans la province éthiopienne de Djur, sous forme d'un arbuste haut de 20 pieds, hémisphérique, à branches très-rudes, épineuses. M. de Heuglin l'a cueilli en fleurs. (Herbier de Vienne No. 25.)

COMPOSITAE.

50. ETHULIA GRACILIS *Delil.*

in Cent. d. pl. d'Afriq. p. 44. t. 3. f. 5. DC. Prodr. V. p. 12. A. Rich. Tent. Fl. Abyss. p. 371. (Ethulia conyzoides Linn.) Steetz. in Peters Mussamb. p. 322.

Planta ad Wau et Req et in omnibus ab Nilo austrum versus regionibus vulgaris per totum annum floret. Legit de Heuglin. Herb. Caes. Palat. Vindob. Exp. Tinn. n. 18.

Cette plante qui fleurit pendant toute l'année, se trouve près de Wau et de Req, et dans toutes les régions méridionales qu'arrose le Nil. Cueilli par M. de Heuglin. (Herbier de Vienne No. 18.)

51. VERNONIA AMBIGUA *Kotschy et Peyritsch.*

TABULA XVII B.

Caule herbaceo striato pilis patentibus canescente, foliis brevissime petiolatis lanceolato-oblongis acutis saepe mucronato-serratis scabridis utrimque punctis resinosis conspersis, capitulis dichotome corymbosis pedunculatis, involucri villosi squamis lanceolato-linearibus acuminatis mucronatis, inferiorum apicibus reflexo-patentibus, floribus plurimis purpureis, achaeniis pentagonis ad angulos villosulis, pappo sordide albo biformi, serie externa paleacea, paleis exterioribus lanceolatis denticulatis, setis interioribus paleis multo longioribus hirtellis rigidulis.

Crescit inter segetes Sorghi vulgaris ad Wau inter Bahr-Dembo et Bahr-Djur flumina 8° lat. bor. 25° long. Paris., ubi m. Febr. 1864 legit de Heuglin. Herb. Caes. Palat. Vindob. Exped. Tinn. n. 22.

Herba perennis? 2—3-pedalis, ramosa, pilis longiusculis articulatis patentibus canescens, punctis resinosis consparsa. Caulis erectus, superne dichotome corymbosus, subteres, striatus, ramis apicem versus tomentellis. Folia alterna, brevissime petiolata, fere sessilia, inferiora lanceolato-oblonga, superiora ovato-lanceolata, omnia acuta basi rotundata, serrata, serraturis saepe mucronatis, penninervia, inferiora 2½—2 poll. longa, supra medium paulo latiora 7—5 lin. lata, superiora sensim minora usque ⅛-pollicaria vel breviora. Panicula terminalis, corymbosa, laxa, polycephala (80), ramis folio caulino brevi suffultis plerumque tricephalis rarius subcincinnoideis. Capitula pedunculata pluriflora (40—50); pedunculus involucri longitudine, saepe etiam brevior, tomentellus. Involucri hemisphaerici squamae dense imbricatae, multiseriales, lanceolato-lineares, acuminatae, mucronatae, pilis longiusculis lanuginosae, canescentes, apice glabriusculae purpurascentes, apicibus imprimis inferiorum reflexo-patentibus, rigidulae, exteriores breviores et angustiores 1½—2 lin. longae trinerves, interiores sensim longiores 3½ lin. longae, ¾ lin. latae, quinquenerves, nervis viridulis. Receptaculum planum alveolatum, foveolis margine laceratis. Flores purpurei, discoidei, tubulosi. Pappus ut in fructu. Corolla regularis, tubuloso-quinquefida, tres lin. longa, extrinsecus puberula, punctis resinosis consparsa; ejusdem tubus inferne cylindricus, superne infundibuliformiter dilatatus, quinquenervis, nervis corollae lobis alternis ad sinum bifidis, ramis in laciniis marginalibus usque ad earum apices excurrentibus; laciniae lanceolatae, acutiusculae, fere lineam longae, apice pilosulae. Stamina quinque; filamenta nervis in corollae tubo ampliato inserta; antherae basi bifidae, apice in appendicem lanceolatam e tubo exsertam productae, cum appendiculis lineam longae. Ovarium inferum, quinquangulum, hirtellum. Stylus cylindricus bifidus, ramis elongatis hispidulis, corollam paulum excedentibus. Achaenium turbinatum, 1½ lin. long., quinqueangulatum, ad angulos villosulum, ceterum punctis resinosis consparsum, pappo sordido albo paleaceo setiformi coronatum. Pappi paleae setas cingentes 19—20, biseriales, ⅓ lin. longae, lanceolatae, acutae, denticulatae, versus apices fimbriatim pilosae; setae 19—22 tres lin. longae, hirtellae, rigidulae.

Affinis Vernoniae Hochstetteri C. H. Schultz Bip., quae differt pubescentia rufescente, inflorescentia ampliore densiore, paniculae ramis gracilioribus, involucri squamis et pappo rufescentibus. Vernoniae species sectionis Tephrodes simile quidem involucrum habent, sed habitu diversissimae sunt.

Explicatio tabulae XVII B. a) Capitulum dissectum quater, b) involucri squamas superiores facie externa et interna 6ᵐ, c) flos 12ᵘ, d) dissectus 10ᵐ, e) pappi squamae, f) setae 12ᵘ, g) corolla 10ᵇⁱ, h) antherarum tubus explanatus, i) ovarium transverse sectum, k) styli pars superior 18ᵐ, l) achaenium, m) a latere, n) dissectum, auctum.

Croît dans les champs de Sorghum vulgare près de Wau, entre les fleuves Bahr-Dembo et Bahr-Djur, sous le 8ᵐᵉ degré de latitude nord et le 25ᵐᵉ degré de longitude du méridien de Paris. Cueilli en février 1864 par M. de Heuglin. (Herbier de Vienne No. 22.)

Plante vivace (?) de 2 à 3 pieds, rameuse, blanchâtre par la présence de poils longs, articulés, étalés, recouverte de ponctuations résineuses. Tige droite, supérieurement divisée en corymbes dichotomes, presque cylindrique, striée, à rameaux un peu cotonneux vers leur extrémité. Feuilles alternes, très-brièvement pétiolées, presque sessiles; les inférieures lancéolées-oblongues, les supérieures ovales-lancéolées, aiguës, arrondies à la base, à dents en scie souvent mucronées, penninervées; inférieures longues de 2½ à 2 pouces, un peu plus larges (7 à 5 lignes) au-delà de leur milieu; supérieures successivement moins grandes, de ⅛ pouce et moins. Panicule terminale en forme de corymbe lâche, polycéphale (80 capitules); les rameaux sont placés à côté d'une feuille caulinaire courte, portent ordinairement 3 capitules, et sont rarement en forme de cincinnus. Capitules pédonculés, à un grand nombre de fleurs (40 à 50); pédoncule de la longueur de l'involucre, fréquemment plus court, un peu tomenteux. Les écailles de l'involucre hémisphérique sont densément imbriquées, multisériées, lancéolées-linéaires, acuminées, mucronées, couvertes de poils longs, blanchâtres; à leur sommet, elles sont un peu glabres, purpurines, la pointe des inférieures surtout est étalée-réfléchie; elles sont assez roides, les extérieures plus courtes et plus étroites, longues de 1½ à 2 lignes, trinervées; les intérieures deviennent successivement plus longues, mesurant 3½ lignes de long et ¾ de ligne de large, quinquénervées, à nervures verdâtres. Réceptacle plan, à alvéoles déchirés sur les bords. Fleurs pourpres, discoïdes, tubuleuses; l'aigrette comme celle du fruit. Corolle régulière, tubuleuse-quinquéfide, d'une longueur de 3 lignes, pubescente extérieurement, couverte de ponctuations résineuses; inférieurement, le tube est cylindrique; supérieurement, il est en entonnoir élargi, quinquénervé, à nervures alternant avec les lobes de la corolle, et bifides au sinus; leurs ramifications se dirigent jusqu'aux extrémités dans les lanières marginales; celles-ci sont lancéolées, un peu aiguës, longues de près de 1 ligne, légèrement poilues à leur sommet. Étamines au nombre de 5, filets insérés sur les nervures du tube corollifère élargi; anthères bifides à la base, prolongées à leur sommet en un appendice lancéolé dépassant le tube; avec les appendices, elles sont longues de 1 ligne. Ovaire infère pentagone, un peu hérissé. Style cylindrique, bifide, à branches allongées, un peu hérissées, dépassant peu la corolle. Akène en forme de toupie, long de 1½ ligne, pentagone, un peu velu sur les angles, recouvert de ponctuations résineuses; aigrette blanc-sale, paléacée, sétiforme. Les paillettes de l'aigrette entourent une vingtaine de soies bisériées, d'une longueur de ⅓ de ligne, lancéolées, aiguës, denticulées, portant vers leur sommet des poils fimbriés; soies au nombre de 19 à 22, longues de 3 lignes, un peu hérissées et roides.

Cette espèce est voisine du Vernonia Hochstetteri C. H. Schultz Bip.; elle en diffère par une pubescence roussâtre, par une inflorescence plus vaste et plus dense, par les rameaux de la panicule plus grêles, par les écailles de l'involucre et par l'aigrette roussâtre. Les Vernonia de la section Tephrodes, offrent un involucre semblable, mais présentent un port tout différent.

Explication de la planche XVII B. a) Coupe d'un capitule, 4 fois grossi; b) écailles supérieures de l'involucre, vues des deux faces, grossissement de 6; c) fleur 12 fois grossie; d) coupe de la fleur, grossissement de 10; e) écailles de l'aigrette; f) soies, grossies 12 fois; g) corolle, grossissement de 10; h) tube des anthères étalé; i) ovaire coupé transversalement; k) portion supérieure du style, grossi 18 fois; l) akène, m) le même en de côté, n) coupe de l'akène.

52. VERNONIA PUMILA *Kotschy et Peyritsch.*

TABULA XVII A.

Humilis, fulvo-tomentella, punctis resinosis conspersa, caule basi squamato, foliis sessilibus lineari-lanceolatis denticulatis, capitulis 1—5 terminalibus pedunculatis, pedunculo nudo vel squamato, involucri squamis ovato-oblongis dorso tomentellis margine scariosis et purpureis, exterioribus saepe laxiusculis, mediis latioribus panduriformibus, summis oblongis, floribus numerosis, achaenio 10-costato hirtello, pappo sordido setoso, setis interioribus multo longioribus apice complanatis hirtellis rigidulis.

Planta humilis, in locis siccis et aridis inter saxa ad Bongo crescens, ubi cum floribus violaceis et albidis lecta est ab Heuglinio m. Dec. 1863. Herb. Caes. Palat. Vindob. Exp. Tinn. n. 19.

Cette plante, peu élevée, à fleurs violacées et blanchâtres, croît dans les endroits secs et arides, entre les rochers près de Bongo, où M. de Heuglin l'a cueillie en décembre 1863. (Herbier de Vienne No. 19.)

Herba humilis, 2—3-pollicaris. Caulis basi squamatus, simplex aut corymboso-ramosus, 1—5-cephalus, teres, vix striatus, pubescentia fulvo-tomentella obsitus, intermixtis punctis resinosis. Squamae ovato-oblongae, approximatae, tomentosae, sensim in folia caulina transeuntes. Folia caulina 3—5 lin. longa, sessilia, lanceolata, acuta, denticulata, utrimque tomentella, rigidula, superiora sensim breviora laxiuscula squamiformia. Capitula homogama, discoidea, pedunculata; pedunculus (corymbi ramus) folio caulino suffultus, nudus vel saepius squamatus, superne paulo crassior, fulvo-tomentosus; squamulae interdum sub involucro confertae, laxiusculae, in involucri squamas commutatae. Involucrum hemisphaerico-campanulatum 5 lin. altum. Squamae imbricatae, 4—5-seriatae, ovato-oblongae, obtusissimae, dorso fulvo-tomentellae, margine tenuiores glabriusculae purpureae; inferiores laxiusculae, 2—2½ lin. longae, 1—1½ lin. latae; mediae panduriformes, segmento inferiore maiore adpresso, sensim maiores, ovato-oblongae; superiores infra apicem vix contractae, summae oblongae 4½—5 lin. longae lineam circiter latae, omnes intus superne viridulae ad marginem diaphano exitu purpureae. Receptaculum planum alveolatum. Flores plurimi (80) violacei vel albicantes. Pappus ut in fructu. Corolla 6 lin. longa, tubulosa, quinquefida; eiusdem tubus cylindricus, inferne angustissimus, punctis resinosis conspersus, superne inaequaliter ampliatus, parte ampliata linea paulum longiore, quinquenervis, nervis corollae laciniis alternis unto sinum bifidis, ramis in laciniis marginalibus usque ad apices earum excurrentibus; laciniae lineam longae, lanceolatae, oblongae, acutiusculae, apicem versus punctis resinosis conspersae. Stamina 5, ampliato corollae tubo inserta, antherae e tubo exsertae 1½ lin. longae. Ovarium inferum, dense hirtellum, decemcostatum. Stylus cylindricus, bifidus, in suprema parte aeque ut rami hispidulus, ramis elongatis e corolla longe exsertis. Achaenium 2 lin. long., prismaticum, decemcostatum, imprimis ad costas hispidulum. Pappus setosus; setae multiseriales, exteriores tenuissimae inaequales, brevissimae, ¼—⅓ lin. longae, interiores 4 lin. longae, apicem versus paulo latiores, hirtellae, apice puberulae, omnes rigidae sordido albae.

Plante petite, de 2 à 3 pouces. Tige couverte à la base d'écailles, simple ou divisée en corymbe, de 1 à 5 capitules, cylindrique, légèrement striée, couverte d'une pubescence cotonneuse, rousse, entremêlée de ponctuations résineuses. Écailles ovales-oblongues, rapprochées, tomenteuses, passant successivement aux feuilles caulinaires. Celles-ci, longues de 3 à 5 lignes, sont sessiles, lancéolées, aiguës, denticulées, légèrement cotonneuses sur les deux faces, un peu rudes; les supérieures deviennent successivement plus courtes, un peu lâches, squamiformes. Capitules homogames, discoïdes, pédonculés; le pédoncule ou rameau du corymbe est étayé par une feuille caulinaire, nu ou fréquemment squameux, un peu épaissi vers le haut, roux-tomenteux; parfois les squamules, rapprochées sous l'involucre et un peu lâches, se transforment en écailles de l'involucre. Celui-ci est hémisphérique, campanulé, haut de 5 lignes. Les écailles sont imbriquées, sur 4 ou 5 rangs, ovales-oblongues, très-obtuses, roux-tomenteuses sur le dos, minces, un peu glabres et pourpres sur le bord; les inférieures sont plus lâches, longues de 2 à 2½ lignes, larges de 1 à 1½ de ligne; celles du milieu sont panduriformes, le segment inférieur est plus grand, appliqué; elles s'agrandissent successivement et sont ovales-oblongues; plus haut, elles sont à peine contractées vers le sommet; les supérieures sont oblongues, de 4½ à 5 lignes, larges d'environ 1 ligne; toutes sont verdâtres intérieurement vers le haut, diaphanes au bord, pourpres à l'extrémité. Réceptacle plan, alvéolé. Fleurs nombreuses (80), violacées ou blanchâtres. L'aigrette est comme dans le fruit. Corolle longue de 6 lignes, tubuleuse, quinquéfide; le tube cylindrique est fortement rétréci vers le bas et recouvert de ponctuations résineuses; vers le haut, il est également élargi sur un espace d'à peine 1 ligne, quinquénervé, les nervures sont alternes aux lobes de la corolle, bifides devant le sinus, leurs ramifications s'étendent dans les lobes marginaux jusqu'à leur sommet; lobes longs de 1 ligne, lancéolés, oblongs, un peu aigus, recouverts vers leur extrémité de ponctuations résineuses. Étamines au nombre de 5, insérées à la partie élargie du tube; anthères dépassant le tube, longues de 1½ ligne. Ovaire infère densément hérissé, parcouru de 10 côtes. Style cylindrique, bifide, hérissé en haut, ainsi qu'à ses rameaux allongés, dépassant de beaucoup la corolle. Akène long de 2 lignes, en prisme, à 10 côtes, hérissé, particulièrement sur ces dernières. Aigrette soyeuse, formée par des soies multisériées, les extérieures très-minces, inégales, très-courtes, n'ayant que ⅓ à ½ ligne de long; les intérieures, de 4 lignes, s'élargissant un peu vers le sommet, hérissées, pubescentes en haut; toutes sont dures, d'un blanc sale.

Nulli eiusdem generis speciei arctius affinis, involucri squamis latiusculis panduriformibus inter sectiones Ascarida et Decaneuron dictas fluctuat.

Cette plante n'est étroitement liée à aucune des espèces du genre; par ses écailles larges et panduriformes de l'involucre, elle tient le milieu entre les sections des Ascarida et des Decaneuron.

Explicatio tabulae XVII A. a) Capitulum dissectum duplo auct.; b) involucri squamae mediae quater auct.; c) flos, d) dissectus 5^m auct.; e) pappi setae interiores et exteriores 8^m, f) seta media 8^m; g) corolla cum stylo, h) dissecta; i) antherarum tubus explanatus; k) ovarium dissectum 10^m; l) styli pars superior cum antheris; m) achaenium, n) a latere 15^m auct. 1) Caulis segmentum.

Explication de la planche XVII A. a) Coupe d'un capitule, de grandeur double; b) écailles du milieu de l'involucre, 4 fois grossies; c) fleur, d) la même coupée, grossissement de 5; e) soies extérieures et intérieures de l'aigrette, grossissement de 8; f) soie moyenne, même grossissement; g) corolle avec le style, h) coupe de la corolle; i) tube des anthères étalé; k) coupe de l'ovaire, 10 fois grossi; l) portion supérieure du style avec les anthères; m) akène, n) le même vu latéralement, grossissement de 15, 1. Portion de la tige.

53. BLUMEA PERROTTETIANA *DC.*

Prodr. V. p. 443. n. 63. Hook. Nig. Fl. p. 432.

Speciei huius polymorphae exempla Heugliniana quoad folia cum Blumea oxyodonta a Kotschy in montibus Fassogla lecta et a cl. C. H. Schultz Bip. determinata congruunt, racemo vero spiciformi pleiocephalo subfolioso ad Blumeam solidaginoidem inclinant, sed floribus 8 vel 10 masculis et corolla 1½—2 lin. longa discrepant.

Les échantillons de cette espèce polymorphe s'accordent, quant aux feuilles, avec ceux que M. Kotschy a rapportés des montagnes du Fassoglu, et qui ont été déterminés par M. C. H. Schultz Bip., sous le nom de Blumea oxyodonta; mais, par leur grappe spiciforme, à capitules nombreux et un peu feuillés, ils se rapprochent du Blumea solidaginoides, dont ils s'éloignent toutefois considérablement par les fleurs mâles au nombre de 8 à 10 et par la corolle longue de 1½ à 2 lignes.

In arvis cultis prope Wau crescens, lecta est m. Jan. et Febr. 1864. Herb. Caesar. Palat. Vindob. Exp. Tinn. nn. 21. 22.

Habite dans les champs cultivés près de Wau. Cueillie par l'expédition Tinnéenne en janvier et février 1864. (Herbier de Vienne Nos. 21. 22.)

54. VARTHEMIA KOTSCHYI *C. H. Schultz Bip.*

ms. — Inulaster Kotschyi C. H. Schultz in Kotschyi Iter Nub. n. 108. Schweinf. Beitr. z. Fl. Aeth. p. 161.

Crescit ad Wau in campis Djur Aethiopum 8 gr. bor. lat. 25° long. Paris. Lecta est m. Januario 1864. Herb. Caes. Palat. Vindob. Exp. Tinn. n. 17.

Croît près de Wau, dans les campagnes du Djur, sous le 8 degré de latitude nord et le 25 degré de longitude du méridien de Paris, où il fut cueilli en janvier 1864. (Herbier de Vienne No. 17.)

SALVADOREAE.

55. SALVADORA PERSICA *Linn.*

Spec. p. 178. Delil. Fl. Aeg. p. 54. n. 189. Wight. Icon. pl. Ind. orient. IV. t. 1621. Schnizl. Icon. t. 17° Thoms. in Speke Source of the Nile App. G. p. 645. Schweinf. Pl. Nilot. p. 33. Beitr. z. Fl. Aeth. p. 163.

Crescit ad ripas Nili et Bahr-Ghasal. Herb. Caesar. Palat. Vindob. Exp. Tinn. n. 70 a.

Vient sur les rives du Nil et du Bahr-Ghasal. (Herbier de Vienne No. 70 a.)

NYCTAGINEAE.

56. BOERHAAVIA PENTANDRA *Kotschy et Peyritsch.*

TABULA XVIII.

Suffrutex, foliis petiolatis ovalibus rotundatis aut ovatis basi fere truncatis in petiolum brevissimo attenuatis apice obtusis vel subacutis interdum emarginatis utrimque puberulis, umbellis 2—6-floris longiusculo pedunculatis, floribus breviter pedicellatis ultra semipollicaribus, staminibus quinque exsertis.

In finibus Aethiopum Roq ad Bahr-Ghasal florentem decerpsit Alexandrina Tinne m. Febr. 1863. Herb. Caesar. Palat. Vindob. Exped. Tinn. n. 16.

Se trouve dans le pays éthiopien de Roq sur les bords du Bahr-Ghasal, où il fut cueilli en fleurs par Mlle. Tinne au mois de février 1863. (Herbier de Vienne No. 16.)

Suffrutex diffuso ramosus. Caules subdichotomi, recti, elongati, teretiusculi vel subtetragoni, striati, puberuli. Rami ramulique ad foliorum insertionem nodosi, saepe sulco longitudinali percursi, rami internodiis 2—3-pollicaribus foliis maioribus praediti, ramuli graciliores subterotes, internodiis 2—1-pollicaribus. Folia opposita, petiolata, 2—½ poll. longa, 1½ poll.—4 lin. lata, late ovalia rotundata aut ovata, basi subtruncata, in petiolum 5—1 lin. long. plerumque brevissime attenuata, rarissime in petiolum longius producta, apice

Sous-arbrisseau couché, rameux. Tiges sub-dichotomes, droites, allongées, un peu cylindriques ou subquadrangulaires, striées, pubescentes. Les rameaux et les ramules sont noueux au point d'insertion des feuilles, parcourus souvent par un sillon longitudinal; les rameaux, dont les entre-noeuds sont éloignés de 2 à 3 pouces, portent des feuilles grandes; les ramules, à entre-noeuds de 2 à 1 pouce, sont grêles et un peu cylindriques. Feuilles opposées, pétiolées, longues de 2 à ½ pouce, larges de 1½ pouce à 4 lignes, largement ovales, arrondies ou ovalaires, atténuées ordinairement très-

rotundata vel obtusa apiculata, apiculo brevi acuto submucronato, vel subacuta rarius emarginata, repanda, imprimis subtus rugosula, ad basin 3—5-nervia, nervo medio validiore, nervis secundariis, exceptis duobus infimis oppositis, alternis 2—4. Umbellae 5—2-florae axillares et terminales, pedunculatae, pedunculo 2¼—1 poll. longo, tereti, ramulorum crassitie, basi articulato, cum pedicellis puberulo, pedicellis persistentibus, floriferis 1 lin. longis, post anthesin 3 lin. longis. Bracteae caducae (non visae). Perigonium infundibuliforme, supra partem inferiorem persistentem constrictum et angustatum, in limbum sensim ampliatum 8 lin. long., roseum, breviter pilosum, extus pilis adpressis sparsis lineolato-notatum, eiusdem pars inferior cylindrica, 2 lin. long., 10-costata, ad costas nonnullis maculis oblongis vel punctis elevatis picto-nigrescens; limbus apertus, quinqueplicatus, breviter 5-lobus, diametro 4—5 linearum, lobis emarginatis vel bilobis, striis aut plicis quinque in tubum decurrentibus viridibus subuninervibus, nervis secundariis 6—8, limbum parallele percurrentibus, prope striam in anastomosee eidem parallelas consociatis. Stamina 5, exserta, 8—9 lin. longa; filamenta tenuissima, paulum inaequalia, basi in vaginam ovarii stipitem includentem ⅓ lin. longam connata; antherae ¼ lin. longae, biloculares, loculis rotundatis. Ovarium stipitatum, ovoideo-oblongum, uniloculare, ovulo unico erecto anatropo. Stylus 9—10 lin. longus, tenuissimus. Stigma capitatum. Fructus . . . .

fortement, à leur base un peu tronquée, en un pétiole de 5 à 1 ligne de long, très-rarement elles se prolongent davantage sur le pétiole; à leur sommet, elles sont arrondies ou obtuses, munies d'un apicule court, aigu ou un peu mucroné, ou subaiguës, rarement échancrées, chantournées, un peu rugueuses, en-dessous surtout, tri- ou quinquénervées à la base, à nervure médiane forte, à nervures secondaires au nombre de 2 à 4, alternes, excepté les deux inférieures, qui sont opposées. Ombelles de 5 à 2 fleurs, axillaires et terminales, portées sur un pédoncule de 2¼ à 1 pouce, cylindrique, de la grosseur des rameaux, articulé à la base, pubescent ainsi ques les pédicelles persistants; à la floraison, ils mesurent 1 ligne de long, et 3 lignes après l'anthèse. Bractées caduques (inconnues). Périgone en entonnoir, étranglé au-dessus de la portion inférieure et persistant, s'élargissant successivement vers le limbe, long de 8 lignes, rose, couvert de poils courts, portant extérieurement des lignes de poils appliqués, épars; sa partie inférieure cylindrique, mesure 2 lignes, et offre dix côtes munies de quelques taches oblongues, ou des ponctuations saillantes; le limbe ouvert présente 5 plis; il est brièvement quinquilobé, d'un diamètre de 4 à 5 lignes; ses lobes sont échancrés ou divisés en deux, garnis de 5 stries ou plis, décurrents vers le tube, verts, presque uninervés; les nervures secondaires, au nombre de 6 à 8, parcourent le limbe parallèlement et s'anastomosent en lignes parallèles près de la strie. Étamines au nombre de 5, exsertes, longues de 8 à 9 lignes; filets très-minces, de longueur inégale, soudés à la base en une gaîne de ⅓ de ligne de long, laquelle renferme le support de l'ovaire. Anthères longues de ¼ de ligne, à deux loges arrondies. Ovaire stipité, ovoïdo-oblong, uniloculaire, à un seul ovule dressé, anatrope. Style de 9 à 10 lignes, très-mince. Stigmate en tête. Fruit . . . .

Proximum Boerhaaviae grandiflorae A. Rich. et Boerhaaviae dichotomae Vahl, sed floribus multo maioribus et staminibus constanter quinque diversa.

Cette espèce est très-voisine du Boerhaavia grandiflora A. Rich. et du B. dichotoma Vahl, mais s'en éloigne par les fleurs bien plus grandes et par les étamines constamment au nombre de cinq.

Explicatio tabulae XVIII. a) Flos sub anthesi, b) ante anthesin, c) dissectus quater auctus; d) floris pars infima perigonii pariete orbata 8va auct., e) dissecta 10ma; f) stamen 12mum; g) ovarium 10mum; h) stigma 10mum auctum.

Explication de la planche XVIII. a) Fleur pendant l'anthèse; b) avant l'anthèse; c) coupe de la fleur, grossissement de 4; d) portion la plus inférieure de la fleur, dépouillée du périgone, grossissement de 8; e) fleur coupée, 10 fois grossie; f) étamines, grossissement de 12; g) ovaire grossi 10 fois; h) stigmate grossi 10 fois.

DAPHNOIDEAE.

57. LASIOSIPHON AFFINIS *Kotschy et Peyritsch.*

TABULA XIX B.

Suffrutex, caulibus simplicibus strictis, foliis oblongo-lanceolatis molliter pubescentibus, capitulis pedunculatis, involucro 10—12-phyllo capitulum aequante, squamis perigonii lobis quadruplo minoribus.

Crescit in aridis regionibus silvaticis prope Bongo in confinio provinciarum Dombo et Djur, 8° bor. lat. 28° long. Par. Specimen lectum m. Decemb. 1863. Herb. Caes. Palat. Vindob. Exped. Tinn. n. 15.

Vient dans les contrées arides et boisées près de Bongo, sur les confins des provinces de Dembo et de Djur, sous le 8me degré de latitude nord et le 28me degré de longitude du méridien de Paris, d'où il fut rapporté par l'expédition Tinnéenne qui l'a cueilli en décembre 1863. (Herbier de Vienne No. 15.)

Suffrutex caulibus 5—10-pollicaribus, simplicibus, erectis, angulatis, subherbaceis, basi lignosis squamigeris, apice monocephalis, fulvo-pubescentibus subtomentosis. Folia infima squamiformia 1—2 lin. longa, lineari-lanceolata, exsiccata fusca; caulina inferiora 3 lin.—⅓ poll. longa, media pollicaria, superiora interdum minora, omnia sparsa, 2 lin.—½ poll. dissita, brevissime petiolata, oblongo-lanceolata, 2—4 lin. lata, utrimque acuta vel apice rotundata, apiculata, integerrima, rigidula, utrimque molliter pubescentia, subtus pallidiora, nervo medio cum lateralibus utrimque paulum prominente, lateralibus 4—6, subparallelis, oppositis vel alternis, versus

Arbuste à tiges de 5 à 10 pouces, simples, droites, anguleuses, presque herbacées, à base ligneuse, garnie d'écailles, portant à leur sommet des capitules solitaires, brun-pubescentes, presque cotonneuses. Feuilles inférieures squamiformes, longues de 1 à 2 lignes, linéaires-lancéolées, brunes par la dessiccation; les caulinaires inférieures mesurent 3 à ½ lignes, les moyennes un pouce; les supérieures sont quelquefois plus petites; toutes sont éparses, placées à des distances de 2 à 6 lignes, très-brièvement pétiolées, oblongues-lancéolées, larges de 2 à 4 lignes, aiguës aux deux bouts, ou arrondies au sommet, apiculées, entières, un peu dures, portant sur les deux faces une pubescence molle, pâles en-dessous; la nervure médiane, de même que les nervures latérales, sont peu saillantes sur les deux faces; les latérales, au

marginem anastomosantibus; floralia a caulinis remota capitulum involucrantia demum decidua. Capitulum terminale hemisphaericum, diametro circiter novem lin., pedunculatum, pedunculo 1—3-pollicari, involucratum, foliis involucrantibus 10—12, subimbricatis, fere biserialibus, 5—6 lin. longis, 2—3 lin. latis, capitulum aequantibus, e basi ovata lanceolatis, acutis, uninervibus, ceterum foliis caulinis similibus. Receptaculum convexum, areolatum, inter areolas villosum. Flores plurimi, semipollicares, intense flavi. Perigonium hypocrateriforme, extrinsecus adpresse sericeo-villosum; eiusdem tubus cylindricus, 5 lin. long., basi cylindrico-incrassatus, villosissimus, villis densissimis albis nitidis fere tres lineas longis, demum 2 lin. supra basin circumscissus; limbi patentissimi laciniae quinque, 1 ½ lin. longae, ovales, obtusissimae. Squamulae quinque, perigonii laciniis alternae, summae fauci insertae, exsertae, vix ½ lin. longae, basi ovatae, truncatae, plus minus emarginatae, margine truncato subcalloso. Stamina 10, biserialia, quinque superiora perigonii laciniis opposita, fauci inserta, apicibus exserta; quinque inferiora a superioribus lineam remota, filamentis brevissimis filiformibus; antheris dorso supra basin affixis, oblongis, ¾ lin. longis. Ovarium perigonii tubo villosissimo persistente inclusum, villosum, villis erectis adscendentibus, uniloculare, ovulo unico anatropo, ex apice loculi pendulo. Stylus sublateralis. Stigma capitatum. Fructus . .

nombre de 4 à 6, sont presque parallèles, opposées ou alternes, et s'anastomosent vers le bord. Les feuilles florales sont éloignées des caulinaires, forment un involucre au capitule et finissent par tomber. Capitule terminal, hémisphérique, d'un diamètre d'environ 9 lignes, porté sur un pédoncule de 1 à 3 pouces, entouré de feuilles involucrantes au nombre de 10 à 12, sublimbriquées, presque bisériées, longues de 5 à 6 lignes, larges de 2 à 3 lignes, à peu près de la longueur du capitule, lancéolées à partir d'une base ovale, aiguës, uninervées, du reste semblables aux feuilles caulinaires. Réceptacle convexe, aréolé, villeux entre les aréoles. Fleurs nombreuses, longues d'un demi-pouce, jaune-foncé. Périgone en forme de coupe, couvert extérieurement d'une villosité appliquée; tube cylindrique long de 5 lignes, polytrique, à la base épaissie en cylindre; poils très-denses, blancs, brillants, longs de près de 3 lignes; à la fin, le tube se sépare circulairement à 2 lignes au-dessus de sa base; les 5 lobes du limbe sont fortement étalés, de ½ ligne de long, ovales, très-obtus; cinq petites écailles, alternes aux lobes du périgone et insérées un haut de la gorge, sont exsertes, à peine longues de ½ ligne, ovales à la base, tronquées, plus ou moins échancrées; leur bord tronqué est légèrement calleux. Étamines au nombre de 10, placées sur 2 rangs; les 5 supérieures sont opposées aux lobes du périgone, insérées à la gorge, que leur sommet dépasse; les inférieures sont insérées 1 ligne plus bas que les supérieures, et sont à filets très-courts, filiformes; anthères attachées par leur dos au-dessus de la base, oblongues de ¾ de ligne. L'ovaire est renfermé dans le tube persistant, très-velu du périgone; couvert d'une villosité ascendante, uniloculaire, à un seul ovule anatrope, pendant du haut de la loge. Style un peu latéral. Stigmate en tête. Fruit . . . .

Proximus quidem L. Kraussii Meissn., sed glandulis multo brevioribus et capitulo minore differt.

Cette espèce, très-voisine du Lasiosiphon Kraussii Meissn., en diffère par les glandes bien plus petites et par le capitule moins grand.

Explicatio tabulae XIX B. a) Flos, b) dissectus; c) perigonii pars superior explanata 8^m auct., d) perigonii squamulae diversae 12^m auctae; e), e') stamina inferiora et superiora facie et dorso; f) ovarium, f') dissect.; g) styli pars superior cum stigmate 24^in auct.; h) segmentum caulis infimum cum foliis squamiformibus.

Explication de la planche XIX B. a) Fleur, b) la même, coupée; c) partie supérieure du périgone étalée, grossissement de 6; d) diverses écailles du périgone 25 fois grossies; e), e') étamines inférieures et supérieures vues des deux faces; f) ovaire, f') le même, coupé; g) partie supérieure du style avec le stigmate, grossissement de 24; h) portion de la partie inférieure de la tige avec les feuilles squamiformes.

EUPHORBIACEAE.

58. EUPHORBIA BONGENSIS, *Kotschy et Peyritsch.*

TABULA XIX A.

Fruticulosa, foliis omnibus alternis brevissime petiolatis lineari-lanceolatis vel linearibus acutis, stipulis glanduliformibus obsoletis, capitulo terminali, glandulis 5 bilabiatis fere patelliformibus breviter stipitatis, bracteolis inter flores masculos plumosis simplicibus vel partitis, capsula breviter stipitata, seminibus laevibus.

In regionibus silvaticis ad ripas fluminis Djur, qui in Bahr-Ghasal illabitur, crescens, lecta est apud Bongo m. Dec. 1863. Herb. Caes. Palat. Vindob. Exp. Tinn. n. 58.

Vient dans les contrées boisées au bord du Djur, affluent du Bahr-Ghasal. Découvert en décembre 1863 près de Bongo par l'expédition Tinnéenne. (Herbier du Vienne No. 58.)

Fruticulus semipedalis et ultra. Rami simplices vel ramosi, pennae corvinae crassitie, apice mono—oligocephali, viridi-flavescentes, subglabri, ramuli pilis brevibus patentissimis puberuli; gemmae supremae inferioribus magis evolutae. Folia sparsa, interstitiis inaequilongis 12—2 lin. longis disita, ⅓—1 ½ -pollicaria, 1—2 lin. lata, petiolata, petiolo ¼—1 lin. longo puberulo, linearia vel lineari-lanceolata, basi aequalia et obtusa, apice acuta, nervo medio excurrente mucronulata, rarius evidenter mucronata, margine revoluta, integerrima, supra glabra, nitida, saturate viridia, ad nervum medium et lateralia pallidiora, subtus dilute viridia violascentia,

Petit arbuste de ½ pied et au delà. Rameaux simples ou divisés, de la grosseur d'une plume de corbeau, portant à leur sommet un seul ou un petit nombre de capitules, vert-jaunâtre, presque glabres; ramules recouverts de petits poils très-étalés; bourgeons supérieurs plus développés que les inférieurs. Feuilles éparses, à distances inégales de 12 à 2 lignes, longues de ⅓ à 1 ½ pouce, larges de 1 à 2 lignes, portées sur un pétiole pubescent de ½ à 1 ligne, linéaires ou linéaires-lancéolées, à base égale et obtuse, à sommet aigu, nervure médiane arrivant jusqu'au sommet, quelquefois mucronulées, rarement évidemment mucronées, à bords révolutés, entières, glabres, luisantes et vert-foncé en-dessus, pâles sur la nervure médiane et les nervures latérales; vert-clair ou violacées

nervo medio prominente, lateralibus 10—15 angulo acuto vel recto a medio divergentibus. Stipulae (sub lente) minimae, glanduliformes, rubicundae. Capitulum terminale plerumque solitarium, pisi magnitudine, rarius uno alterove ex foliorum axillis supremis orto, minus evoluto, ramulum brevissimum terminante associato. Involucrum depresse urceolatum, quinque-lobulatum, quinque-glandulosum, extrinsecus virescens, intus flavidum; lobuli rotundati, fimbriati, subcolorati, fimbriis ciliolatis; glandulae involucri lobis alternae breviter stipitatae, limbo obliquo bilabiato fere patelliformi, labio superiore brevissimo emarginato, inferiore 1 lin. longo ¾ lin. lato producto undulato suborbiculari. Bracteolae inter flores masculos simplices bifidae vel nonnullae plus minus connatae, quasi inaequaliter palmatisectae, plumosulae. Flores masculi; stamina plurima; filamentis supra medium articulatis, articulo inferiore piloso persistente post anthesin parum elongato involucri longitudine, superiore nudo; antheris luteis didymis, bilocularibus, longitudinaliter dehiscentibus. Pistillum brevissime stipitatum, stipite piloso, involucro triplo breviore, post anthesin parum excrescente; ovarium ovoideo-oblongum, dense pilosum, pilis ascendentibus, triloculare, loculis uniovulatis, ovulis ex angulo centrali suspensis; styli tres simplices, pilosi, suberecti, conici, ovario aequilongi, superne papillosi. Schizocarpium breviter stipitatum, stipite vix involucri longitudine, in coccos tria intus aperta secedens, coccis 2½ lin. longis ad extremum bivalvibus, valvis oblique triangulis extrinsecus puberulis duris. Semen (nuncum) testa cinereo-fusca laevi obtectum.

Sectionis dubiae. Folia omnia sparsa. Stipulae obsoletae. Cymae terminales. Glandulae bilabiatae fere patelliformes.

Explicatio tabulae XIX A. a) Capitulum, b) dissectum, c) involucrum facie externa, d) interna, e) involucri glandula, omnia octies aucta; f) bracteolae inter flores masculos, g) stamina facie et dorso, h), h¹) antherae dehiscentes, facie, dorso et latere, h²) anthera ante anthesin a latere 10^m auct., i) pistillum, i¹) dissectum, k) ovarium transverse sectum 12^m auct., l) capitulum fructiferum, m) cocci valva, m¹) dimidia 6^m auct.

en-dessous; nervure médiane saillante, nervures latérales au nombre de 10 à 15, formant à partir de leur milieu un angle aigu ou droit. Stipules, vues à la loupe, petites, glanduliformes, rubicondes. Capitule terminal, ordinairement solitaire de la grosseur d'un pois, rarement accompagné de quelque autre capitule moins évolué, né de l'aisselle des feuilles supérieures, et se trouvant à l'extrémité d'un rameau très-court. Involucre déprimé-urcéolé, à 5 lobes et à 5 glandes, verdâtre extérieurement, jaunâtre intérieurement; lobes arrondis, fimbriés-ciliés, un peu colorés; glandes de l'involucre alternes, brièvement stipitées, à limbe oblique, bilabié, presque patelliforme; lobe supérieur très-court, échancré; lobe inférieur long de 1 ligne, large de ¾ de ligne, allongé, ondulé, suborbiculaire. Bractéoles entre les fleurs mâles, simples, bifides, ou quelques-unes plus ou moins soudées, en quelque sorte inégalement palmatisèques, plumuleuses. Fleurs mâles: étamines assez nombreuses, à filets articulés au-dessus du milieu, à article inférieur poilu, persistant, légèrement oblong après l'anthèse et de la longueur de l'involucre, article supérieur nu. Anthères jaunes, didymes, biloculaires, s'ouvrant longitudinalement. Pistil porté sur un stipe très-court, poilu, 3 fois plus court que l'involucre, s'accroissant un peu après l'anthèse. Ovaire ovoïde-oblong, couvert de poils denses, ascendants, triloculaire, à loges uniovulées; ovules suspendus à l'angle central. Styles au nombre de 3, simples, poilus, presque droits, coniques, de la longueur de l'ovaire, papilleux en-dessus. Schizocarpe porté sur un stipe court, à peine de la longueur de l'involucre, se fondant en trois coques ouvertes intérieurement, longues de 2½ lignes, à l'extrémité bivalves; valves obliquement triangulaires, dures, pubescentes extérieurement. Graine (incomplète) recouverte d'un test brun-cendré.

Espèce d'affinité douteuse. Toutes les feuilles sont éparses. Stipules obsolètes. Cimes terminales. Glandes bilabiées, presque patelliformes.

Explication de la planche XIX A. a) Capitule, b) le même coupé; c), d) Involucre vu du dehors et du dedans; e) glande de l'involucre; toutes ces figures sous un grossissement de 8; f) bractéoles entremêlées aux fleurs mâles; g) étamines vues de face et du dos; h), h¹) anthères déhiscentes vues de face, du dos et de côté, h²) anthère avant l'anthèse vue de côté, grossissement de 16; i) pistil, i¹) le même coupé; k) ovaire coupé transversalement, grossissement de 12; l) capitule fructifère, m) valves de la coque, m¹) demi-coque, 6 fois grossies.

MOREAE.

Ex compluribus Ficuum speciebus gummi elasticum provenit. Quarum una fruticosa radices adventitias emittens, iisque ubique se applicans, quam celerrime procrescere videtur. Haud raro fit, ut ejusmodi Ficus suis radicibus vicinas arbores, imprimis Palmas Deleb dictas (Borassus Aethiopum) ascendat truncosque tamquam reti induat. Ubi nutrix arbor ad medium truncum tali reto circumplicata est, tandem infausto radicum fruticis parasitici amplexu eneratur.

Plusieurs espèces du genre Ficus fournissent du caoutchouc. L'une d'entre elles, qui est arborescente et pousse des racines aériennes, semble croître avec une vitesse extrême et se trouve fixée partout au moyen de ses racines. Il arrive fréquemment qu'un tel figuier arborescent rampe par-dessus les arbres de son voisinage, et particulièrement sur le palmier connu sous le nom de Deleb (Borassus Aethiopum), dont ses racines enveloppent le tronc comme d'un réseau; quand ce réseau est arrivé au milieu du tronc, qu'il entoure de toutes parts, le palmier cesse de croître, et la plante nourricière se voit étouffée par le figuier parasite dont elle a été envahie.

MONOCOTYLEDONES.

PALMAE.

ELAEIS GUINEENSIS *Linn.*

Mant. p. 137. Schum. et Thonn. Besk. Fl. Guin. II, p. 213. Mart. Hist. Palm. p. 62. t. 54. 55. Knth. Enum. III. p. 279. Hook. Nig. Fl. p. 526. Kirk in Journ. of Linn. Soc. IX. (1866) p. 231.

Crescit in regno Dinka ad Nilum Album; teste Heuglinio e fructibus oleum dulce ab incolis paratur.

Croît dans le royaume de Dinka, sur le Nil blanc; d'après M. de Heuglin, ses fruits fournissent aux indigènes une huile douce.

CALAMUS SECUNDIFLORUS *Pal. Beauv.*

Flore d'Oware et Benin I. p. 16. t. 9. 10. Mart. Hist. Palm. p. 341. Knth. Enum. III. p. 213.

Ex finibus Aethiopum Njamanjam, qui inde a Djur Aethiopibus aequatorem versus incolunt, fructus attulerunt expeditionis Tinneanae socii.

Vient dans le territoire des Njamanjam, s'étendant à partir de la province éthiopienne de Djur jusqu'à l'équateur, comme cela résulte des fruits rapportés par l'expédition Tinnéenne.

AROIDEAE.

59. CULCASIA SCANDENS *Pal. Beauv.*

Flore d'Oware et Benin I. p. 4. t. 3. Schott Prodr. Aroid. p. 218. Knth. Enum. III, p. 46. Hook. Nig. Fl. p. 527.

Lecta ad Bongo non procul a flumine Bahr-Dembo m. Decembri 1863. Herb. Caes. Palat. Vindob. Exp. Tinn. n. 11.

Cueilli près de Bongo, à proximité du Bahr-Dembo, en décembre 1863. Herbier de Vienne, Exp. Tinn. No. 11.

60. STYLOCHITON LANCIFOLIUS *Kotschy et Peyritsch.*

TABULA XX.

Foliis oblongis subellipticis breviter acuminatis acutis, spathae lamina tubo subaequilonga aut longiore, ovariis erectis angulo interno basi connatis, staminum filamentis antheris aequalibus aut paulo longioribus, ovulis plurimis hemianatropis.

Crescit in Aethiopiae regionibus niloticis ad flumen Bahr-Ghasal eiusque affluentias; florifer prope Dembo decerptus est sub finem anni 1863. Herb. Caes. Palat. Vindob. Exp. Tinn. n. 10.

Vient dans les pays éthiopiens arrosés par le Nil, sur le Bahr-Ghasal et ses affluents. Il fut cueilli en fleurs vers la fin de l'année 1863, dans le voisinage de Dembo, par l'expédition Tinnéenne. (Herbier de Vienne No. 10.)

Rhizoma . . . . . Folia omnia radicalia, petiolata, integerrima; petiolus 1—2-pollicaris, supra canaliculatus, basi vaginis cinctus, vaginis hypogaeis, 1¼—2-pollicaribus, albidis, purpureo-punctulatis et striolatis, margine membranaceis; lamina 3—4 poll. longa, 1—1¼ poll. lata, lanceolato-elliptica, basi obtusa vel rotundata, apice breviter acuminata, acuta, inaequilatera, interdum uno latere basi plus minus abortiva, supra laete viridis, subtus pallidior,

Rhizome . . . . Feuilles toutes radicales, entières, portées sur un pétiole de 1 à 2 pouces, supérieurement canaliculé, entouré de gaines à sa base; les gaines souterraines sont de 1½ à 2 pouces, blanchâtres, couvertes de ponctuations et de petites stries pourpres, elles sont membraneuses sur le bord; leur lame, longue de 3 à 4 pouces, large de 1 à 1¼ pouce, est lancéolée-elliptique, à base obtuse ou arrondie à sommet brièvement acuminé, aiguë, inéquilatérale, parfois plus ou moins diminuée à la base; supérieurement

nervo medio valde prominente, secundariis utrimque 4—5, a basi
usque ad dimidium nervi medii oriundis, simplicibus, paulum incurvis, ascendentibus, margine fere parallelis, usque ad apicem laminae excurrentibus, nervulis plurimis obliquis. Scapus radicalis, ½—¾
poll. longus, squamis cinctus, in spadicem spatha involucratam desinens. Squamae pollicares, ovales, albidae, in acumen viride productae, striatae purpureo-punctulatae et striolatae, membranaceae.
Spatha basi tubulosa, tubo 8—9 lin. longo submembranaceo, lamina ¾—1½ poll. longa acuminata acuta nervosa viridi. Spadix
1—1½ pollicaris, cylindricus, interrupte androgynus. Flores feminei:
ovaria quinque, circum axem posita, verticillata, erecta, 2 lin. longa,
in stylos attenuata, angulo interno cum spadice basibus connata,
singula quaeque cupula urceolata lineam longa intus breviore apice
lobulata laxe cincta, unilocularia, multi-ovulata, ovulis angulo interno
placentae parietali cum funiculo filiformi affixis, ascendentibus, hemianatropis; styli e cupula exserti, lineam longi, cylindrici; stigmata hemisphaerica. Flores masculi inferiores remotiusculi, medii
et summi valde approximati; urceolus perigonioideus minutus, stamina et ovarii rudimentum muniens. Stamina 3—5, filamentis filiformibus ¾—1 lin. longis, antheris ½—¾ lin. longis tetragonis
bilocularibus, latere longitudinaliter dehiscentibus.

ello est vert-clair, pâle en-dessous; nervure médiane fortement saillante, nervures secondaires de chaque côté au nombre de 4 ou 5,
naissant depuis la base jusqu'au milieu de la nervure médiane,
simples, peu incurvées, ascendantes, presque parallèles au bord,
allant jusqu'au sommet de la lame; nervules nombreux, obliques.
Scape radical, de ½ à ¾ de pouce, enveloppé d'écailles, qui finissent par former un spadice entouré de la spathe. Écailles de
1 pouce, ovales, blanchâtres, s'allongeant en une pointe verte, parcourues de stries plus ou moins fines, pointillées de pourpre, membraneuses. Spathe à base tubuleuse, tube de 8 à 9 lignes de long,
un peu membraneux; lame longue de ¾ à 1½ pouce, acuminée,
aiguë, nervée, verte. Spadice de 1 à 1½ pouce, cylindrique, inter-
rompu-androgyne. Fleurs femelles: cinq ovaires, placés autour de
l'axe, verticillés, droits, longs de 2 lignes, s'atténuant vers le style,
soudés par leurs bases à l'angle intérieur, lâchement entouré chacun
d'une cupule urcéolée, longue de 1 ligne, plus courte intérieurement,
à sommet lobulé; ils sont uniloculaires, multiovulés, à ovules
attachés, par un funicule filiforme, à leur angle intérieur, au placenta pariétal, ascendants, demi-anatropes; styles dépassant la cupule, longs de 1 ligne, cylindriques; stigmates hémisphériques.
Les fleurs mâles inférieures sont un peu espacées, les moyennes
et les supérieures sont fortement rapprochées; un urcéole petit,
semblable à un périgone, entoure les rudiments des étamines et
de l'ovaire. Étamines au nombre de 3 à 5, à filets filiformes, longs
de ¾ à 1 ligne; anthères longues ½ à ¾ de ligne, tétragones,
biloculaires, s'ouvrant latéralement dans le sens de la longueur.

PISTIACEAE.

61. PISTIA STRATIOTES *Linn.*

*Fl. Zeyl. p. 152. n. 322. Delil. Fl. Aeg. p. 68. n. 630. Knth. Enum. III. p. 8. Hook. Nig. Fl. p. 527. Thoms. in Speke Source of the
Nile, App. G, p. 651. Bot. Mag. t. 4564.*

In Bahr-Ghasal flumine creberrimum una cum Cypero Colymbete, Her-
minier Elaphroxylo, Nymphaeis aliisque plantis insulas natantes efficit. Herb.
Caes. Palat. Vindob. Exp. Tinn. n. 9.

Se rencontre très-abondamment dans le Bahr-Ghasal, où il constitue des
îles flottantes, en société des Cyperus Colymbete, des Herminiera Elaphroxylon, des Nymphaea et diverses autres plantes. (Herbier de Vienne No. 9.)

ORCHIDEAE.

62. EULOPHIA GUINEENSIS *Lindl.*

in Bot. Reg. t. 686.

Crescit in silvis prope Bongo inter Bahr-Dembo et Bahr-Djur flumina;
florifera lecta est m. Decembri 1863. Herb. Caes. Palat. Vindob. Exp.
Tinn. n. 15.

Vient dans les forêts près de Bongo, entre les fleuves Bahr-Dembo et
Bahr-Djur. Il fut cueilli en fleurs, au mois de décembre 1863, par l'expédition Tinnéenne. (Herbier de Vienne No. 15.)

63. EULOPHIA GUINEENSIS *Lindl.*

var. purpurata Reichb. fil. in Kotschy Pl. Tinn. p. 3.

Crescit ad Dembo in vicinia fluminis Djur, in Bahr-Ghasal incidentis, ubi florentem vidit de Heuglin.

Se trouve près de Dembo, dans les environs du Djur, affluent du Bahr-Ghasal, où M. de Heuglin l'a vu en fleurs.

64. LISSOCHILUS ARENARIUS *Lindl.*

in West-Afric. trop. Orchid., Proceed. of Linn. Soc. 1862. p. 133.

Foliis e basi ligulata oblongis acuminatis, pedunculo vix tripedali, apice paucifloro, bracteis triangulo-acuminatis, sepalis triangulis acuminatis reflexis, tepalis oblongis obtuse acutis, labello trilobo, lobis lateralibus semiovatis, lobo antico crenato dilatato retuso utrimque obtusangulo, callo utrimque bilobo in disco inter lobos laterales, antepositis callis granulosis quibusdam, anthera vertice bi-papulosa. — *(Reichenbach fil.)* —

Crescit ad Wau et Dembo; florentem delineavit et siccatam attulit de Heuglin. Herb. Caes. Palat. Vindob. Exp. Tinn. n. 13.

Habite près de Wau et de Dembo. M. de Heuglin en a fait le dessin sur les lieux, et on a rapporté des échantillons desséchés. (Herbier de Vienne No. 13.)

65. LISSOCHILUS PURPURATUS *Lindl.*

in West-Afric. trop. Orchid., Proceed. of Linn. Soc. 1862. p. 133.

Foliis hysteranthiis, pedunculo bipedali basi bivaginato, bracteis lanceolato-setaceis ovaria pedicellata prope aequantibus, sepalis ligulatis acutis, tepalis paulo latioribus semioblongis, lacinia media oblonga obtusiuscula partim undulata, carinis ternis crenulatis e callo basilari ortis, lateralibus utrimque ramosis. — *(Reichenbach fil.)* —

Crescit prope Dembo ad ripam sinistram fluminis Bahr-Djur, qui in Bahr-Ghasal influit. Herb. Caes. Palat. Vindob. Exp. Tinn. n. 12.

Cueilli en fleur par l'expédition Tinnéenne près de Dembo, à la rive gauche du Djur, affluent du Bahr-Ghasal. (Herbier de Vienne No. 12.)

AMARYLLIDEAE.

66. CRINUM TINNEANUM *Kotschy et Peyritsch.*

TABULA XXI.

Scapo semipedali compresso, spatha bivalvi 1½ poll. longa, foliolis ovato-oblongis obtusis, floribus intense roseis 12—30 umbellatis pedicellatis, perigonii tubo tripollicari, laciniis bipollicaribus vix 2 lin. latis infundibuliformiter divergentibus apice patentibus aut reflexis, staminibus laciniis brevioribus, ovario ovato-oblongo superne angustato, loculis multiovulatis.

Specimina ab Alexandrina Tinne in ripa Bahr-Ghasal decerpta et cum Hydrolea aliisque floribus in fasciculum consorta, servantur in Herb. Caes. Palat. Vindob. Exp. Tinn. n. 7 a. — In Cordofan propo Obeid ad vicum Sophia sub umbra Adansoniarum formosam hanc plantam florentem sine foliis Kotschy legerat d. 23. Maii 1837. (Herb. Caes. Palat. Vindob. n. 302.) — Reverend. Prov. Knoblecher e Gondokoro in hortum missionis Chartum transtulit.

Bulbus . . . Folia . . . Scapus erectus ultra semipedalis, compressus, viridis. Spatha diphylla, virescens, foliolis erectis, bipollicaribus, basi pollicem latis, ovato-oblongis, obtusis, striatis, marcescentibus, exterior interioris marginem duas lineas late obtegens. Flores plurimi (12—30), umbellati, intense rosei, pedicellis 1—2 pollicem longis, bracteis ramentaceis 1—2 poll. longis ⅓ lin. latis uninervibus intermixtis. Perigonium tubulosum, limbo infundibuliformi sexpartito; ejusdem tubus elongatus, cylindricus, 2½—3 poll. longus; laciniae apice patentes vel reflexae, lanceolato-lineares,

Vient sur les bords du Bahr-Ghasal, d'où mademoiselle Alexandrine Tinne l'a rapporté en un bouquet desséché avec notre Hydrolea floribunda et quelques autres fleurs. (Herbier de Vienne No. 7 a.) M. Kotschy a cueilli cette belle plante en fleurs, sans feuilles, près de Obeid, dans le Cordofan, le 23. mai 1837, au village de Sophia, sous l'ombre des Baobab. (Herbier de Vienne Nr. 302.) Feu Mgr. Knoblecher l'a transporté de Gondokoro dans le jardin de la maison des missionnaires à Chartum.

Bulbe . . . Feuilles . . . Scape droit, de plus d'un demi-pied, comprimé, vert. Spathe diphylle, verdâtre, formée de feuilles dressées, longues de deux pouces, larges à leur base d'un pouce, ovales-oblongues, obtuses, striées, foncées, dont l'extérieure recouvre l'intérieure par son bord, sur un espace de 2 lignes. Fleurs au nombre de 12 à 80, en ombelle, rose-foncé, portées sur des pédicelles de 1 à 2 pouces, entremêlés de bractées ramentacées longues de 1 à 2 pouces, larges de ⅓ de ligne, uninervées. Périgone en tube; limbe en entonnoir, sexpartite; tube allongé, cylindrique, de 2½ à 3 pouces; lobes étalés à leur extrémité ou réfléchis, lancéolés-linéaires, un peu obtus, longs d'environ 6 lignes, larges de 1¾ à

obtusiusculae, circiter bipollicares, 1¾—2 lin. latae, quarum exteriores interioribus angustiores sunt, 7—9-nerves, nervis parallelis, hinc inde nervulis anastomosantibus. Stamina sex, summo perigonii tubo 1—1½-pollicari inserta, filamentis filiformibus erecto-patentibus apice vix declinatis, antheris 4 lin. longis, oblongis, dorso infra medium affixis, versatilibus, bilocularibus, longitudinaliter dehiscentibus. Ovarium inferum, 8 lin. longum, ovato-oblongum, superne angustatum, parte angustata cylindrica 1—2 lin. longa, septis tribus medio obliteratis spurie sexloculare. Ovula plurima, in angulo centrali cuiusvis loculi biserialia, horizontalia, anatropa. Stylus 4½ lin. longus, filiformis, apicem versus paulum clavatus, declinatus: stigma obsolete trilobum.

Cum specimina sine bulbo et foliis sint, huius speciei in honorem Alexandrinae Tinne dictae affinitas dubio obnoxia est.

Explicatio tabulae XXI. a) Flos magnit. natur., b) dissectus; c) perigonii lacinia duplo aucta; d) stamen triplo auctum; e) antherae cum summa filamenti parte, latere, f) facie, g) dorso, quadruplo auctae; h) ovarium pariete orbatum, duplo auctum, i) transverse sectum, quadruplo auctum; k) styli pars superior cum stigmate, sexies auct. 1. Spatha.

2 lignes; les intérieurs plus larges que les extérieurs, parcourus par 7 à 9 nervures parallèles, entremêlées par-ci par-là de nervules anastomosée. Étamines au nombre de 6, insérées au haut du tube périgonial, longues de 1—1½ pouce; filets filiformes, dressés-étalés, à peine déclinés au sommet; anthères longues de 4 lignes, oblongues, fixées par leur dos au-dessous du milieu, mobiles, biloculaires, s'ouvrant sur une grande étendue. Ovaire infère, long de 8 lignes, ovale-oblong, rétréci vers le haut, où il est cylindrique sur une longueur de 1 à 2 lignes; cloisons au nombre de trois, un peu effacées au milieu, simulant un ovaire à 6 loges. Ovules nombreux, anatropes, attachés horizontalement sur deux rangs dans l'angle central de chaque loge. Style de 4½ lignes, filiforme, légèrement renflé en massue vers le haut, décliné; stigmate obscurément trilobé.

Cette espèce, dépourvue de bulbe et de feuilles, est d'une affinité douteuse; elle est dédiée à Mlle. Tinne qui l'a trouvée.

Explication de la planche XXI. a) Fleur de grandeur naturelle; b) coupe de la fleur; c) lobe du périgone, grandeur double; d) étamines, grandeur triple; e) anthères avec la face latérale du sommet du filet; f) les mêmes, vues de face, g) vues du dos, 4 fois grossies; h) ovaire dépouillé de la paroi, grossissement double; i) le même coupé transversalement, grossissement de 4; k) portion supérieure du style avec le stigmate, 6 fois grossie. 1. Spathe.

67. HAEMANTHUS MULTIFLORUS *Martyn et Nodder*

Monogr. cum icon. Willd. Spec. II. p. 25. n. 4. Knth. Enum. V. p. 587. Bot. Mag. t. 961 et 1995.

Per regiones interioris Africae niloticae a Fassoglu et Schilluk usque ad Gondokoro obviam, prope origines Bahr-Ghasal apud Meschra-Req m. Aprili 1863 peregrinatores decerpserunt. Herb. Caes. Palat. Vindob. Exp. Tinn. n. 8.

Kunth Enum. V p. 587 huius speciei pedicellos non articulatos esse dicit; at in speciminibus niloticis, quae vidimus, pedicelli articulati sunt, internodiis non articulatis, articulationesque nodosae vel in medio pedicellorum vel supra medium interdum etiam paulo supra basin exstant.

Se rencontre dans les contrées africaines arrosées par le Nil, depuis le Fassoglu et Schilluk jusqu'à Gondokoro. Cueilli par l'expédition Tinnéenne en avril 1863, près de Meschra-Req, dans le voisinage des sources du Bahr-Ghasal. (Herbier de Vienne No. 8.)

D'après Kunth, Enumeratio V p. 587, les pédicelles de cette espèce ne seraient pas articulés; dans les échantillons des pays du Nil, que nous avons vus, les pédicelles sont articulés, les articulations sont noueuses, tantôt au milieu des pédicelles, tantôt au-delà de leur milieu, quelquefois enfin un peu au-dessus de la base: ces pédicelles sont entremêlés à d'autres qui ne sont pas articulés.

HYPOXIDEAE.

68. CURCULIGO FIRMA *Kotschy et Peyritsch.*

TABULA XXII B.

Acaulis, foliis conduplicatis, exterioribus lanceolato-subulatis, interioribus linearibus, nervosis flaccido-pilosis, floribus radicalibus extus longiusculo pilosis, perigonii tubo longissimo, laciniis oblongis acutiusculis vel obtusis duplo fere quam stamina longioribus.

Huius speciei, quae unica in Africa tropica cis aequatorem provenit, exemplar lectum est apud Dembo, 8. gradu sept. lat. m. Aprili 1863. Herb. Caes. Palat. Vindob. Exp. Tinn. n. 7.

Herba humilis acaulis, vix spithamea. Rhizoma perpendiculare, carnosum, pollicem longum, digiti minimi fere crassitie, radices plures adventitias carnosas, subfusiformes, apice aliquantum incrassatas emittens. Folia omnia basilaria conduplicata, lanceolato-subulata vel ensiformia, rigida, acuta, fere etiam pungentia, multinervia; exteriora breviora, 1¼—2-pollicaria, basi 2 lin. lata, margine tenuiter membranacea, ad nervos et marginem flaccido-villosula; interiora usque 5-pollicaria, margine et ad nervos sparse longiusculo pilosa. Flores radicales sessiles. Perigonium viride flavescens, ex-

Cette espèce de l'Afrique en deçà du tropique se trouve sous le 8me degré de latitude nord près de Dembo, dans le pays des Djur. Expédition Tinnéenne en avril 1863. (Herbier de Vienne No. 7.)

Herbe basse, d'à peine un empan, acaule. Le rhizome perpendiculaire, charnu, long d'un pouce, à peu près de la grosseur du petit doigt, produit plusieurs racines adventives charnues, un peu en forme de fuseau, plus grosses vers le sommet. Feuilles toutes basilaires, condupliquées, lancéolées-subulées ou en forme de glaive, roides, aiguës, presque piquantes au sommet, multinervées; les extérieures sont moins longues, de 1¼ à 2 pouces, larges à la base de 2 lignes, à bord membraneux mince, leurs nervures ainsi que leur bord sont garnis d'une villosité lâche; les intérieures atteignent jusqu'à 5 pouces de long et portent, sur leurs nervures et leurs bords, des poils assez longs. Fleurs radicales, sessiles. Périgone

trinsecus flaccido-villosulum; eiusdem tubus cum stylo connatus, longissimus, 2—3 poll. longus; laciniae sex lanceolato-oblongae, 6—9 lin. longae, 1½—1½ lin. latae, obtusae vel acutiusculae, multinerves, nervis 18 parallelis simplicibus. Stamina 6, quattuor lin. longa, filamentis filiformibus; antheris filamenti longitudine, oblongo-linearibus, basi fere ad medium bifidis, dorso supra basin bifidam affixis, bilocularibus, intus longitudinaliter dehiscentibus. Ovarium... Styli pars libera antherarum longitudine, filiformis; stigma fere capitatum trilobum.

Affinis C. brevifoliae Ait., quae cum aliis notis, tum foliis multo latioribus et brevioribus discrepat.

Explicatio tabulae XXII B. a) Flos mag. nat. cum spatha, b) flos, c) dissectus; d) perigonii foliola triplo aucta; e) stamina 6ⁿᵉ, f) stigma 9ⁿ aucd.

vert-jaunâtre, garni extérieurement d'une villosité lâche; le tube, auquel se soude le style, est fort long, de 2 à 3 pouces, à six lobes lancéolés-oblongs, longs de 6 à 9 lignes, larges de 1½ à 1½ ligne, obtus ou un peu aigus, parcourus par 18 nervures parallèles, simples. Étamines au nombre de 6, longues de 4 lignes, filets filiformes, anthères de la longueur des filets, oblongues-linéaires, bifides à partir de la base jusque vers la moitié de leur longueur, attachées au-dessus de la base bifide, biloculaires, à déhiscence longitudinale intérieure. Ovaire . . . La portion libre du style est de la même longueur que les anthères, filiforme; stigmate presque en tête, trilobé.

Cette espèce est voisine du C. brevifolia Ait., qui s'en éloigne par les feuilles bien plus larges et plus courtes, abstraction faite des autres caractères.

Explication de la planche XXII B. a) Fleur de grandeur naturelle avec sa spathe; b) la même 3 fois grossie, c) la même coupée; d) lobes du périgone; e) étamines, grossissement de 6; f) stigmate, grossissement de 9

LILIACEAE.

69. CHLOROPHYTUM *sp.?*

TABULA XXIII B.

Herba glaberrima. Folia... Scapus 7—12 poll. longus, internodiis 2—1-pollicaribus squamatus, squamis tenuiter membranaceis nervosis decoloratis, inferioribus caulem fere amplexantibus ½-pollicaribus, superioribus sensim brevioribus usque lineam longis. Flores racemosi, gemini vel terni, bracteis membranaceis minutis suffulti, pedicellati, pedicellis medio articulatis. Perigonium corollinum, hexaphyllum, foliolis 2½ lin. longis (conniventibus?) tenuissime membranaceis, oblongis, acutis, medio trinervibus, nervis viridibus. Stamina 6, perigonii foliolis parum breviora, filamentis aequalibus filiformibus glabris, antheris oblongo-linearibus, filamenti longitudine. Ovarium triloculare, ovulis in loculis 12 biserialibus, anatropis. Stylus rectus. Stigma subrotundum papillosum.

Crescit in finibus Aethiopum Djur prope Bongo 8. gr. sept. lat.; specimen lectum m. Dec. 1863. Herb. Caes. Palat. Vindob. Exp. Tinn. u. S.

Consociandum esse videtur cum Chlorophyto parcifloro Hochst., quod cum nobis coram Chlorophyto parcifloro Dalzellii potius Chl. abyssinicum dicendum esse videatur, mox describemus.

Explicatio tabulae XXIII B. a) Flos, b) dissectus; c) perigonii foliolum 6ⁿ; d) stamina facie et dorso 8ⁿ; e) pistillum 6ⁿ; f) ovarium longitudine et transverse sectum 18ⁿ; g) styli pars superior cum stigmate 28ⁿ aucta. 1 Scapus.

Se rencontre dans l'intérieur de l'Afrique équinoxiale, sous le 8ᵐᵉ degré de latitude nord, dans le pays des Éthiopiens-Djur, près de Bongo. Expédition Tinndorne, décembre 1863. (Herbier de Vienne No. 5.)

Se place dans le voisinage du Chlorophytum parciflorum Hochst., qui devra prendre le nom de Ch. abyssinicum, en présence du Ch. parciflorum Dalzell. Nous donnons ci-dessous la description de l'espèce abyssinienne.

Explication de la planche XXIII B. a) Fleur, b) la même, coupée; c) lobe du périgone, grossissement de 6; d) étamines, vues de face et du dos, grossies 8 fois; e) pistil, grossi 6 fois; f) coupe longitudinale et transversale de l'ovaire, grossissement de 18; g) portion supérieure du style avec le stigmate, grossissement de 28. 1. Scape.

CHLOROPHYTUM ABYSSINICUM *Kotschy et Peyritsch.*

Radices adventitiae fasciculatae, fusiformes. Folia linearia acuminata scapo multo longiora. Scapus radicalis, gracilis, squamis lanceolatis, acuminatis, membranaceis, floribus brevioribus obsitus. Flores gemini vel terni, racemosi, pedicellati, pedicelli floriferi patentes fructiferi patentissimi aut subnutantes, 2—4 lin. longi, articulati, articulo superiore longiore. Perigonii foliola erecta, conniventia, 1½ lin. longa, obtusa, medio trinervia, viridia, margine lato diaphana. Stamina perigonio breviora. Stylus ovario brevior. Capsula 4 lin. longa truncata.

Exstat in Abyssinae regione Agow, in montibus prope Garrarfa, 8500 pedes supra mare. Floridum legit m. Aug. W. Schimper, n. 2231.

Simillimum est Chlorophytum parciflorum Dalzell Herb. Ind. or. Hook. fil. et Thomson, nisi quod radicibus fasciculatis in dimidio rotundato-tuberosis, capsula apice profunde emarginata triloba aliisque notis differt.

Se trouve dans la province abyssinienne d'Agow, dans les montagnes près de Garrarfa, à une altitude de 8500 pieds. Cueilli en fleurs par M. Schimper en août. (No. 2231.)

Le Chorophytum parciflorum Dalz. Herb. Ind. or. de Hooker fils et Thomson, est très-voisin de l'espèce ci-dessus, mais il en diffère par les racines fasciculées, arrondies en tubercules à leur milieu, ainsi que par la capsule fortement échancrée au sommet, trilobée, et par d'autres caractères.

DRACAENA OMBET *Kotschy et Peyritsch.*

Vide imaginem in capite praefationis Tinneanae.

Truncus 7 — 8 - pedalis, bis dichotome ramosus, ramis crassis brevibus plus minus horizontalibus, interdum denuo bifurcis, apice foliorum fasciculo superbo coronatis; cortice laevi foliorum vaginis destituto dilute fusco, speciminum adultorum longitudinaliter et transverse rimoso, iuvenilium laeviore et pallidiore. Succus trunco inciso non emanat. Folia in apice ramulorum conferta, 1½ — 1¾-pedalia, ensiformia, obtusa, apice fere triquetra, supra vix canaliculata, subtus convexa, crassiuscula. Inflorescentia tripedalis; pedunculo patentissimo vel apice declinato; pedicellis fructiferis pluripollicaribus, racematim vel paniculatim dispositis, laxis. Flores verisimiliter lutei. Fructus flavescentes edules.

Arbor haec, arabice 'Ombet', i. e. 'mater domus' dicta, nonnisi Heuglinii delineatione et descriptione cognita est.

Crescit in litore occidentali maris erythraei prope Nubarum urbem Suakin; crebro etiam provenit in montibus Anguab a Suakin ad occasum sitis, in iugis et clivis 2000 — 4000 pedes supra mare editis, imprimis in saxorum granitticorum fissuris radices agens, consociataque est Euphorbiae polyacanthae, Bucerosiae, Russellianae, Scopoliae muticae, Euphorbiae abyssinicae, Zygophyllo albo, Cisso digitatae.

Décrit d'après le dessin et les notes manuscrites de M. de Heuglin.

Vient sur le littoral occidental de la mer rouge, à proximité de la ville nubienne de Suakin. Il croît aussi dans les montagnes d'Anguab, situées à l'ouest de cette ville. On le rencontre en société des Euphorbia, des polyacantha, des Bucerosia, des Russelliana, des Scopolia mutica, des Euphorbia abyssinica, des Zygophyllum album, des Cissus digitata, à une altitude de 2600 à 4000 pieds. Il habite de préférence les flancs des montagnes et les rochers granitiques abruptes et fissurés.

COMMELYNACEAE.

70. LAMPRODITHYROS GRACILIS *Kotschy et Peyritsch.*

Caule gracili cum pedunculo et pedicellis scabriusculo, foliis ovato-lanceolatis acuminatis margine et ad vaginas scabridis, thyrso ovoideo, floribus ex apice pedicelli nutantibus polygamis, calycis foliolis ovalibus obtusis scabriusculis, petalis duobus posticis calyce duplo longioribus unguiculatis, tertio ovato oblongo acuto concavo calycis foliolis subaequilongo, staminibus anticis tribus fertilibus, lateralibus medio minute puberulis, intermedio breviore glaberrimo, sterilibus tribus posticis aurantiacis iisque brevioribus quam fertilia, duobus antheris effetis puberulis praeditis, tertio filiformi subglabrato, capsula oblonga subtruncata calyce duplo longiore biloculari.

Crescit in finibus Aethiopum Djur prope Bongo 8. gr. lat. sept. 25° long. Paris., unde Heuglinius attulit. Herb. Caes. Palat. Vindob. Exped. Tinn. n. 4.

So trouve dans le pays des Éthiopiens-Djur, près de Bongo, sous le 8me degré de latitude nord et le 25me degré de longitude du méridien de Paris, d'où il fut rapporté par M. de Heuglin. (Herbier de Vienne No. 4.)

Caulis simplex, ½ — 1½-podalis, fili tenuis emporetici crassitie, minutissime puberulus, scabriusculus. Folia basilaria 2—3, approximata, exsiccata fusca, subspathacea aut vaginiformia, vagina integra 5—7 lin. longa, caulem laxe cingentia, ore obliquo producta, obtusa, ad nervos scabrida; caulina sessilia, interstitiis 1½—4½-pollicaribus disulta, vaginata ovato-lanceolata, acuminata, media vagina et lamina maiore praedita; vaginae eorum integrae, ore sparse ciliatae, 2—7 lin. longae, ad nervos scabridae; laminae 2—½ poll. longae, supra basin 1½—4 lin. latae, septemnerves, supra glabrae, ad marginem scabridae, subtus vix scabridae, nervo medio prominente. Thyrsus ovoideus pollicaris; cincinni bractea oblongo-acuta 2—1 lin. longa tenuiter membranacea fusco-punctulata suffulti, simplices, filiformes, patentes, recti vel ascendentes, bracteati, cum rhachide et pedicellis scabridi. Bracteae laxe vaginantes, vaginae sursum ampliatae, tenuiter membranaceae, ferrugineo-striolatae, ⅓ lin. longae, glabrae. Flores polygami pedicellati, ex apice pedicellorum nutantes, caerulei; pedicelli paene erecti, gracillimi, 1—1½ lin. longi. Calyx triphyllus, liber, foliolis late ovalibus, apice rotundatis, paulum concavis, lineam longis, plerumque trinervibus, viridibus, ferrugineo-punctulatis, margine diaphanis de-

Tige simple de ½ à 1½ pied, de la grosseur d'une ficelle mince, très-légèrement pubescente et scabriuscule. Feuilles basilaires au nombre de 2 ou 3, rapprochées; sèches, elles sont brunes et constituent une espèce de spathe ou de gaîne de 5 à 7 lignes de long; elles entourent lâchement la tige, sont allongées à bord oblique, obtuses, un peu rudes sur les nervures. Feuilles caulinaires sessiles, portées sur des entre-noeuds de 1½ à 4½ pouces, engaînantes, ovales-lancéolées, acuminées; les moyennes offrent une gaîne et une lame plus grandes; gaînes entières, couvertes à leur bord de cils épars, longues de 2 à 7 lignes, rudes sur les nervures; lame de 2 à ½ pouce de long, large au-dessus de sa base de 1½ à 4 lignes, à 7 nervures, glabres en-dessus, un peu rudes sur le bord; en-dessous, elles sont à peine un peu rudes sur la nervure médiane saillante. Thyrse ovoïde, d'un pouce de long; les cincinnus sont accompagnés d'une bractée oblongue-aiguë de 2 lignes de long, constituée par une membrane mince, couverte de ponctuations brunes; ils sont simples, filiformes, étalés, droits ou ascendants, un peu rudes, de même que l'axe et les pédicelles. Bractées lâches, engaînantes, gaînes élargies en haut, minces-membraneuses, parcourues de petites stries ferrugineuses, longues de ⅓ de ligne, glabres. Fleurs polygames, pédicellées, penchées au sommet des pédicelles, bleues; pédicelles assez droits, très-grêles, longs de 1 à 1½ ligne. Calice libre, à 3 lobes largement ovales, arrondis au sommet, un peu concaves, longs de 1 ligne, ordinairement trinervés, verts, à ponctuations ferrugineuses, diaphanes sur le bord, incolores, à l'extérieur un peu rudes, minces. Pétales au nombre de 3, bleus; deux

coloribus, extrinsecus scabriusculis, teneris. Petala tria, caerulea; duo versus rhachin primariam spectantia maiora, 2 lin. longa, unguiculata, obovata, apice rotundata, in unguem attenuata, ungue semilineam longo plano; tertium dissimile exunguiculatum, oblongo-lanceolatum, acutum, vix ultra lineam longum, subnaviculare. Stamina 5, dissimilia: fertilia 3 lutea; duo calycis foliolis lateralibus opposita, homomorpha, filamentis filiformibus, 2 lin. longis, medio spatio ½ lineam longo minute puberulis, antheris infra medium affixis, rotundatis, utrimque emarginatis, connectivum angustum marginantibus bilocularibus, loculis parallelis ultra ½ lin. longis; tertium fertile petalo dissimili oppositum, filamento 1½ lin. longo, glaberrimo, duobus modo descriptis graciliore, anthera dorso supra medium affixa, 1½ lin. lata, ½ lin. longa, utrimque emarginata, bi-loculari, loculis connectivum paulo dilatatum marginantibus lunu-latis; stamina sterilia duo, crocea, minora, filamentis 1 lin. longis, vix puberulis, antheris effetis minutis, reniformibus, dense breviter puberulis (in floribus quibusdam inveniuntur stamina sterilia fila-mentis glaberrimis), connectivo bibrachiato transverso, brachiis brevibus filiformibus, antheris effetis planis vel concavis, ovalibus, parallelis vel divergentibus; staminodium calycis foliolo postico oppositum, profunde bipartitum, partibus ¾ lin. longis filiformibus apice clavatis. Ovarii rudimentum minutum; stylus fere nullus. Capsula stylo persistente supra basin dilatato coronata, 2 lin. longa, ovali-oblonga, compressa subtruncata, scabrida, papyracea.

Valde affinis Lamprodithyro Russeggeri Fenzl et ‘Lamprodithyro lanci-folio Hasskarl.

Explicatio tabulae XXIII A. a) Flos (partim villos delineatus, cum stamen sterile ante fertile insertum sit); b) alabastrum; c) calyx facie interiore, d) facie exteriore; e) corollae foliolum anticum, f) posticum laterale, omnia 10^m aucta; g) stamen fertile antinum post anthesin, facie et dorso, g¹) ante anthesin facie et dorso; h) stamen fertile laterale post anthesin, facie et dorso, h¹) ante anthesin, facie et dorso; i) stamina sterilia lateralia; i¹) stamen sterile ex alio flore; k) staminodium posti-cum, omnia 15^m aucta, l) pistillum quater et vicies, m) capsula 10^m aucta.

---

sont tournés vers l'axe primaire, plus grands, longs de 2 lignes, onguiculés, obovales, arrondis au sommet, amincis vers l'onglet, qui est long de ½ ligne et plan; le troisième pétale est dissemblable, onguiculé, oblong-lancéolé, aigu, dépassant à peine 1 ligne de lon-gueur, légèrement creusé en nacelle. Étamines au nombre de 5, de deux sortes: 3 fertiles sont jaunes; 2 autres, opposées aux lobes latéraux du calice, sont semblables à ces derniers; filets filiformes, longs de 2 lignes; sur l'espace de ¼ ligne, à leur partie moyenne, ils sont légèrement pubescents; anthères arrondies, échancrées aux deux extrémités, attachées au-dessous de leur milieu, bordant un connectif étroit, biloculaires, à loges parallèles, longues de plus de ⅓ de ligne; la 3me étamine fertile est opposée au pétale dissem-blable, a un filet long de 1⅓ de ligne, entièrement glabre, plus grêle que les deux que nous avons décrits; son anthère est large de ⅓ ligne, longue de ½ de ligne, échancrée aux deux extrémités, et attachée par son dos au-dessus de son milieu; elle a deux loges en forme de croissant, bordant le connectif légèrement dilaté; étamines stériles, au nombre de 2, couleur safran, plus petites, à filets longs de 1 ligne, à peine pubescents; les anthères vidées sont petites, réniformes, couvertes d'une pubescence dense et courte (dans cer-taines fleurs on rencontre des étamines stériles à filets absolument glabres); connectif à 2 branches transversales, courtes, filiformes; les anthères vidées sont planes ou concaves, ovales, parallèles ou diver-gentes, accompagnées d'un staminode opposé au lobe postérieur du calice, et profondément bipartite, à divisions longues de ¾ de ligne, filiformes, épaissies en massue au sommet. Rudiment de l'ovaire petit, style presque nul. Capsule surmontée par le style persistant, dilaté au-dessus de sa base, longue de 2 lignes, ovalo-oblongue, comprimée, un peu tronquée, légèrement rude et papyracée.

Cette espèce est fort voisine du Lamprodithyros Russeggeri Fenzl et du L. lancifolius Hasskarl.

Explication de la planche XXIII A. a) Fleur (c'est par suite d'une erreur que l'étamine stérile se trouve dessinée comme insérée en avant de l'étamine fertile); b) bouton floral; c) calice du côté intérieur, d) le même de la face extérieure; e) lobe antérieur de la corolle, f) lobe postérieur latéral, toutes ces parties sous un grossissement de 20; g) étamine fertile antérieure après l'anthèse, vue de face et du dos; g¹) la même avant l'anthèse; i) étamines stériles latérales; i¹) étamine stérile prise dans une autre fleur; k) staminode postérieur, toutes ces parties grossies 15 fois; l) pistil, grossissement de 24; m) capsule, grossissement de 10.

---

71. CYANOTIS CAESPITOSA *Kotschy et Peyritsch.*

TABULA XXII A.

Humilis, caespitosa, ad nodos vaginasque laxe albido-lanata, foliis basilaribus lineari-lanceolatis acutis flaccide pilosis, caulinis 1—2 vaginiformibus ore obliquo productis, floribus paulum capitatis abbreviato-cincinnoideis, cincinno terminali solitario uno alterove laterali sessili aut breviter pedunculato adiecto, staminibus villosis exsertis.

Lecta est in regione Bongo ad flumen Djur, m. Dec. 1863. Herb. Caes. Palat. Vindob. Exp. Tinn. n. 6.

A été cueilli dans la contrée de Bongo, sur le Djur, en décembre 1863. (Herbier de Vienne No. 6.)

Herba caespitans, spithamea, perennis. Radices fasciculatae, simplices, filiformes, fimbrillis copiosis hirsutae et ex parte tuberosa fusiformes. Caules erecti, graciles, sparsissime pilosi, apice flori-geri, basi vaginis plurimis aridis longiusculo pilosis obducti, articu-lati, articulis remotis vaginiferis. Folia basilaria, 1—3 poll. longa, complicata, lineari-lanceolata, acuminata, basi vaginantia, vaginae foliorum exteriorum fissae margine tenuissimae subscariosae, inte-riorum clausae ½—1-pollicares extrinsecus paulum lanatae intus fuscescentes; caulina 1—2, ad vaginas caulem laxe cingentes re-ducta, 5—9 lin. longa, ore obliqua aut in laminam foliaceam bre-vissimam producta, sensim in floralia commutata, ad basin albido-lanata, superne glabriuscula: floralia 1—2 spathacea, complicata,

Plante vivace, gazonnante, de la longueur d'un empan. Racines fasciculées, simples, filiformes, hérissées de nombreuses fibrilles, en partie renflées en tubérosités fusiformes. Tiges droites, grêles, cou-vertes de poils très-épars, portant les fleurs à leur sommet, garnies à leur base de nombreuses gaines desséchées à poils allongés; elles ont des articulations éloignées, munies de gaines. Feuilles basilaires de 1 à 3 pouces, plissées, linéaires-lancéolées, acuminées, à base en-gainante; les gaines des feuilles extérieures sont fendues, leur bord est très-mince, subscarieux; celles des feuilles intérieures sont closes, longues de ½ à 1 pouce, un peu laineuses extérieurement, brunâtres intérieurement; les feuilles caulinaires, au nombre de 1 ou de 2 seulement, entourent lâchement la tige par leur gaine longue de 5 à 9 lignes, à sommet oblique ou prolongé en une très-courte lame foliacée, passant successivement aux feuilles florales, blanc-laineuses à la base, presque glabres en-dessus. Feuilles florales

remota, flores involucrantia, ovato-lanceolata, acuminata, bracteas superantia, 4—6 lin. longa, ad basin lanata, superne glabriuscula. Flores capitato-congesti, cincinnoidei, cincinno simplici valde abbreviato, internodiis nullis bracteato, bracteis utrimque 4—6 lateralibus, ovato-lanceolatis, acuminatis, acutis, paene falcatis, 4—5 lin. longis, basi et margine lanatis. Calyx liber, ad trientem inferiorem tripartitus, 2 lin. longus, extrinsecus hirsutus, tenuiter membranaceus, persistens; lacinia oblonga, acuta, ¾ lin. latae, stria lata fusca ferrugineo-lineolata in tubum decurrente percursae, striis in tubo membrana tenuissima, diaphana, fragillissima, in lacinias demum abeunte segregatis. Corolla tubulosa, ad trientem superiorem trifida, 2½—3 lin. longa, cyanea, tubo supra basin sensim ampliato multinervi, nervis ferrugineo-lineolatis, laciniis (in anthesi fortasse patulis) ovatis obtusis nervosis. Stamina 6, hypogyna, 4 lin. longa; filamenta aequilonga, in superiore quadrante villoso-lanata, sub praefloratione uno vel duobus anfractibus spiraliter torta, villo et filamentis cyaneis; antherae homomorphae ⅓ lin. longae, luteae, biloculares, loculis subparallelis apico connectivo dilatato paulum divergentibus aestivatione erectae. Ovarium sessile, oblongum, villosissimum, ⅓ lin. longum, 3-loculare, loculis biovulatis, ovulis angulo centrali superposito affixis, anatropis, inferiore pendulo, superiore erecto. Stylus unus tenuissimus, staminibus paulo brevior, apice cylindrato-incrassatus, cyaneus, infra et ad partem incrassatam villoso-lanatus. Stigma subtrilobum concavum.

au nombre de 1 ou 2, spathacées, plissées, éloignées, enveloppant les fleurs comme un involucre, ovales-lancéolées, acuminées, dépassant les bractées, longues de 4 à 6 lignes, laineuses à leur base, assez glabres en-dessus. Fleurs ramassées en tête, cincinnées, à cincinnus simple, très-raccourci, à entrenœuds nuls, portant des bractées latérales, au nombre de 4 ou 6 de chaque côté, ovales-lancéolées, acuminées, aiguës, un peu en faulx, longues de 4 à 5 lignes, laineuses à la base et au bord. Calice libre, long de 2 lignes, tripartite jusqu'au tiers inférieur, hérissé extérieurement, faiblement membranacé, persistant; lobes du calice oblongs, aigus, larges de ¾ de ligne, parcourus par une bande large brun-ferrugineux descendant dans le tube; sur le tube, les stries sont séparées par une membrane très-mince, diaphane, très-fragile, et bordant les lobes. Corolle bleu-clair, longue de 2½ à 3 lignes, tubuleuse, trifide jusqu'au tiers supérieur; tube successivement élargi au-dessus de la base, multinervé, à nervures marquées de petites lignes ferrugineuses; lobes (peut-être étalés pendant l'anthèse) ovales, obtus, nervés. Étamines au nombre de 6, hypogynes, longues de 4 lignes; filets de longueur égale, velus-laineux à leur quart supérieur; au-dessous de la préfloraison, ils sont contournés une ou deux fois par des anfractuosités; les villosités et les filets sont bleu-clair; anthères homomorphes, longues de ⅓ ligne, jaunes, biloculaires, à loges presque parallèles, s'écartant légèrement à leur sommet par suite de la dilatation du connectif, dressées pendant l'estivation. Ovaire sessile, oblong, fortement velu, long de ⅓ ligne, à 3 loges biovulées; ovules anatropes, attachées en surposition à l'angle central; l'inférieur est pendant, le supérieur érigé. Un seul style très-mince, un peu plus court que les étamines, épaissi en cylindre à son sommet, bleu-clair, velu-laineux inférieurement et à sa partie épaissie. Stigmate légèrement trilobé, concave.

CYPERACEAE.

72. CYPERUS COLYMBETES *Kotschy et Peyritsch.*

TABULA XXIV.

Caespitosus, nudicaulis, radicibus longissimis fibrillosis natantibus, caulibus acute triangulis basi vaginatis, involucro monophyllo spiculis breviore caulem continuante, spiculis 5—10 capitato-congestis divergentibus ovato-lanceolatis compressis 12—28-floris, squamis lanceolato-oblongis acutis carinatis 5—7-nervibus fuscescentibus stramineis minutissime transverse rugulosis, stylo trifido, caryopsi intus plana extrinsecus convexa angulata, stylo persistente longe rostrata.

Crescit in stagnantibus aquis fluminis Bahr-Ghasal, ubi cum Pistia aethiopica, Azolla nilotica, Herminiera Elaphroxylon, Jussiaea fluitante et Neptunia oleracea saepe parvas insulas, vento huc illuc agitatas, efficit. Specimen lectum m. Decembri 1863. Herb. Caes. Palat. Vindob. Exp. Tinn. n. 8.

Habite les eaux stagnantes du Bahr-Ghasal, où il constitue fréquemment de petites îles poussées au gré du vent, en société des Pistia aethiopica, des Azolla nilotica, des Herminiera Elaphroxylon, des Jussiaea flottans, des Neptunia oleracea. Cueilli en décembre 1863 par l'expédition Tinnéenne. (Herbier de Vienne No. 8.)

Herba caespitosa, nudicaulis, ½—1-pedalis. Caules plures (5—12) erecti, triquetri, congregati aut internodio infimo in sympodium breve repens dispositi, ad articulationes radicibus adventitiis plurimis longissimis filiformibus tenuissime imprimis versus apices longe fibrillosis natantibus immersis obsiti, basi vaginati, demum aphylli, apice spiculis 5—10 radiantibus terminati. Vaginae 1—4, plerumque 2, fusco-purpurascentes, ore producto ovato acuto, nervosae, nervo in apicem excurrente validiore, glabrae, membranaceae; externae plus minus fissae; internae, vagina clausa ore producto, usque 3-pollicares, exterioribus duplo vel triplo et ultra longiores. Folium involucrale unicum, cauli continuum, 3—6 lin. longum, lanceolato-acuminatum, carinatum, viride, rigidum. Spiculae 5—10, divergentes, sessiles, singulae bracteola suffultae, distiche imbricatim squamatae, 3—9 lin. longae, 2—3½ lin. latae, ovato-lanceolatae, acutae, compressae, 12—18-florae. Bracteola squamis decussata, ovato-rotundata, acuta, lineam longa, margine lato scariosa, nervo medio viridi, lateralibus utrimque duobus purpureis. Rhacheola subrecta, compressa, inalata, internodiis ⅛ lin. longis, ad insertiones squamarum paulum excavata. Squamae carinatae, lanceolatae, oblongae, acutae, inferiores et mediae 2¼—2 lin. longae, superiores sensim breviores, 5—7-nerves, carina viridula, lateribus ¾ lin. latis, diluto fuscescentibus, minutissime transverso rugulosis, substramineis; infimae 1—2 vacuae. Stamina 3, filamentis persistentibus 2 lin. longis linearibus, antheris lineari-oblongis basi affixis ultra ½ lin. longis. Ovarium oblongum, trigonum, basi attenuatum, uniloculare, ovulo unico basi affixo. Stylus 2 lin. longus, trifidus, e squamis exsertus, ramis decidulis interdum inaequalibus. Caryopsis crustacea, stylo persistente rostrata, paulum compressa, in rostrum lineam longum attenuata, cum rostro 2½ lin. longa, basi ¾ lin. lata, inaequilatero-triangularia, intus plana, dorso convexo, angulata, badia, basi spongiosa et angulis lutescens laevis. Semen erectum, oblongum, cum funiculo 1⅓ lin. longum; funiculus caryopsidis basin lutescentem aequans, circiter ½ lin. longus; testa citrina, laevis, tenera; raphe subtilissima, concolor, ad chalazam apicalem badiam longo procurrens. Albumen carnosum.

Explicatio tabulae XXIV. a) Spicula triplo maior; b) flos squama suffultus 6^m auct.; c) stamina 14^m auct.; d) pistillum 6^m auct.; e) ovarium longitud. dissectum; f) achaenium cum squamula facie et dorso, g) achaenium, h) longitudine, i) transverse sectum.

Herbe cespiteuse, à tige nue, haute de ½ à 1 pied. Elle pousse plusieurs tiges (5 à 12) droites, triquètres, rapprochées ou disposées en un court sympode rampant, couvertes à leurs articulations de nombreuses racines adventices, très-longues, filiformes, fort minces, portant, principalement vers leurs extrémités, de longues fibrilles nageantes et submergées; à base engaînante, plus haut dépourvues de feuilles, elles portent à leur sommet 5 à 10 épillets rayonnants. Les gaînes, au nombre de 1 à 4, ordinairement de 2, sont brun-purpurin, à ouverture allongée, ovale, aiguë; elles sont nervées, (la nervure, qui se termine vers le sommet, est plus forte), glabres, membraneuses; les extérieures sont plus ou moins fendues; les intérieures à gaîne close, à sommet allongé, mesurant jusqu'à 3 pouces, sont 2 à 3 fois plus longues que les extérieures. Feuille involucrale unique, continuant la tige, longue de 3 à 6 lignes, lancéolée-acuminée, carénée, verte, rude. Épillets au nombre de 5 à 10, divergents, sessiles, s'appuyant chacun sur une bractéole, imbriqués par des écailles distiques, longs de 3 à 9 lignes larges de 2 à 3½ lignes, ovales-lancéolés, aigus, comprimés, offrant 12 à 18 fleurs. Bractéole se croisant avec les écailles, ovale-arrondie, aiguë, longue de 1 ligne, à bord large et scarieux, à nervure médiane verte, à nervures latérales pourpres. Axe presque droit, comprimé, non-ailé, à entre-nœuds longs de ⅛ de ligne, légèrement creusé au point d'insertion des écailles. Écailles carénées, lancéolées-oblongues, aiguës, les inférieures et les moyennes de 2¼ à 2 lignes de long, les supérieures successivement plus courtes, avec 5 à 7 nervures, à carène verdâtre, à côtés brunâtres, larges de ¾ de ligne, très-peu ridées transversalement, presque jaune-paille; une ou deux inférieures sont stériles. Étamines au nombre de 3, à filets persistants, longs de 2 lignes, linéaires, à anthères linéaires-oblongues, basifixes, dépassant ½ ligne en longueur. Ovaire oblong, trigone, aminci à la base, portant un seul ovule fixé par la base. Style de 2 lignes, trifide, dépassant les écailles, à branches caduques, parfois inégales. Caryopse crustacé, terminé en rostre par le style persistant, légèrement comprimé, aminci en un rostre de 1 ligne, mesurant avec le rostre 2½ lignes de long, et à sa base, ¾ de ligne de large, muni d'un bord inégalement triangulaire, plan intérieurement, convexe sur le dos, anguleux, bai-brun; sa base spongieuse ainsi que les angles sont jaunâtres, lisses. Graine droite, oblongue, longue, le funicule compris, de 1½ ligne; funicule égal à la base jaunâtre du caryopse, long d'environ ½ ligne; test citrin, lisse, mince; raphé très-mince, concolore, s'ouvrant en une chalaze terminale bai-brun. Albumen charnu.

Explication de la planche XXIV. a) Épillet de grandeur triple; b) fleur accompagnée de son écaille, grossissement de 6; c) étamines, grossissement de 14; d) pistil grossi 6 fois; e) coupe longitudinale de l'ovaire; f) akène avec son écaille, de face et du dos; g) akène, h) le même coupé longitudinalement, et i) transversalement.

GRAMINEAE.

73. PANICUM CHRYSANTHUM *Steud.*

Syn. Gram. p. 50. n. 196. Pennisetum aureum A. Rich. Tent. Fl. Abyss. II, p. 378. Setaria aurea Hochst. in Pl. Schimp. exsicc.

In campis vastis graminosis prope Wau florens lectum est m. Decembri 1863. Herb. Caes. Palat. Vindob. Exp. Tinn. n. 2.

Se rencontre dans les vastes plaines couvertes de graminées près de Wau, où l'expéd. Tinn. l'a cueilli en fleurs en décembre 1863. (Herb. de Vienne No. 2.)

FILICINAE.

RHIZOCARPEAE *Batsch.*

SALVINIACEAE *Bartl.*

(Auctore G. Mettenius.)

Azolla *Lamarck Enc. Bot.*

I. p. 340; Poir. Suppl. V. p. 587; Willd. Spec. V. p. 541; Kaulf. Enum. p. 273; R. Brown. Verm. Schrift. I. p. 162; Prodr. p. 166; Meyen Nov. act. nat. cur. Ac. Caes. Leop. XVIII. P. I. p. 505; Martius Icon. sel. pl. crypt. p. 123; Endlich. Gen. plant. p. 67. n. 688; Griffith Calcutt. journ. V. p. 227; Posthum. pap. Crypt. pl. p. 553; Mett. Linnaea XX p. 259; Fil. h. Lips. p. 126; Moore Ind. p. CXXIX.

Sori geminati, conceptaculo infero completo, ore demum clauso circumdati, origine aequales, in receptaculo columelliforme macrosporangium solitarium terminale et microsporangia numerosa lateralia gerentes, mox distincti aut macrosporangium aut microsporangia evolventes. Macrosporangium sessile, conceptaculo subadhaerens, macrospora et corpusculis fetum, macrospora tetraédrico-globosa, cuticula circumdata et corpusculis, i. e. massulis sporarum abortivarum, cuticula communi conglobatarum, superata. Microsporangia numerosa pedicellata conceptaculum masculum laxe implentia; microsporae in massulas 2—6 cuticula communi conglobatae.

Plantae natantes caule ramoso, radices adventitias exserente, foliis distichis profunde bilobis obtecto.

Organis reproductivis Azollarum alias iam fusius tractatis, de organis vegetativis nunc inprimis agendum erit.

Caulis Azollarum indefinitus, ramosus, fasciculo vasorum sic dicto centrali et cortice parenchymatoso componitur.

In sectione transversali fasciculo vasorum cellulae vasculares in arcum depressum hippocrepicum s. subcircularem convexitate deorsum spectantem, crurum finibus sub dorso medio caulis inter se approximatis, dispositae apparent, eo modo, ut cellulae lumine angustiore crura extrema, cellulae lumine ampliore mediam arcus convexitatem occupent; cellulae omnes vasculares, ut et in fasciculis vasorum radicum et foliorum, fibris annularibus s. plerumque spiralibus, quum a membrana cellulae dissolvi possunt vel cum ea arcte cohaerent, instructae sunt, dum cellulae scalariformes, alias in plantis cryptogamis copiosissimae plane deficiunt; ceterum ut in his cellulae vasculares Azollae ubique clausae sunt et numquam perforatione parietum incumbentium in tubos vasculares funduntur.

Cellulae propriae, cellulis vascularibus interpositae eisque cingentes, conditiones easdem ut in cryptogamis aliis praebent.

Cortex fasciculum vasorum centralem ambiens eumque diametro superans tela parenchymatosa completa elongata conficitur, cuius pars maior interna cellulis leptotychis amplioribus, pars exterior cellulis angustioribus, ut in collenchymate, ad angulos incrassatis componitur. Canales intercellulares, aëre repleti, qui in plantis aquaticis normaliter occurrunt et in generibus Rhizocarpearum affinibus amplitudine excellunt, in cortice caulis Azollarum plane deficiunt.

Epidermidis cellulae in pilos abbreviatos s. elongatos simplices s. articulatos sparsos s. densissimos productae sunt.

Folia disticha inserta divisa sunt in lobos binos, quorum superior caulis natantis s. horizontalis dorsum obtegit, inferior lateri caulis opposito adpressus est; lobis autem profunde distinctis et tantum ima basi coniunctis, tetrasticha apparent, imprimis cum plerumque lobi utriusque foliorum seriei arcte imbricati continuum lobi superioris et inferioris connexum oculis subducant.

Lobus foliorum superior plerumque in toto extensu caulis eandem conformationem aequaliter nanciscitur et nisi pro vigore plantae paullulum variare videtur; contra lobus inferior variationibus multifariis obnoxius videtur, cum in plerisque quidem speciminibus lobum superiorem longitudine aequet et latitudine superet, in aliis modo brevior, modo et angustior appareat, hic illic, quamquam rarissime, omnino supprimatur.

In lobo utroque area opaca colorata crassa s. turgida ab limbo tenui hyalino s. pallidiore distincta iam inermi oculo conspicitur, et quidem area lobi superioris limbo angustissimo marginatur, contra inferioris area angusta est et limbo latiore et quidem eo modo cingitur, ut pro norma area lobi superioris aream inferioris, contra limbus inferioris limbum superioris superet. Porro limbus lobi inferioris in margine interno, in medium caulis latus ventrale directo, latior est quam in margine opposito, et lobum ipsum manifeste inaequilaterum reddit, dum lobus superior circumcirca fere aequaliter limbatus et aequilaterus s. subaequilaterus conformatus est.

E caulis fasciculo vasorum centrali in basin folii, lobo superiori et inferiori intermedium, fasciculus tener obit (Tab. XXV, Fig. 2, *a*), qui mox in ramos binos dividitur (Fig. 2, *b*, *c*), quorum alter (Fig. 2, *b*) lobum folii superiorem, alter (Fig. 2, *c*) lobum inferiorem intrat. Prior excentrice, margini externo lobi superioris propior, procurrit, deinde ad lineam eius mediam longitudinalem flectit, quam assecutus ramulum recta via versus apicem lobi decurrentem (Fig. 2, *d*) et sub hoc fine levissime incrassato desinentem emittit, deinde iuxta marginem internum areae lobi superioris viam persequitur (Fig. 2, *e*), et versus basin eius recurrens, sensim attenuatus evanescit. Apex iste attenuatus ad lobi basin adeo appropinquat, ut primo obtutu putes, nervos binos e caule lobum superiorem intrare, sub areae apice confluere et ex anastomosi ramulum versus apicem lobi emittere; accuratiore demum examine decursus modo descriptus aperitur. Ramus in folii lobo inferiore recta via et indivisus versus apicem eius excurrit, eumque dimidium in exteriorem minorem et interiorem maiorem dividit. (Fig. 2, *c*.)

Inter species Azollae apud A. Niloticam nervi foliorum manifestissime explicati sunt, apud alias vero species ramum lobi inferioris iterum iterumque frustra quaesivi.

Ad partem parenchymatosam folii transiens, inprimis urgendum est, aream lobi superioris esse excavatam sive antrum circumcludere, quod in facie antica, cauli adpressa, lobi superioris ostio (Fig. 2, *f*) aperitur. Nervo modo descripto, e caule versus apicem areae lobi superioris procurrente deinde versus basin eius recurrente antrum istud circumscribitur; ostium antri fere in centro s. in vicinia centri areae est positum, punctum minutum (Fig. 2, *f*) iam ope lentis paullulum augentis conspicuum referens; sub microscopio accuratius observatum, cellulis radiatim dispositis, quae in pariete libero, ostium cingente, hinc inde in processus abbreviatos productae sunt, circumdatum apparet. (Fig. 3.)

Cavitatem antri plerumque repletam inveni filis moniliformibus Nostochinearum e genere Limnochlidium, quae etiam ab auctoribus, quibus data erat occasio Azollas vivas examinandi, commemorantur, et quae haud dubie antrum per ostium pervium illud intrarunt.

Lamella parenchymatis faciem superiorem antri, ostio perforatam, tegens (Fig. 4, 9, *a*, 11) e stratis duobus cellularum componitur, quorum superius s. epidermis cellulis minoribus, inferius cellulis maioribus et inprimis longioribus formatur; versus peripheriam antri in vicinia fasciculorum vasorum (Fig. 4, *v*, 9, *v*) strata ista canalibus intercellularibus angustis separantur. Lamella inferior (Fig. 4, 9 *b*, 10) hanc structuram in toto ambitu exhibens, canalibus intercellularibus numerosioribus atque amplioribus in strata duo divisa est, quae nonnisi dissepimentis, canalium intercellularium latera separantibus, coniuncta sunt. Tales canales intercellulares et in parenchymate, nervum superante, occurrunt; versus limbum hyalinum sensim angustiores fiunt, limbus ipse uno cellularum strato componitur. Hi canales intercellulares aëre repleti sunt.

Porro in lamellae inferioris (Fig. 4, *b*, 9 *b*) epidermide, aëri exposita, stomata numerosa pilique observantur eo modo disposita, ut pili cellulis supra dissepimenta canalium intercellularium inserta sint (Fig. 10), stoma autem aream canalis intercellularis occupet, ita ut epidermide e facie observata, stoma quodque regulariter pilis circumdatum sit (Fig. 5, 6). Ceterum stomatum dispositio omnino e canalibus intercellularibus atrophis dependet; sic nisi in periphoria areae lamellae superioris (Fig. 4, 9 *a*) stomata pauca occurrunt, media vero huius lamellae pars, constans e duobus stratis cellularum arcte coniunctis, iis caret. Itidem inter cellulas cavitatem antri investientes stomata frustra quaeruntur.

Stomata ipsa admodum singularia primo obtutu cellulae epidermidis rima longitudinali perforatae esse videntur (Fig. 6, s. 5, *s*), re vera autem e cellulis binis formantur, quae, ut in Azolla Filiculoide facillime observatur, septo, rectangulariter diametrum longitudinalem laminae decussante, separantur (Fig. 8); praeter haec alia stomata videbis, quorum septum partim resorptione est dissolutum (Fig. 7), alia denique, in quibus nullum vestigium septi superest (Fig. 6). Stomata ista ergo non e cellula perforata, sed fusione cellularum binarum, quae ut alias stomata efficiunt, conditionem singularem nanciscuntur.

Pili basi plerumque elongata in pariete externo cellularum epidermidis assurgunt, proni sunt et semper simplices remanent.

Lobus foliorum inferior forte structuram eandem, quam modo in superiore descripsimus, possidet, attamen inquisitionibus numerosis summa cum cura institutis, diiudicare non audeo, num cavitas, antro lobi superioris respondens, etiam ad lobum inferiorem pertineat; osti, quo extrorsum aperiatur, nullam vestigium, ut in A. Filiculoide cavitas quaedam lobi inferioris cum cavo lobi superioris communicare et velut eius devorticulam esse videtur; sed et hoc pro certo affirmare non audeo; cavitas, quae in illo loco conspicitur, nervo superposita videtur. Canales intercellulares, ceterum parenchyma areae lobi inferioris occupantes, eiusdem sunt conditionis atque in lobo superiore; stomata autem in epidermide libera plerumque frustra quaerantur et nonnisi raro in A. Filiculoide occurrunt; sic et pili epidermidis plerumque desunt, rarius breves reperiuntur.

Lobi inferioris limbus hyalinus, ut in superiore, strato cellularum unico componitur.

Ramorum ut foliorum dispositio disticha, omnibus foliis rami-paris vel certo sterilium numero fertilibus interiecto et quidem in ramis primariis maiore, in secundariis et tertiariis minore sterilium numero. Rami ceterum re vera axillares aut superaxillares, e medio internodio nascentes, aut folio internodii sequentis oppositi sunt. Folium rami primum semper lateri eius interno insertum est; plerumque lobus eius inferior minor est quam ceterorum; hic illic etiam deesse videtur.

Radices, ut in Selaginellis Filicibusque nonnullis, in latere inferiore caulis et quidem plerumque ad basin ramorum, rarius inter ramos, vel singulae, vel plures seriatim consociatae nascuntur, spongiola manifestissima obtectae, indivisae semper et superficie pilis articulatis densissime vestitae; fasciculus vasorum, quo traiiciuntur, cellulas paucas continet vasculares spiriferas, quarum fibrae e membrana cellulae facile solvuntur.

Num organa vegetativa Azollarum annua an perennia sint, ex speciminibus siccis diiudicare non audeo.

Sororum insertionem certo modo exquirere frustra conatus sum; geminatim in caulis facie inferiore et quidem in axilla folii, quod simul cum conceptaculis ramulo abbreviato originem dat, inserti videntur; nescio ergo, num forte basin ramuli istius abbreviati occupent; itidem de foliorum conditione, quae soros involucrant, nihil certi constat. Conceptacula autem geminata sunt, sive mascula sive feminea, sive masculo et femineo composita.

Paries conceptaculi utriusque sexus e strato cellularum tabulatarum unico conflatus apice, ubi denique clauditur, velut indusium completum inferum Cyatheae, in mamillam minutam productus est; conceptacula mascula globosa diametri $1'''$, feminea vix longitudinem $\frac{1}{2}$—$\frac{1}{3}'''$, latitudinem $\frac{1}{6}$—$\frac{1}{8}'''$ aequant et basi semiglobosa cylindrica, apice conica attenuata sunt.

Ut ex Griffithii observationibus elucet, conceptacula utriusque sexus origine congruunt; e basi eorum columella abbreviata prominet, primordiis sporangiorum cooperta; haec ea ratione disposita sunt, ut apex columellae macrosporangio solitario coronetur, basi columellae circumcirca primordiis numerosis microsporangiorum obtecta sit.

Sed iam primis evolutionis gradibus sexus conceptaculi distinguitur, cum aut microsporangia aut macrosporangia evolvantur et quidem in conceptaculo femineo microsporangia tum plane supprimantur, ut mox ne levissima quidem vestigia eorum remaneant et macrosporangium sessile in basi conceptaculi eius cavitatem penitus expleat; contra in conceptaculo masculo loco macrosporangii columellae apex supra microsporangia nudus, hic illic leviter incrassatus prominet et microsporangia numerosa (40—60) evolvuntur et laxe cavitatem conceptaculi implent, pedicellis capillaribus suffulta.

Microsporangium e strato cellularum unico constat; sporae, tetraëdrico-globosae, in massulas 2—6 separantur, quarum quaeque cuticula communi circumdatur. Cuticula ista cavitatibus atrophis traiecta massulae aspectum spurio cellulosum reddit et in processus variae formae producitur.

Macrosporangium, ut conceptaculum femineum, cui arcte adhaeret, strato cellularum unico conficitur; cum removetur e conceptaculo, plerumque circumscinditur, et pars eius superior reflectitur. Macrospora cellulam amplam tetraëdrico-globosam efficit cuticula crassa circumclusam et corpusculis, sporas abortivas continentibus, superatam. Cuticula stratis 2 conficitur, quorum internum crassum et fere homogeneum, externum manifestius granulatum sive tuberculis maioribus obsitum est et in fine partis globosae et pyramidatae macrosporae cingulum efformat, quod supra basin corpusculorum prominet. Ceterum et in regionibus macrosporae cingulo hoc definitis et in cingulo ipso cuticula structurae diversae est; sic in parte globosa macrosporae (Fig. 17 *a*) cuticula tuberculis, regulariter dispositis, insignis est; cinguli aspectus, sparie cellulosus, singularis est cavitatibus numerosis minutis in substantia cuticulae praevalentibus, (Fig. 17 *b*); in cuticula partis pyramidatae macrosporae, cingulum superantis, granula minima ac numerosissima praevalent. Haec cuticulae pars intra corpuscula prolongatur filosque numerosos gerit, quorum intertextu cum filis conformibus, qui e cuticula corpusculorum originem ducunt, situs corpusculorum firmior redditur. Apud species quasdam fili tales et e cuticula, partem globosam macrosporae tegente, oriuntur.

Vertici macrosporae, supra cingulum cuticulae prominenti, imposita sunt corpuscula tria aut novem, ternatim eo modo coniuncta, ut bina situm inferiorem obtineant, et tertium his sit superpositum. (Fig. 17 *c*.)

Corpuscula formantur sporis abortivis, quae cuticula communi item ut massulae microsporarum sunt conglobatae. Sporae istae abortivae in prioribus evolutionis stadiis cam macrospora sporangium implent, ut ex analogia cum generibus affinibus Rhizocarpearum verisimile videtur, macrospora autem aucta non omnino ut in his resorbentur, sed persistunt et more microsporarum in massulas plures separantur, massula quaque cuticula communi munita. Cuticulae harum massularum structura est sparie cellulosa; in lateribus corpusculorum, inter se contiguis, filis supra iam commemoratis ornata est.

Num microsporae, corpusculis reclusae, in germinanda macrospora functionem quandam perficiant, scrutatoribus, qui aliquando Azollas germinantes observabunt, relinquendum est.

Sectiones generis Azollae, primum a Meyen propositae, iam brevissime definiantur.

§. 1. Macrosporae corpusculis tribus superatae; massulae microsporarum glochidiatae. (Azolla Meyen N. Act. n. cur. Ac. Caes. Leop. XVIII P. I. p. 523.)

§. 2. Macrosporae corpusculis novem, inferioribus sex, superioribus tribus superatae; massulae microsporarum processibus radiciformibus acuminatis praeditae. (Rhizosperma Meyen N. Act. n. cur. Ac. Caes. Leop. XVIII. P. I. p. 523.)

His differentiis, missis organis fructificationis, addendae sunt, quamquam minoris momenti, differentiae organorum vegetationis.

In sectione priore rami axillis foliorum inseruntur, foliis fertilibus caulis primarii certus numerus foliorum sterilium interiectus est, et radices singulae plerumque ad basin ramorum oriuntur.

In sectione posteriore contra folium quodque et caulis primarii ramum procreat supra-axillarem s. folio nodi superioris oppositum; radices seriatim consociatae oriuntur.

Utriusque sectionis, sat ampla speciminum copia examini subiecta, species duae remanent. Prioris sunt:

1. AZOLLA FILICULOIDES *Lam.*

Cuticula macrosporae tuberculis maioribus annularibus s. crateriformibus obsita.

Dillen Hist. musc. t. 43 f. 72; Azolla filiculoides Lam. Enc. I. p. 343; t. 863; Moore Ind. fil. p. 189; A. Magellanica Willd. Spec. pl. V p. 541; Kunth in Humb. Bonpl. Nov. gen. I. p. 43; Syn. I. p. 100; Kaulf. Enum. p. 273; Gay Flor. Chil. VI p. 549; Mett. Linn. XX p. 275 t. 3 f. 16; Brack. Expl. p. 342; Bertol. Miscell. XXI, t. V. f. 1. a, b. (Bot. Zeit. 1861 p. 343.) A. rubra R. Brown. Prod. p. 167; Mett. Linn. XX. p. 275; Hook. Flor. Nov. Zeal. II, 86; Flor. Tasm. II. p. 158; Handb. Fl. Nov. Zeal. p. 392; A. Arbuscula Desv. Ann. Linn. IV. p. 178; Kunze Linn. IX. p. 110.

Nova Granada, Bolivia, Peruvia, Brasilia, Chili, Patagonia; — Nova Hollandia, N. Zealandia, Tasmania.

2. AZOLLA CAROLINIANA *Willd.*

Cuticula macrosporae subaequaliter granulata.

A. Caroliniana Willd. Spec. V. p. 541; Mett. Linn. XX. p. 278 t. 3 f. 9; Torrey Expl. p. 161; A. Gray Manual p. 608; Chapm. Fl. South. U. Stat. p. 602; A. densa Desv. Ann. Linn. VI. p. 178; A. Mexicana Schlecht. Linn. V. p. 625; Presl Bot. Remerk. Prag. 1844. p. 150; Kunze Linn. XVIII p. 352; — A. Portoricensis Spreng. Syst. IV. p. 9; A. microphylla Kaulf. Enum. p. 273; Martius Icon. sel. plant. crypt. p. 123 t. 74. 75; Mett. Linn. XX. p. 278 t. 3 f. 1—8; Brack. Expl. p. 342; — A. cristata Kaulf. Enum. p. 273; Mett. Linn. XX. p. 278 t. 3 f. 1—21; Kunze Linn. XXI. p. 241; — A. Bonariensis Bertol. Miscell. XXI t. 5 f. 2, a, b. (Bot. Zeit. 1861 p. 343)? Salvinia Azolla Radd. Fl. Brasil. I. p. 2 t. 1 f. 3.

America borealis: New-York, Arkansas, Illinois, Ohio, N. Orleans, Texas. — California. — Mexico. — Antillae: Cuba, Portorico. — America centralis. — Venezuela. — Guiana. — Brasilia. —

Species alterius sectionis sunt:

3. AZOLLA PINNATA *R. Brown.*

Cuticula macrosporae tuberculis paucis maioribus hemisphaericis obsita; massulae microsporarum quattuor.

A. pinnata R. Brown, Flind. voy. II. p. 611; Prodr. p. 167; Kunze Linn. X. p. 556; Harvey Gen. South Afric. pl. p. 382; Hasskarl Plant. Javan. rar. p. 3; Cat. h. Bog. p. 293; Mett. Linn. XX. p. 273 t. 3 f. 22—27; — A. Africana Desv. Ann. Linn. VI. p. 178; Mett. Linn. XX. p. 274; — A. Guineensis Schum. K. Dansk. Vidensk. Afh. IV. p. 236; — A. decomposita Zoll. Verz. p. 51, 52. (?) Salvinia imbricata Roxb. Crypt. pl. p. 8.

Nova Hollandia. — Nova Caledonia, Japonia, Java. (?) — Africa: Prom. Bonae Spei, Port-Natal, Madagascar. — Africa occidentalis: Angola, Guinea.

4. AZOLLA NILOTICA Dcsn.

TABULA XXV.

Cuticula macrosporae aequaliter minute tuberculata et inter tubercula regulariter perforato-punctata, massulis microsporarum duabus.

Azolla Nilotica Decaisne mscpt. n. herb. Musei Parisiensis. — Azolla? Kotschy in pl. Knoblecherianis n. 21. Sitzungsber. der kais. Akad. der Wiss. tom. 50. — Azolla Nilotica Dcsn. Kotschy in pl. Binderianis n. 13. l. c. tom. 51.

In Nilo Albo ad ostia fluminis Sobat, apud Gondokoro, in flumine Bahr-el-Abbiad legerunt Knoblecher (1858), Binder (1860), expedit. Tinneana (1863).

Azolla Nilotica, adhuc indescripta, specierum maxima est et dimensionibus, pro genere re vera giganteis, praecellit; specimina enim — et vidi tantum mutila, ima caulis basi privata — volae fere magnitudine sunt, cum species huc usque notae vix pollicares sint. Insignem hanc magnitudinem nanciscitur species nostra, quod internodia caulis primarii et ramificationum ordinum inferiorum ad longitudinem 1—4 linearum extenduntur; folia ergo, in ceteris speciebus e basi ad apicem caulis fere aequaliter arcte imbricata, in A. Nilotica internodiis elongatis longe distant et nonnisi in ramis involutis s. ramulis ordinum superiorum imbricatim approximata sunt. Caulis primarius porro, in ceteris speciebus fere capillaris, in A. Nilotica diametrum $^2/_3$''' attingit et cum ramis ordinum inferiorum divaricatus apparet.

Folia omnia ramipara sunt; rami in axi primario ramisque inferioribus superaxillares sunt plerumque tamen folio internodii sequentis oppositi inserti sunt et ex parte caulem primarium aequant eo modo, ut hic dichotomus appareat; rami autem ordinis ultimi gradatim decrescunt.

Internodia elongata pilis articulatis numerosissimis patentibus, iam oculo nudo manifestissimis, obtecta sunt, dum in speciebus ceteris pili tales rariores et minores nisi ope lentis augentis conspiciuntur.

Radices in caule infra ad basin ramorum originem ducentes semper sunt numerosae, 10—20, in fasciculum seriatim denso consociatae, dum in Azolla pinnata nodi fasciculis e radicibus 2—6 formatis, rarius radici singulae, quod legitimum est in Azolla Filiculoide et Caroliniana, originem praebent.

Folia Azollae Niloticae profundissime biloba sunt, iuvenilia area virescunt, limbo pallescente s. rubente; vetustiora colore fusco imbuta sunt; lobus foliorum uterque aequilongus est, rarius inferior superiore superatur; inferior contra diametro transversali, limbo interno suo valde dilatato, superiorem praecellit. Antrum lobi superioris apud omnes species congruit; nervatura folii totius, in A. Nilotica manifestius quam in ceteris speciebus exsculpta, supra satis descripta est; superficies foliorum densius ac manifestius hirsuta est quam in ceteris speciebus.

Cum in omnibus speciminibus basis caulis evidenter praemorsa sit, quaerendum restat, num forte A. Nilotica perennet et apicibus ramorum cum foliis iuvenilibus dense congestis, partibus vetustioribus emortuis, vitae latentis stadio peracto, ut apud alias plantas aquaticas ad novam vegetationis periodum incundam idonea sit.

Conceptaculi masculi columella loco macrosporangii abortivi vix incrassata est, microsporangia circiter 60 gerit; haec microsporangia (Fig. 12) pedicello capillari suffulta, massulas sporarum binas includunt, arcte adpressas, in peripheria plani, ubi se contingunt, in prominentias variae formae iuste adaptatas productas (Fig. 13) et in medio hoc plano processibus radiciformibus e basi versus apicem sensim attenuatis ornatas. (Fig. 14, 15 p.) Hi processus, qui nonnisi in separatis massulis observari possunt, numero, forma et structura, ut cuticula massulae totius (Fig. 16), cum A. pinnata congruunt. In hac autem pro norma quattuor massulae microsporarum sporangium implent.

Microsporae numero 16 ternatim s. quaternatim approximatae in massula quaque (Fig. 15, 16 s.) inclusae sunt.

Macrospora A. Niloticae numero ac dispositione corpusculorum (Fig. 17, 18) plane cum A. pinnata congruit, structura cuticulae autem diversa est. In cuticula partem globosam macrosporae A. Niloticae tegente (Fig. 17, a) evolutae sunt prominentiae numerosissimae ac densissimae, regulariter dispositae, conformes, breviter cylindricae, apice libero convexae (Fig. 19, b), ambitu inter se contiguae, exceptis paucis punctis, ubi cuticula canalibus angustis (Fig. 19, a) perforata est, qui ei a facie visae aspectum pellucido-punctatum praebent. (Fig. 19, c.) In A. pinnata contra cuticula tuberculis amplioribus hemisphaericis prominentibus ornata est. Recedit ergo A. Nilotica fere eodem modo ab A. pinnata, quo A. Caroliniana ab A. Filiculoide.

Explicatio Tabulae XXV.

Fig. 1. Azollae Niloticae specimen ab exped. Tinne. in Nilo Albo ad ostia Sobat fl. lectum, magnit. naturali; (Liepoldt del.) — Fig 2. Eiusdem folium expansum et auctum, ut nervatura demonstretur. a) Fasciculus vasorum, e caule in basin folii emissus. b) Huius fasciculi ramus, lobum superiorem intrans. d) Ramulus sub apice lobi superioris desinens. e) Pars superior s. recurrens nervi lobi superioris. c) Ramus lobi inferioris. f) Ostium antri lobi superioris. — Fig. 3. Ostium antri, folii in fig. 2 depicti, magis auctum. — Fig. 4. Sectio transversa lobi superioris A. Niloticae. a) Antrum. o) Ostium antri. v), v) Fasciculi vasorum (cfr. Fig. 2 b, c). s), s) Facies superior lobi. i), i) Facies inferior lobi. c), c) Canales intercellulares. — Fig. 5. Epidermidis faciei inferioris lobi superioris folii A. Niloticae fragmentum, cellulas piligeras, stoma cingentes, referens. — Fig. 6. Epidermidis A. pinnatae R. Br. fragmentum, stomata regulariter disposita inter cellulas piligeras monstrans. — Fig. 7. Epidermidis A. Filiculoidis Lam. particula, stomatum (s) cellulas monstrans, quarum septum resorptione partim dissolutum est. — Fig. 8. Eiusdem stoma, cellulis completis formatum. — Fig. 9. A. Filiculoidis folii lobus superior, transverse sectus; litteras eiusdem significationis ac in fig. 4. — Fig. 10. Eiusdem fragmentum, structuram lamellae inferioris, inprimis canalis intercellularis demonstrans. a) Facies huius lamellae superior antrum investiens. p) Facies inferior. s) Stoma. — Fig. 11. Eiusdem lamella superior in vicinia ostii (o) transverse secta. — Fig. 12—19. Organa reproductiva A. Niloticae. — Fig. 12. Microsporangium. — Fig. 13. Massulae microsporarum, remoto sporangio, situ naturali. — Fig. 14. Massula microsporarum separata a latere visa. p) Processus radiciformes. — Fig. 15. Massula microsporarum e ventre visa, cum sporis translucentibus et processibus radiciformibus (p). — Fig. 16. Cuticula massulae microsporarum pellucido facta, ut eius structura videatur. — Fig. 17. Macrospora e sporangio remota. a) Macrosporae pars libera globosa. b) Eius cingulum. c) Corpuscula, quorum 6 in aspectum veniunt. — Fig. 18. Macrospora pellucide facta, eo situ, ut dispositio ternaria corpusculorum melius perspiciatur; litteras a—c eiusdem significationis ac in Fig. 17. — Fig. 19. Fragmenta cuticulae partis globosae macrosporae. a) Eius sectio transversa; α) membrana sporae vera, β) stratum internum cuticulae, γ) stratum eius externum. b) Cuticula ex obliquo visa. c) Eadem a facie visa. —

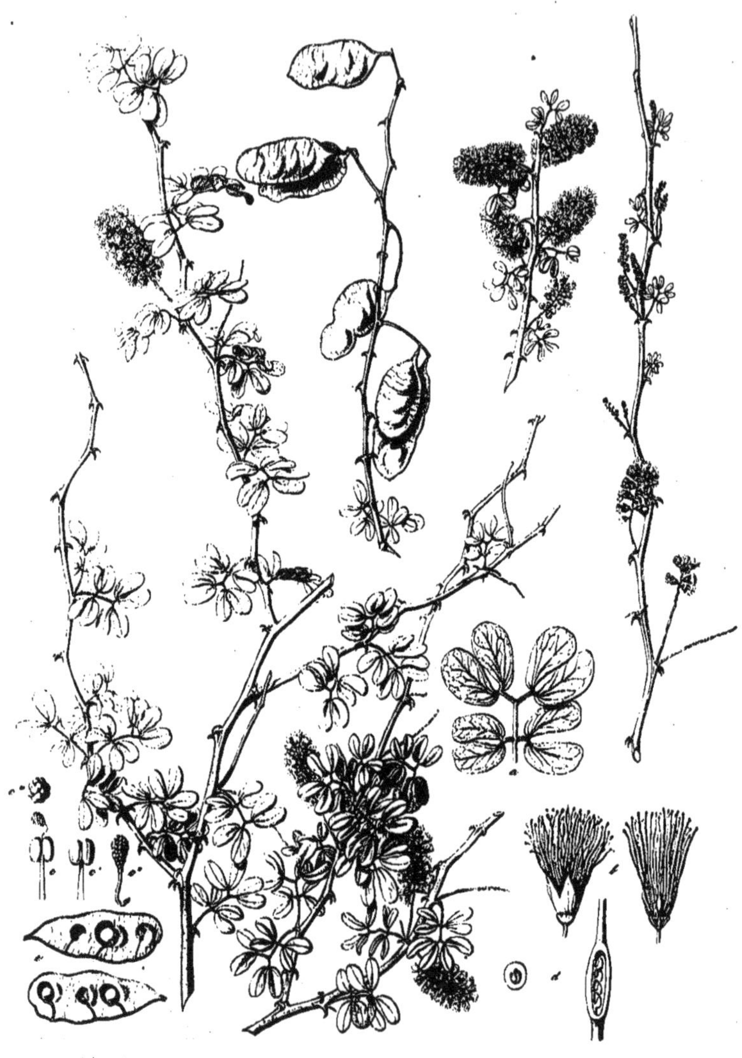

Acacia mellifera Bentham.

del. Leopold. lith. Strohmayer.

Art. Anst. v. Reiffenstein & Rösch, Wien.

Lonchocarpus Sophiae Kotschy et Peyritsch.

del. Siepoldt. lith. Strohmayer.

Art. Anst. v. Reiffenstein & Rösch, Wien.

Chirocalyx abyssinicus Hochstetter.

del. Leopoldt. lith. Strohmayer.

Art. Inst. v. Reiffenstein & Rösch. Wien.

Indigofera bongensis Kotschy et Peyritsch.

A. *Nesaea? icosandra* Kotschy et Peyritsch.

B. *Balsamodendron pedunculatum* Kotschy et Peyritsch.

Turraea nilotica Kotschy et Peyritsch.

Blastania fimbristipula Kotschy et Peyritsch.

del. Leopoldt. lith. Storkmeyer.　　　　Art. Anst. v. Reiffenstein & Rösch. Wien.

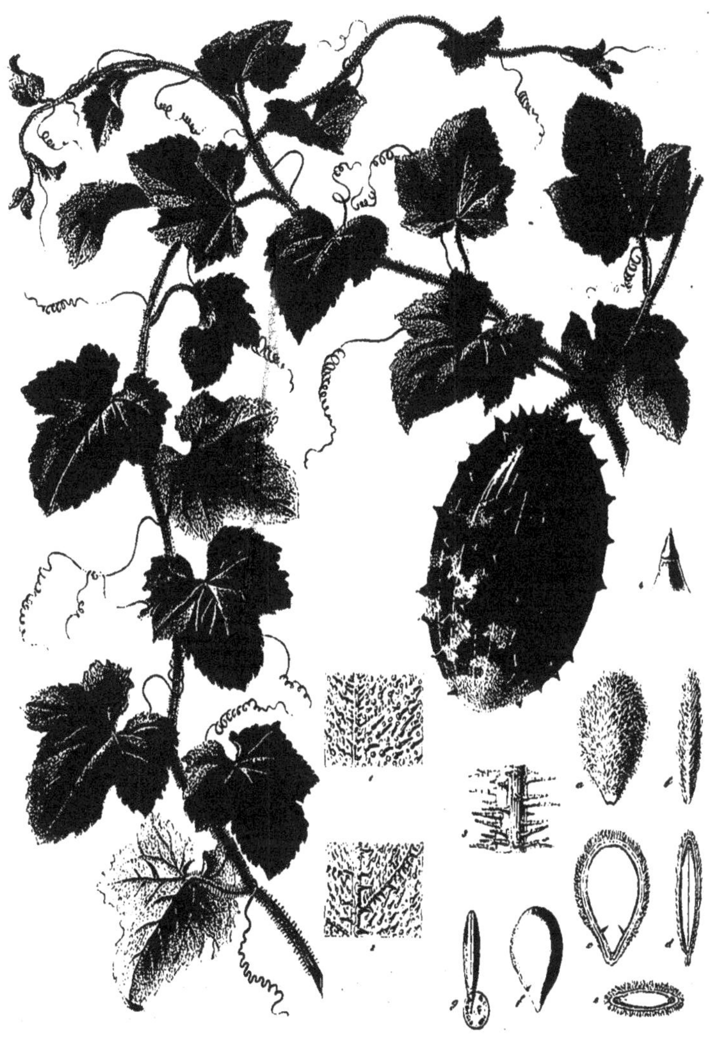

Cucumis Tinneanus Kotschy et Peyritsch.

del. Liepoldt. lith. Schoenbach.

Art. Anst. v. Reiffenstein & Rösch, Wien.

Butyrospermum Parkii Kotschy.

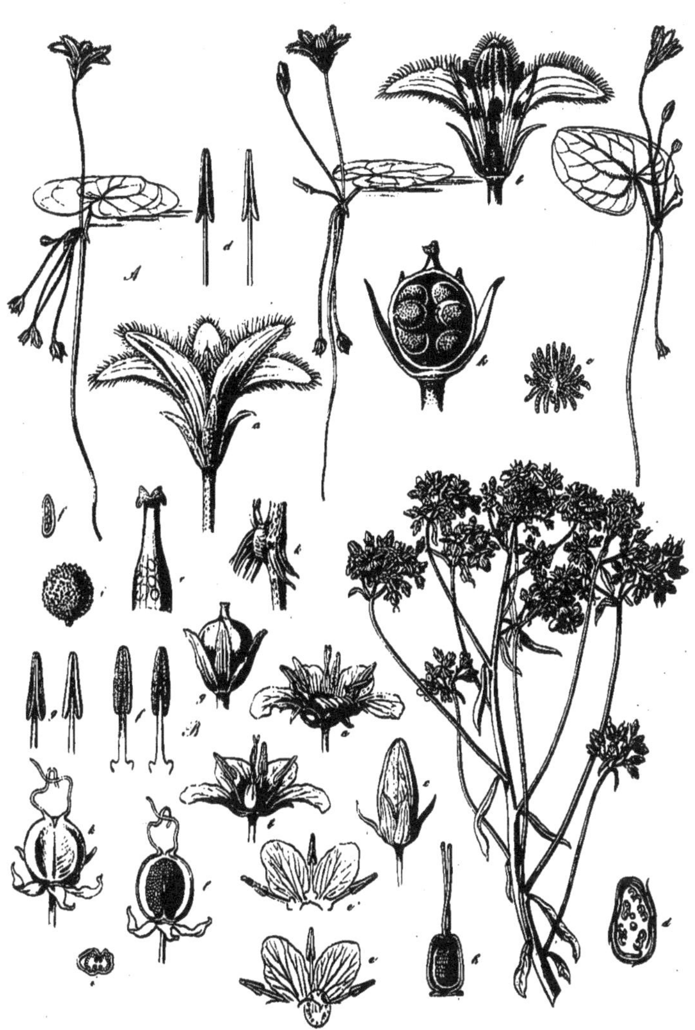

A. *Limnanthemum niloticum* Kotschy et Peyritsch.
B. *Hydrolea floribunda* Kotschy et Peyritsch.

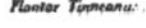
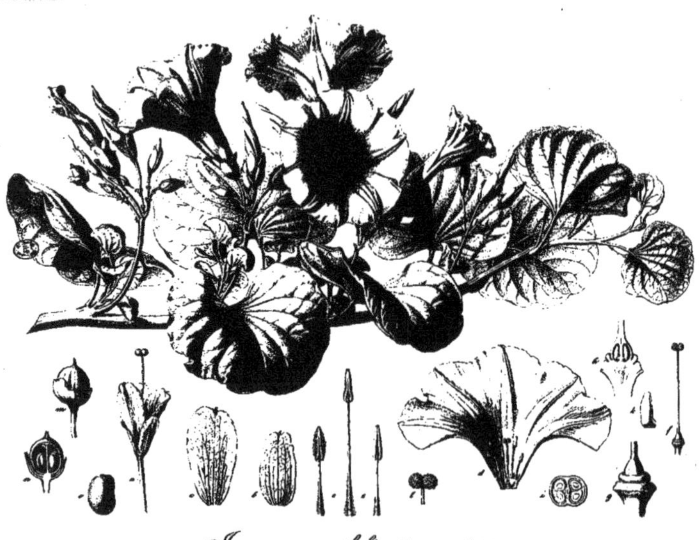

Ipomoea asarifolia Roemer et Schultes.

del. Leopold. lith. Strohmayer.   Lit. Anst. v. Reiffenstein & Rösch, Wien.

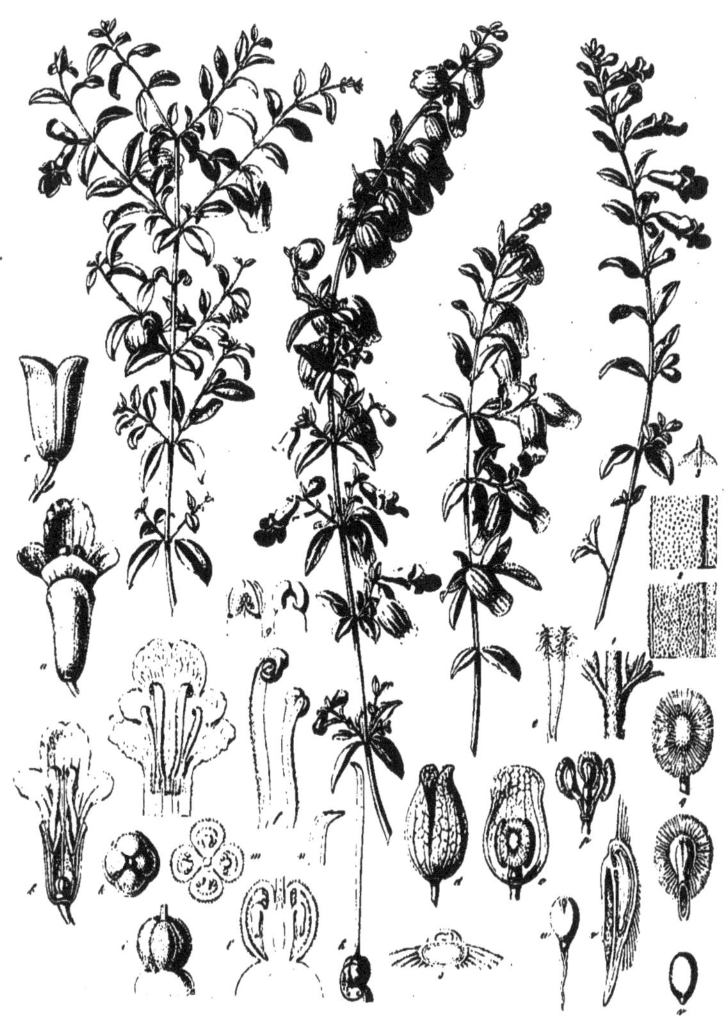

Tinnea aethiopica Kotschy et Peyritsch.

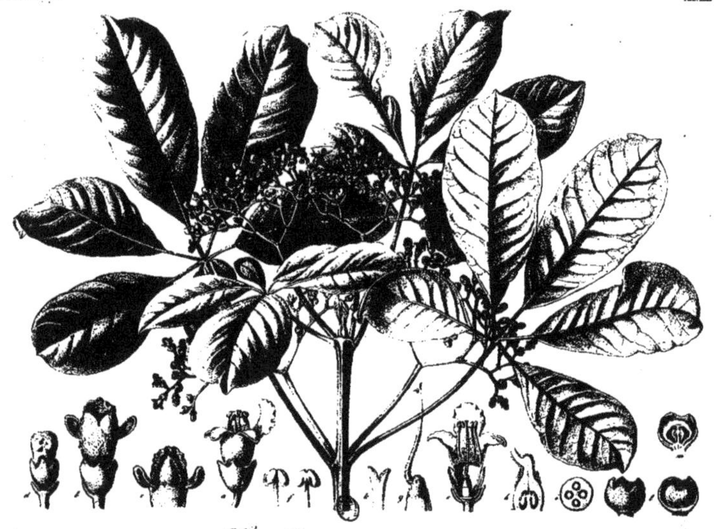

Vitex Cienkowskii Kotschy et Peyritsch.

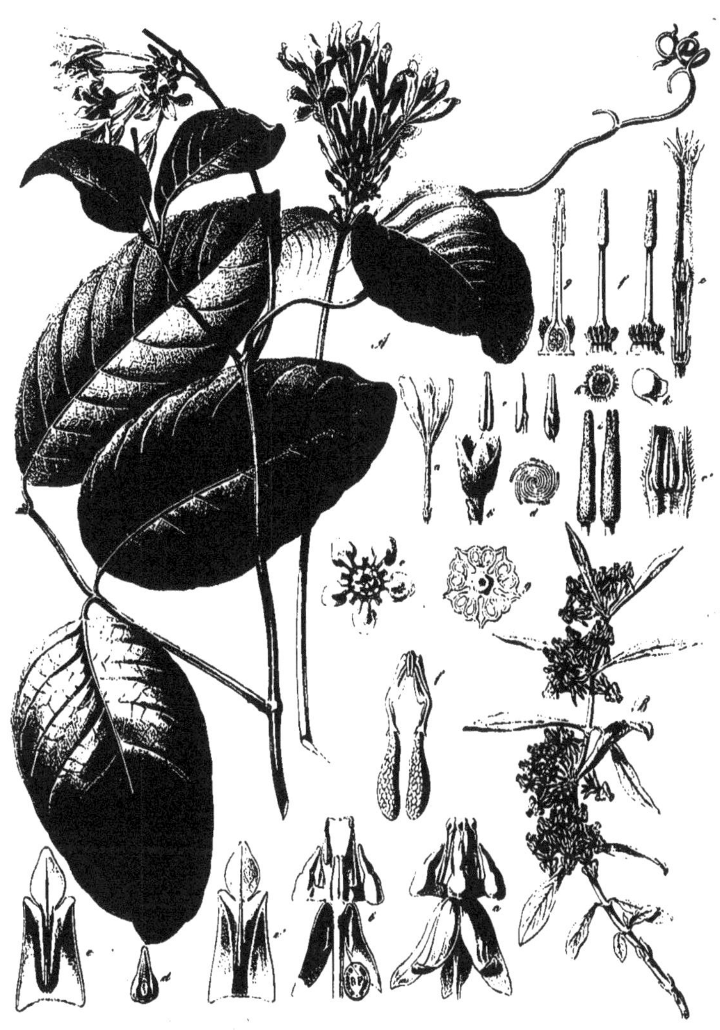

A. *Landolphia florida* Bentham.
B. *Gomphocarpus rubioides* Kotschy et Peyritsch.

del. Seipoldt. lith. Schönbach.

Art. Anst. v. Reiffenstein & Rösch. Wien.

Morelia senegalensis A. Richard.

Crossopteryx Kotschyana Fenzl.

del. Seipolt. lith. Strohmayer.   Art.Anst. v. Reiffenstein & Rösch, Wien.

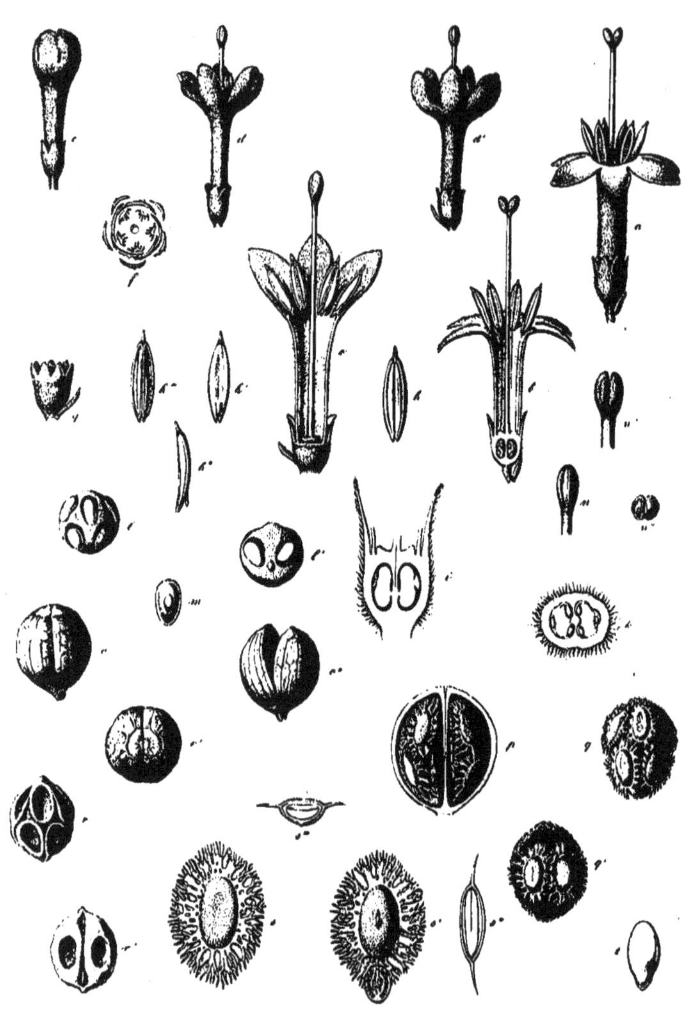

Crossopteryx Kotschyana Fenzl.

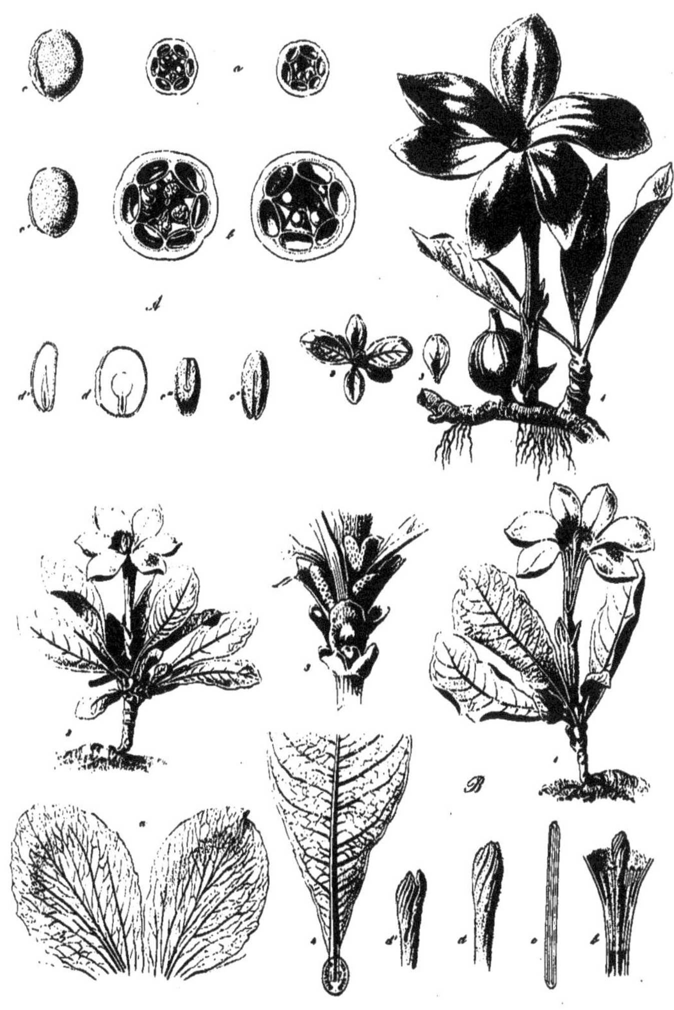

A. Gardenia Tinneae Kotschy (ex icone).

B. Gardenia Tinneae Kotschy ? (ex sicco).

del. Leopold. lith. Schönthals.

Art.Anst.v.Reiffenstein & Rösch, Wien.

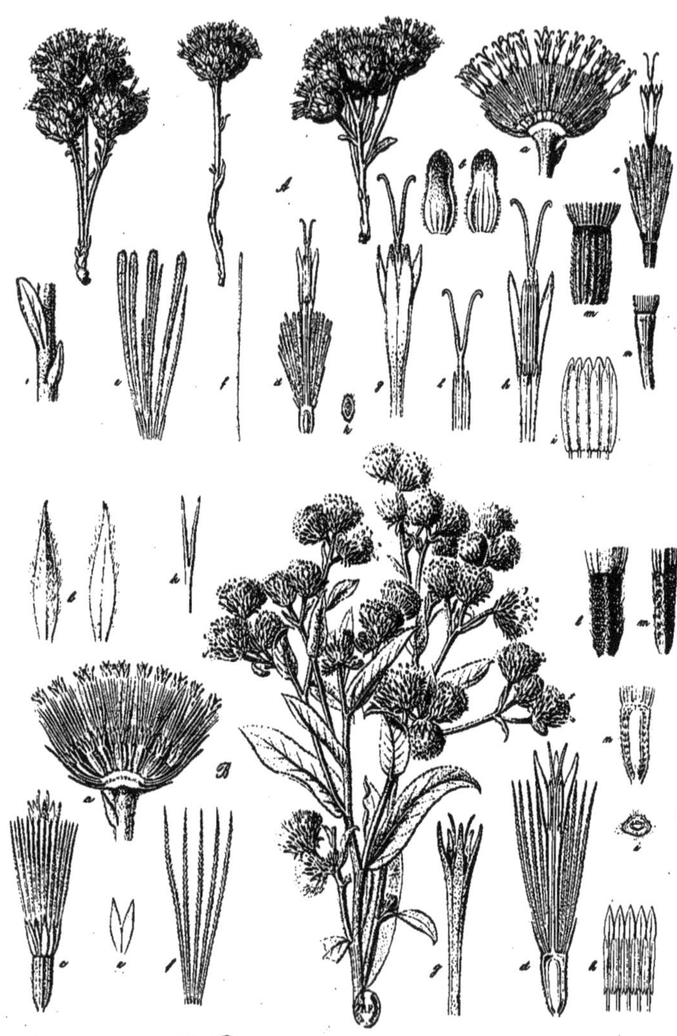

A. *Vernonia pumila* Kotschy et Peyritsch.
B. *Vernonia ambigua* Kotschy et Peyritsch.

del. Seipolti lith Eelhost.   Art. Anst. v Reiffenstein & Rösch, Wien.

Boerhaavia pentandra Kotschy et Peyritsch.

del. Leopold. lith. Strohmeyer.

Art. Anst. v. Reiffenstein & Rösch, Wien.

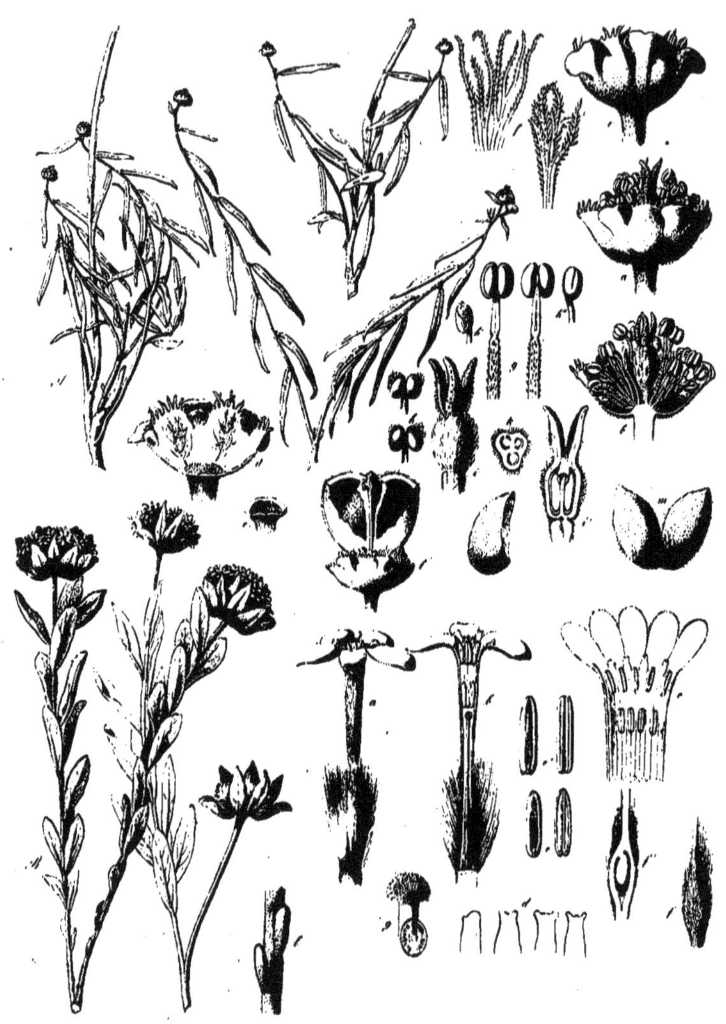

A. *Euphorbia bongensis* Kotschy et Peyritsch.
B. *Lasiosiphon affinis* Kotschy et Peyritsch.

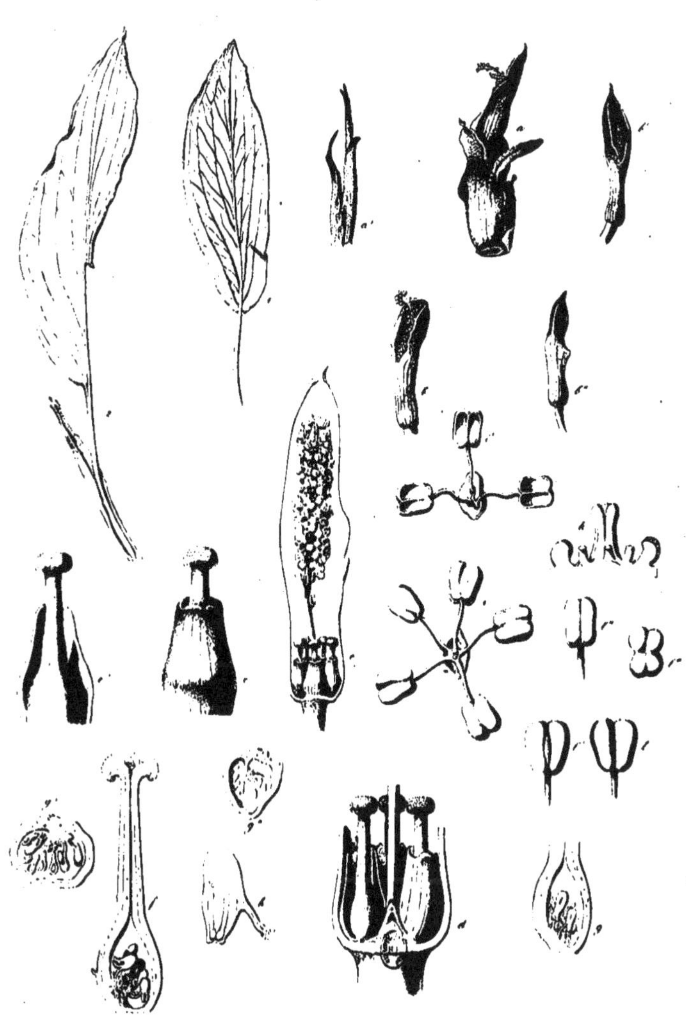

Stylochiton lancifolium Kotschy et Peyritsch.

del. Leopold litt. W. opalowsky.

Art. Anst. v. Reiffenstein & Rösch. Wien.

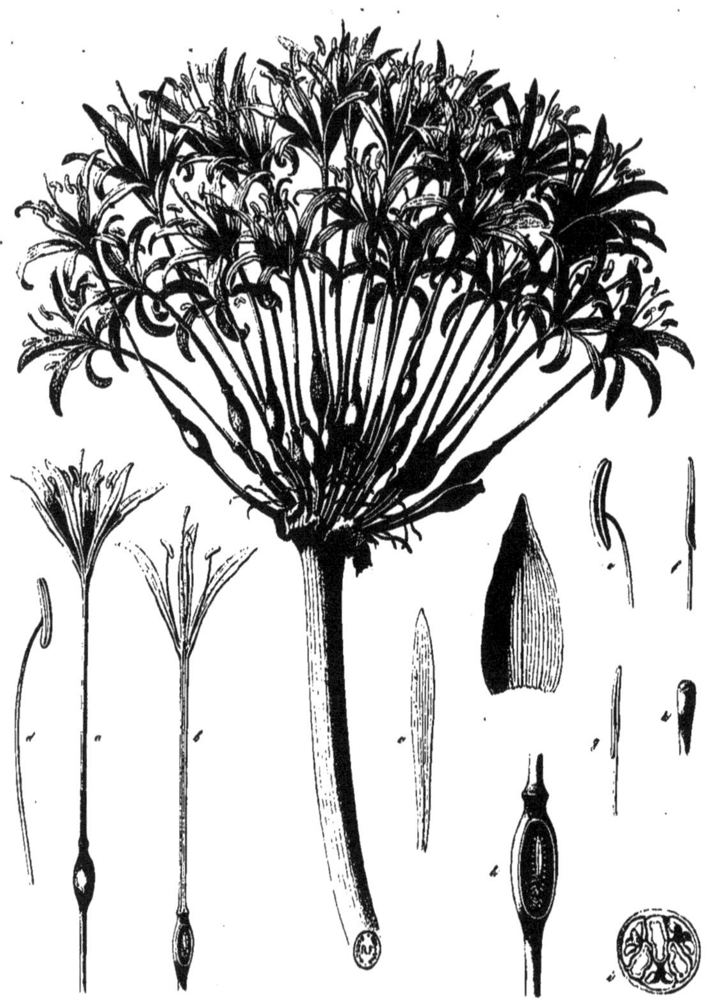

Crinum Tinneanum Kotschy et Peyritsch.

del. Lippold. lith. Wrpalensky.

Art. Anst. v. Reiffenstein & Rösch, Wien.

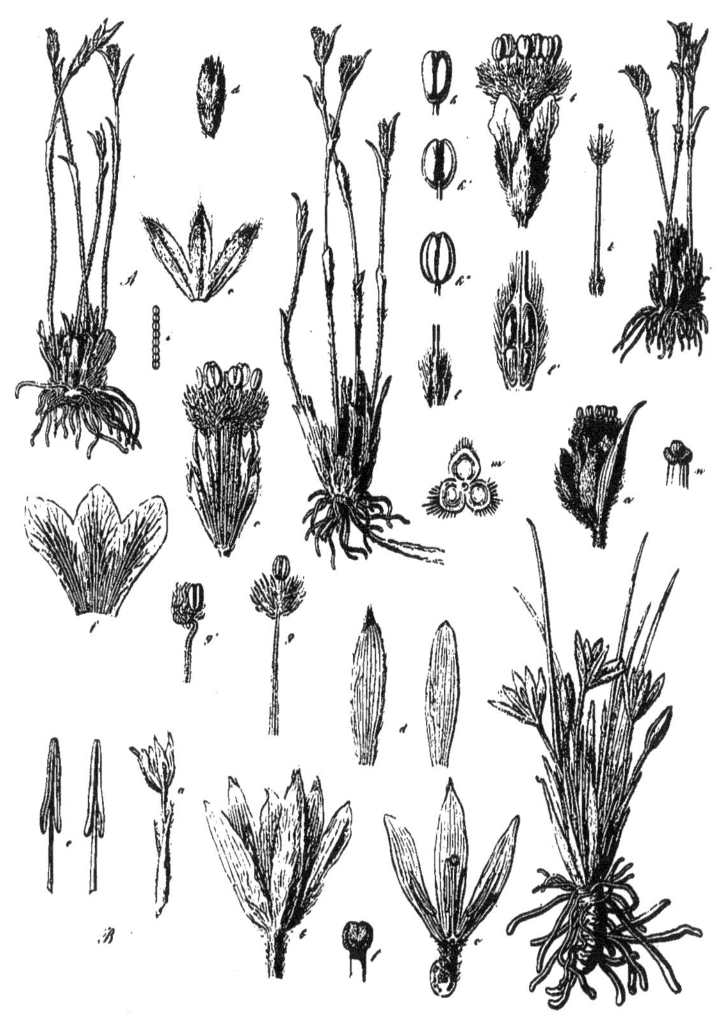

A. *Zygomenes caespitosa* Kotschy et Peyritsch.
B. *Curculigo firma* Kotschy et Peyritsch.

del. Siopolitt. lith. Polar.   Art. Anst. v. Reiffenstein & Rösch, Wien.

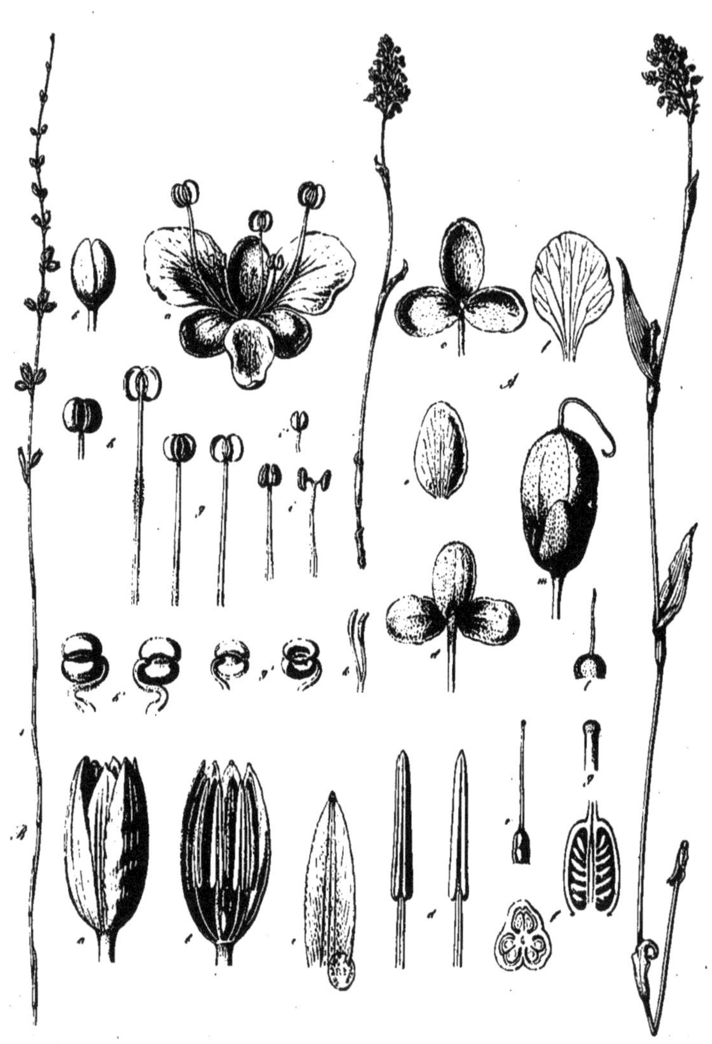

A. *Lamprodithyros gracilis* Kotschy et Peyritsch.
B. *Chlorophytum species?* Kotschy et Peyritsch.

del. Leopold. lith. Strohmayer.   Art Anst. v. Reiffenstein & Rösch, Wien.

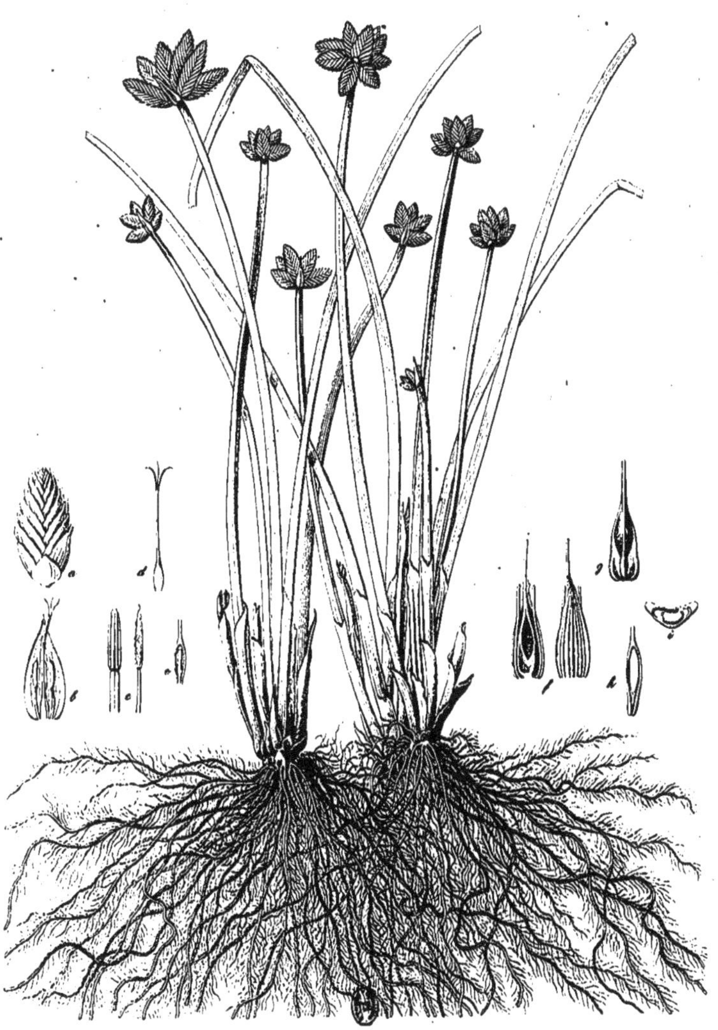

Cyperus Colymbetes Kotschy et Peyritsch.

del. Seypoldt. Lith. Gebhard. Art. Anst. v. Reiffenstein & Rösch, Wien.

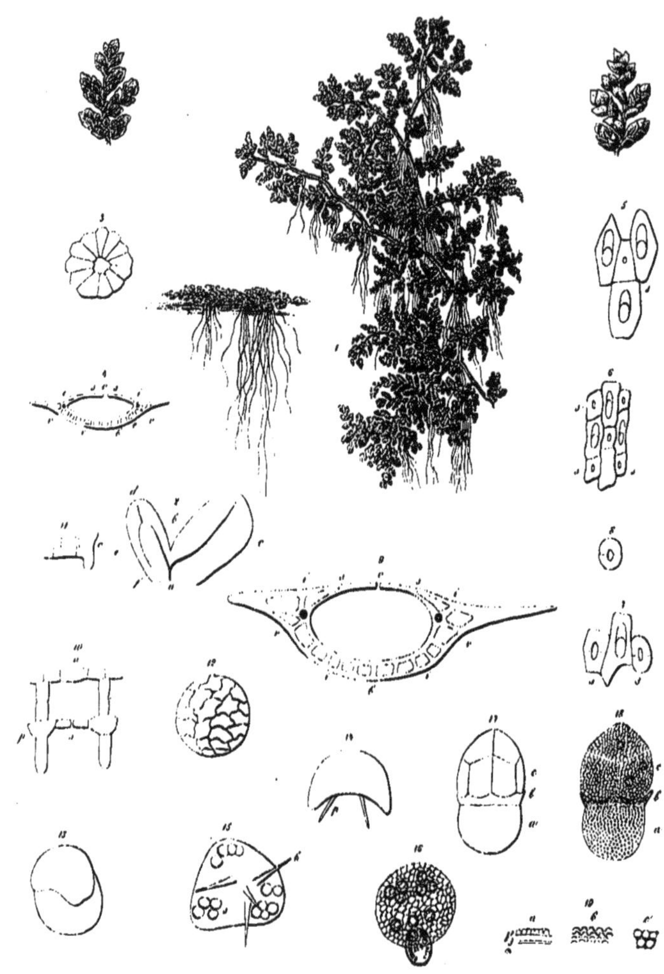

Azolla nilotica Decaisne.

del. Mettenius. lith. Pauer.   Art. Anst.v. Reiffenstein & Rösch, Wien.